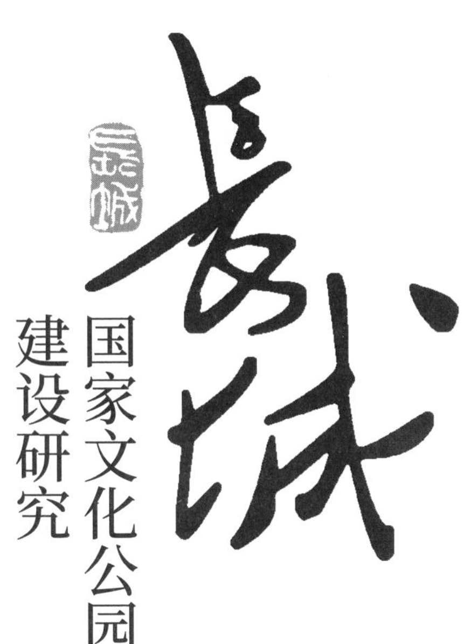

长城国家文化公园建设研究

董耀会·著

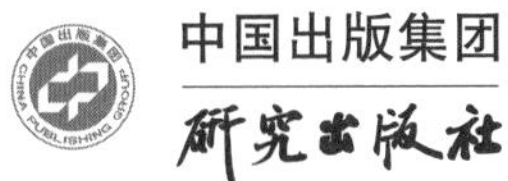

中国出版集团
研究出版社

图书在版编目 (CIP) 数据

长城国家文化公园建设研究 / 董耀会著. -- 北京 : 研究出版社, 2022.9

ISBN 978-7-5199-1330-4

Ⅰ. ①长… Ⅱ. ①董… Ⅲ. ①长城 - 国家公园 - 建设 - 研究 Ⅳ. ①S759.9912

中国版本图书馆CIP数据核字(2022)第175338号

出 品 人：赵卜慧
出版统筹：张高里　丁　波
责任编辑：范存刚
助理编辑：何雨格

长城国家文化公园建设研究

CHANGCHENG GUOJIA WENHUA GONGYUAN JIANSHE YANJIU

董耀会　著

研究出版社 出版发行

（100006　北京市东城区灯市口大街 100 号华腾商务楼）

北京中科印刷有限公司印刷　新华书店经销

2022 年 9 月第 1 版　2023 年 1 月第 3 次印刷

开本：710 毫米 ×1000 毫米　1/16　印张：22.5

字数：290 千字

ISBN 978-7-5199-1330-4　定价：78.00 元

电话（010）64217619　64217612（发行部）

目 录

CONTENT

第六章　长城文化精神传播和文旅融合发展

第七章　长城国家文化公园管理体制

第八章　长城国家文化公园IP建设

第九章　长城国家文化公园建设工作

随时代脉搏砥砺前行的长城之子

——写在董耀会先生《长城国家文化公园建设研究》出版之前

《长城国家文化公园建设研究》即将出版，首先表示衷心的祝贺。作为《国家文化公园建设研究丛书》中的一本，它是中共中央宣传部赋予中国出版集团的重要任务。这套丛书将为如火如荼的国家文化公园建设提供知识支撑和理论指导。丛书紧扣国家文化公园建设的初衷和定位，立足国家文化公园建设与管理的实际，集各方建设实践经验以及多位专家、学者的研究成果于一体，集思广益地从顶层设计的高度系统回答国家文化公园建设的基本问题。

《长城国家文化公园建设研究》的作者董耀会先生，完全符合“作者需要知识面宽、理论视野比较开阔的学者”的要求。这本书是一部文理相容、史论结合的跨学科性质的学术著作，涉及历史和地理、人文和自然、理论和实践等多方面关系的平衡和统一。完全可以说，没有人比董耀会先生更了解长城，也没有人比董耀会先生更了解长城国家文化公园建设的情况。

董耀会先生是我非常敬重的人。敬重一个人不是因为他的地位，而是因为他的品德和学识。董耀会先生就是这样一位在中国文物界、学术界特别是长城界，因品德和学识而受到人们尊崇的人。在中国长城界说起董耀会先生，基本上是无人不知、无人不晓，及至到了最边

远的一个小地方的长城保护员都说“晓得，晓得”。

无论是春夏秋冬，抑或是工作日、星期天，给董耀会先生打电话，他不是在长城上就是在往返长城的路上！他工作起来真的总是马不停蹄。一次我们去陕西出差，由于他在北京有会议只能乘坐晚上的车去陕西神木市，参加第二天上午的长城论坛。到了神木已经是深夜，第二天他做完学术报告还没等论坛结束，就又连夜驱车赴山西省山阴县参加长城国家文化公园项目的研讨。晚上又要急着返回北京，参加第二天中央电视台拍摄《长城之歌》大型纪录片脚本的研讨。这样的节奏，大家都觉着很累了，对他来说似乎已经习以为常，大家都说：董耀会先生是一位不知疲倦的人，只要是为长城方面的事，无论是寒冬酷暑，还是雨雪大风，他都亲力亲为在所不辞。

1984 年到 1985 年，董耀会先生偕同两位挚友从山海关出发，用 508 天徒步走到了明长城的最西端嘉峪关。1984 年邓小平、习仲勋发出了“爱我中华，修我长城”的号召，在全国引起了巨大反响。1987 年，由习仲勋、黄华、马文瑞、王光英、杨静仁，会同王定国、杨国宇、魏传统、侯仁之、罗哲文等党和国家领导人及知名人士倡议成立了中国长城学会，从那时起董耀会先生就是中国长城学会的副秘书长，协助时任秘书长、老红军王定国做了大量的建章立制、保护长城等开创性工作。

我从小在金山岭长城脚下长大，对长城有一种特殊的感情。也正因如此，更对董耀会先生充满了尊崇之感。从多年接触中，深深感觉到董先生看似沉稳，实际上是一位内心非常强大的人。他的内心就像一团熊熊燃烧的烈焰，永远充满着激情和朝气，他认准的一条道或是一件事，非要一干到底不可。对于官场，他是“无冕之王”，但对于长城界，他又是大名鼎鼎的翘楚！只是近几年，已经说不清他去金山岭长城和滦平调研过多少次。他在国务院发展研究中心主办的《经济要参》上发表的《承德金山岭长城国家文化公园的调查研究》，为政府决策提供了重要参考，在社会上和学术界引起了巨大的反响。

金山岭长城国家文化公园建设，从一开始就蕴含着他的汗水和心血。从规划到实施他多次亲临现场指导，特别是提出了金山岭长城国家步道建设的设想。当地政府本来想要建一座长城博物馆，都已经完成了选址和设计工作。在征求董耀会先生意见的时候，他提出长城博物馆选址在离长城很远的地方不妥。同时他提出以目前的情况来看，滦平县不适宜建长城博物馆。否则，博物馆的工作人员可能比参观博物馆的人还多。不但起不到传播长城文化的作用，反而会给财政增加非常大的负担。滦平县委、县政府经过慎重考虑，接受了董先生的意见。

他是一位有情怀的专家。他是中国徒步万里长城第一人，目前最权威的长城专家，没有强烈的追求精神和家国情怀是不可能成功的。他曾说“长城是我无法摆脱，也从来不曾想摆脱的一种精神宿命”。他从小沐浴着抚宁长城的阳光雨露，把长城作为自己尊崇的祖辈父辈，视长城为自己的生命，爱长城甚至超过了爱自己的家庭。没有这样的情怀是不可能有大的作为的，他是名副其实的“长城之子”。

他是一位有使命的专家。从处女作《明长城考实》到《瓦合集——长城研究文论》《守望长城——董耀会谈长城保护》《长城的崛起》《长城：追问与共鸣》《长城文化经济带建设研究》《传奇中国——长城》等研究长城的专著颇丰，在中国乃至世界长城研究领域中的专业程度首屈一指。他考察长城 30 多年，研究长城 30 多年，指导长城维修利用 30 多年，为长城的研究、保护、维修、宣传和开发利用倾注了全部心血，是一位把学识、知识与实践充分结合的专家型学者。

他是一位有影响的专家。他曾作为国家指定专家，陪同时任美国总统小布什、克林顿等多国政要参观长城。受国务院新闻办委托，为 2008 年北京奥运会主编的大型礼品画册《长城》受到普遍赞誉。他曾

多次作为中国知名专家，参加英国哈德良长城等世界遗产考察和学术活动，为中国赢得了荣光。他作为总主编，编纂出版的《中国长城志》填补了2000多年长城没有志书的空白。他作为中宣部核心价值观百名特聘讲师、国家文化公园专家咨询委员会专家委员、北京大学客座研究员、河北地质大学长城研究院院长、燕山大学长城研究与传播中心主任、中国旅游协会长城分会会长，对传播长城精神、弘扬长城文化、培养长城研究人才都做出了独特的贡献。

他是一位脚踏实地的专家。2019年夏天，我陪他去山阴县调研长城国家文化馆建设情况，时任县委书记王世杰、县长苏坡等领导和调研组座谈。王书记介绍完山阴县情况和长城保护利用工作之后，问董会长："山阴县的长城保护工作，您感觉怎么样?"谁也没想到，董先生张口就说："我感觉不怎么样。"然后，就列举了一、二、三，这些"不怎么样"的理由，说得书记、县长和在场的其他领导都心服口服。

从这一天开始，他就和王世杰书记成了好朋友。他在长城沿线有很多朋友，都是这样通过碰撞"火花"建立起来的深厚感情。更难能可贵的是，他到了每一个地方，不仅说应该怎么办，更是多方联系真帮着办。这几年他作为山阴县的文化顾问经常往山阴跑。山阴县长城国家文化公园建设是他亲自抓的试点，两年来的国家财政和省财政投入项目、社会资本投资项目都凝聚着他的心血。比如，山阴拿到国家投资项目就有长城博物馆3000万元，广武古城历史文化名村建设1.2亿元，长城遗址遗迹基础设施建设项目9600万元，还有两段长城的保护展示项目5000多万元。合计2.96亿元已经全部到账了。民间资本投入的滑雪场项目，总投资10亿元，今年计划完成3亿元。

董会长不仅帮助地方政府新建文旅设施，而且对已建但有瑕疵的项目也倾注了心血。山阴县有一座博物馆是一个烂尾工程，土建已经完成近十年了，一直闲置着，严重影响了政府形象，也制约了当地文旅事业的发展。董耀会先生亲自考察后，建议王世杰书记盘活这个烂尾工程。他回到北京亲自找到负责2020年迪拜世博会中国馆设计的公司，请他们帮助做博物馆改建和展陈设计。这样帮困解难的事他做了很多很多，这也是他深受人们拥戴、折服的一个重要原因。

他是一位可亲可敬的老师。在步入60岁之后，他给自己确定的使命是陪伴和支持年轻人成长奋斗。2020年度国家社科基金艺术学项目，石家庄铁道大学年轻的王晓芬教授作为负责人申报《长城文物和文化资源数字化保护传承与创新发展研究》被批准为重点项目。董耀会先生作为这个项目的第二负责人，甘愿作为绿叶帮助年轻学者开花结果。他倾力支持年轻人申报这个课题，使其成为既是长城国家文化公园数字再现工程基础研究项目，也是培养年轻力量的奠基工程。这也是河北省首次承担的国家社科基金艺术学重点项目研究任务，是培养年轻学者的开创性工程。

即将出版的《长城国家文化公园建设研究》，读者对象为长城国家文化公园建设的领导者和一线相关人员，文化产业事业研究与教学人员，以及其他对长城文化感兴趣的读者。这本书既是董耀会先生倾心打造的一部精品力作，也是董耀会先生三十多年对全国长城考察、研究、思考的宝贵结晶，似一串串珍珠串起了长城的历史、现在和未来。这本书的观点已经被国家有关部门和长城沿线运用于指导长城国家文化公园建设的实践，并会在未来的建设中继续发挥引领作用！

我相信：朋友们读到这本书会心生新的敬重，学者读到这本书会厚重新的知识，业界读到这本书会受到新的启迪，领导读到这本书会激发新的灵感，高层读到这本书会增强新的信心！

王志国

中国长城学会副会长、河北省军区原副司令员、少将

长城国家文化公园建设研究需要加强

长城以蜿蜒万里的长度和磅礴的气势而享誉世界。长城成为中国的象征还有一个重要的原因，这就是长城悠久的历史和非常高的文化价值。中国人因祖先创造了这个伟大的文化遗产而骄傲，这是因为长城在中国人民的心目中不只是一座建筑，而是成了一种精神标志甚至可以说是精神的图腾。

从文明的视角来看，长城是中华文明的一个活化石。长城作为文化遗产是世界上修建时间最长、工程量最大的一项古代防御工程。自公元前七八世纪开始，延续不断地修筑了2600多年。经过考古调查，分布于中国北方的历代长城遗址、遗存至今还有21196千米。如此浩大的工程在世界上也是绝无仅有。

1987年长城被列入世界遗产名录时，世界遗产委员会评价：公元前约220年，秦始皇下令将早期修建的一些分散的防御工事连接成一个完整的防御系统，用以抵抗来自北方的侵略。长城的修建一直持续到明代（1368年至1644年），终于建成为世界上最大的军事设施。长城在建筑学上的价值，足以与其在历史和战略上的重要性相媲美。

2019年7月24日，习近平主持召开中央全面深化改革委员会第九次会议，审议通过了《长城、大运河、长征国家文化公园建设方案》（以下简称《方案》）。同年9月5日，中共中央办公厅、国务院办公厅

印发《方案》，并发出通知，要求各地区、各部门结合实际认真贯彻落实。中央提出，建设长城、大运河、长征国家文化公园，对坚定文化自信，彰显中华优秀传统文化的持久影响力、革命文化的强大感召力具有重要意义。要结合国土空间规划，坚持保护第一、传承优先，对各类文物本体及环境实施严格保护和管控，合理保存传统文化生态，适度发展文化旅游、特色生态产业。

建设国家文化公园是党中央作出的重大决策部署，是推动新时代文化繁荣发展的重大文化工程。2021 年 8 月，《长城国家文化公园建设保护规划》颁布实施，以此为标志，国家文化公园建设得以加快推进。以长城国家文化公园建设来说，实际上这项工作一直在推进。国家文化公园要体现国家意志，也就是要立足国家层面考虑问题，从国家文化公园建设地点的选取到建设内容的安排，都要代表国家形象、彰显中华文明。我们常说"文化是一个民族的灵魂"，也常说"文化兴国运兴，文化强民族强"。让长城这个承载着中华民族深层文化记忆的符号，更好地服务于国家文化和经济建设是建设长城国家文化公园的任务。

顾名思义，国家文化公园具有三层意义，这就是"国家""文化""公园"。首先这是一个国家行为，其次这是一项文化工程，再次这是提供给公众的浏览、休憩、文化体验和锻炼身体的公共场所。

最早提出国家文化公园建设这一概念的时间是 2016 年上半年，当时中央明确将其列入国民经济和社会发展"十三五"规划。2017 年 5 月，中共中央办公厅、国务院办公厅印发《国家"十三五"时期文化发展改革规划纲要》，并在序言中开宗明义："文化是民族的血脉，是人民的精神家园，是国家强盛的重要支撑。坚持'两手抓、两手都要硬'，推动物质文明和精神文明协调发展，繁荣发展社会主义先进文化，是党和国家的战略方针。"《纲要》明确提出，将依托长城、大运河、黄帝陵、孔府、卢沟桥等重大历史文化遗产，规划建设一批国家文化公园，形成中华文化的重要标识。

《纲要》还提出“坚持把社会效益放在首位、社会效益和经济效益相统一，全面推进文化发展改革，全面完成文化小康建设各项任务，建设社会主义文化强国，更好地构筑中国精神、中国价值、中国力量、中国贡献，为实现‘两个一百年’奋斗目标、实现中华民族伟大复兴的中国梦奠定更加坚实的思想文化基础。”毫无疑问，中央已经将此作为国家文化公园建设的指导思想。

国家为什么要建设国家文化公园？对于一个国家、一个民族来说，国家和社会经济发展有快有慢，人口规模有增有减，但是长期形成和保持下来的文化传统，才是其生命力的标志。建设国家文化公园，目的就是要更好地传承和发展中华优秀文化。

在数千年的历史长河中，我们的国家曾经很伟大，也曾经遭受了深重的灾难，甚至濒临于亡国灭种的边缘。是什么力量让我们浴火重生？是伟大的民族精神焕发出强大的救国救亡的力量。在“把我们的血肉筑成我们新的长城”的民族精神的感召下，中华儿女经过长期的英勇斗争和流血牺牲，实现了国家和民族的解放。

现在，我国已经初步形成了长城、大运河、长征、黄河、长江五大国家文化公园建设的布局。其中，长城国家文化公园建设由文化和旅游部牵头，已经完成编制并发布了《长城国家文化公园建设保护规划》《长城文化和旅游融合发展专项规划》《长城沿线交通与文旅融合发展专项规划》等文件。北京、河北等 15 个长城分布省份，也制定了各省的长城国家文化公园建设规划。

文化和旅游部还于 2020 年底制定了《长城国家文化公园重大工程建设方案》，初步确定 45 个国家重点项目。这些重点项目是按照《长城、大运河、长征国家文化公园建设方案》四个主体功能区和五大工

程的任务要求，根据各省申报情况和专家评审意见确定的。项目围绕“址、馆、园（区）、遗、道、品”等六个方面形成国家层面的重点工程。这些项目将按照长城沿线各省发改委提出的具体建设方案，报国家发改委并入国家“十四五”规划。

2020 年 12 月 11 日，文化和旅游部组织的长城国家文化公园建设推进会在河北省秦皇岛市召开。这个会议早就计划召开了，因为新冠疫情的原因，会期一推再推。这个会议的成功举办，标志着长城国家文化公园建设已经驶入快车道。文化和旅游部结合《长城保护条例》《长城保护总体规划》，牵头制定了《长城国家文化公园建设实施方案》，明确了建设范围、建设内容、建设目标和主要任务，提出了 36 项具体工作，并制定了重点工作部内分工方案，确保重点工作有分解、主要任务有时限。2021 年 1 月 6 日至 7 日召开的 2021 年全国文化和旅游厅局长会议，再次明确要求各省扎实推进长城等国家文化公园建设。

2020 年 12 月 30 日，国家发展和改革委员会社会司组织召开大运河、长城、长征国家文化公园建设推进视频会，明确提出各地发展改革部门要结合职能积极配合其他部门开展长城、长征国家文化公园建设，高质量做好规划编制和实施、标志性项目谋划和建设、文物保护和文旅融合、建立健全协调机制等重点工作。

按照要求，这些重大工程项目要坚持规划先行、突出顶层设计的原则。选项要统筹考虑资源禀赋、人文历史、区位特点、公众需求，注重跨地区跨部门协调等因素。除了国家级重大工程之外，有长城的 15 个省还有省级层面的重点工程。比如，河北省也安排了 45 项省级重点建设项目。

笔者曾多次参加河北省文化和旅游厅组织的督导调研，到秦皇岛、唐山、承德、保定等市了解长城国家文化公园建设重大工程项目进展。

目前，河北省长城国家文化公园建设已落实资金52.11亿元，25个工程项目已开工。其中，太子城遗址保护和利用、可阅读长城数字云平台一期等项目已基本竣工，金山岭文旅融合示范区提升等标志性项目建设工作都已经启动，山海关的中国长城文化博物馆配套工程也已经完成了设计和地勘，开始土建和展陈大纲设计工作。

这本《长城国家文化公园建设研究》是在研究有关问题，实际上也是在做长城国家文化公园建设的宣传。笔者意识到，长城国家文化公园建设工作要做好研究也要做好宣传，利用一切渠道广泛宣传建设长城国家文化公园的意义这一点也很重要。

一、国家文化公园建设需要加强研究工作

加强长城国家文化公园建设研究工作具有重要意义。长城国家文化公园建设是一项具有基础性和战略性作用的工作，而且是一个国家战略，有关的研究工作也要站在这样的高度来认识问题。之所以说国家文化公园建设是国家战略，是因为这是国家文化战略体系的最高层次战略。

实现中华民族的伟大复兴是国家总目标，而国家文化公园建设是实现这个总体性战略的一个具体行动。对一个国家一个民族来说，指导国家发展的总方略是文化战略。国家文化公园建设是依据国际国内形势，我国运用政治、军事、经济、科技、文化等国家力量实施的国家文化建设和经济发展相结合的战略。维护国家的文化安全，就是维护国家的稳定，这是实现国家发展目标和民族振兴的基础。

国家文化公园建设是一件前人没有做过的事，涉及多方面的工作。这项工作刚开始，不论是对长城文化精神的阐述，还是对长城国家文化公园建设的论证都做得很不够，更谈不上全面。长城国家文化公园建设研究，就是要立足于国家文化公园建设的整体发展做好研究工作。这项研究工作一定要重点突出，并且在不同的建设时期把握不同的重

点。笔者作为国家文化公园建设咨询委员会成员，一直在参与长城国家文化公园建设研究。

长城是文化遗产，又不同于其他的文化遗产，因为长城是国家记忆。在长城国家文化公园建设全面铺开之际，加强研究工作非常重要。这项工作目前还只是初步探索，使其深入发展是当务之急。长城国家文化公园建设研究应该伴随长城国家文化公园建设之始终，要贯穿于整个建设和管理的所有环节。这既是长城国家文化公园建设的保证，也是衡量长城国家文化公园建设工作质量的重要指标。

长城国家文化公园建设研究应该包括两个方面，第一个是长城历史文化和精神价值方面的研究，第一个是长城国家文化公园建设相关问题的研究。第二个方面的研究将为这项国家战略的实施提供科学依据和政策基础，也是这本书的主要任务。对长城历史文化和精神价值的研究对长城国家文化公园建设也很重要，其本身就是一门综合性极强的学问，是一个广泛性知识的集成。构建长城系统性的知识体系，虽然也是长城国家文化公园建设的当务之急，本书虽专门设立了两章，但其并非本书的主要研究任务。

虽然关于长城的历史文化和精神价值研究不是本书的主要任务，我还是想借此强调一下，目前有关这方面的研究成果，其思考和论述的清晰度和系统性都还很不够。有的空洞无物，有的语焉不详，有的甚至还自相矛盾。包括我以往的长城研究著作，也只是为读者提供了一个认识长城历史的轮廓。《中国长城志》是近些年我参与主持编撰的一部基础性大型文献，该书通过对长城及相关纷繁复杂的历史进行深入研究，供长城研究者或爱好者用于检索查阅。我还想做一部《中国长城史》，这部书将对长城相关史事进行分类归纳，从长城发展的历史角度提炼出有规律性的认识，从而使读者能够通过了解长城而认识中国的历史。笔者也希望有越来越多人，关心并参与到长城的研究中来。

国家文化公园建设的五大工程第二项就是研究发掘工程，主要是对长城历史文化及精神价值的研究发掘，也应该包括对长城国家文化公园建设的相关问题的研究。每一位长城研究专家、学者要对国家文化公园建设之于文化建设和经济社会发展，包括民生改善都具有至关重要的作用有清楚的认识，要有责任感，要有使命感，要有时不我待的紧迫感。

这本书的重点是研究长城国家文化公园建设的相关问题。长城历史文化是长城国家文化公园建设的基本元素，长城的精神价值是长城国家文化公园建设的重要抓手。高水平的研究工作是建设好长城国家文化公园的重要标志，也是各级政府、各相关科研单位学术水平和能力的体现。近年来，关于长城历史文化的研究工作已经由初步研究走向深入的探索，并且正在走向深化创新。随着建设工作的发展会有越来越多的相关研究课题成为学术研究的热点，长城学术研究也将迎来新的发展高潮。笔者期待有越来越多的科研机构和学者参与到长城国家文化公园建设研究中来，使长城学的学科建设越来越完善，使长城研究工作越来越深化。

长城国家文化公园建设的研究工作既要考虑全面系统的问题，还要探究深入具体的问题；既要有前瞻性的思考，还要解决具体问题。长城国家文化公园建设涉及很多的职能部门，其工作并非只是各职能部门工作的简单相加。做好这项工作需要各级政府做好系统性的安排，落实国家文化公园建设的定位，实现长城国家文化公园的建设目标。

《长城国家文化公园建设研究》立足于国家文化公园建设的背景之下的社会发展的现实需要和战略需要，拓展多学科的理论视角并且尽量重视实践视角下的研究工作。长城国家文化公园建设研究的方法，应该说还有待进一步丰富。本书的理论研究较多而实证研究少，特别是结合基层工作的研究还有待深入。

二、国家为什么要建设文化公园

为什么要建设国家文化公园，这是一个大家似乎都清楚但又未必真的很清楚的问题。《长城、长征、大运河国家文化公园建设方案》首先强调坚定文化自信。长城文化并不是一种地域文化，长城文化的根与中华民族历史发展的整体文脉联系在一起。讲文化自信，长城就是文化自信的基石。建设长城国家文化公园就是要占据文化发展的制高点，通过增强文化的软实力，达到提高综合国力的目的。为什么要提坚定文化自信，因为我们的文化自信不够坚定。中国人从什么时候开始没有了文化自信呢？中国人文化自信的削弱和部分丧失发生过两次。

第一次文化自信的削弱，应该说是从1840年的鸦片战争开始。我们常说那个时期的中国贫穷落后了，所以我们不断挨打。其实，中国当时并不贫穷，康乾盛世末期，中国的经济总量居世界第一位。中国发展了数千年的小农经济，具有高度自给自足的特点，所以形成了闭关锁国的思维。英国人赫德是一个中国通，他曾主持过中国海关总税务司。他有一部《中国见闻录》说："中国有世界上最好的粮食——大米；最好的饮料——茶；最好的衣物——棉、丝和皮毛。他们无需从别处购买一文钱的东西。"

18世纪60年代开始，英国率先开始了工业革命。1764年英国发明了手摇纺织机，1769年发明了单动式蒸汽机，1785年英国的棉纺工厂开始用蒸汽作动力，而我们依然停留在自给自足的自然经济。清朝的衰败和欧美资本主义国家的崛起形成了鲜明对照，也致使我们贫穷落后，遭到了西方列强的欺辱。

中国的贫弱肯定也有我们文化的问题，1915年开始的新文化运动，欲救国救民于水深火热之中的仁人志士开始反思我们的文化。在那个年代，不仅民众没有文化自信，担负着传承文化使命的文化精英也没有文化自信。不仅是没有文化自信，国家和民族完全被自卑心理笼罩。

新文化运动彻底否定儒家思想，新文化运动的一些文化领袖认为仅废除儒学还不够，提出还要消灭汉字。钱玄同提出："欲废孔学，不得不先废汉文；欲驱除一般人之幼稚的野蛮的顽固的思想，尤不可不先废汉文。"傅斯年于1919年提出："中国文字的起源是极野蛮，形状是极奇异，认识是极不便，应用是极不经济，真是又笨又粗、牛鬼蛇神的文字，真是天下第一不方便的器具。"陈独秀也说，"中国文字既难传载新事新理，且为腐毒思想之巢窟，废之诚不足惜"。胡适极力支持陈独秀，他认为"先废汉文，且存汉语，而改用罗马字母书之"是个好办法。

鲁迅也主张消灭汉字，话说得更绝、更惊世骇俗。他说："汉字不灭，中国必亡。"1935年，中国新文字研究会草拟了《我们对于推行新文字的意见》，有688位著名的学者签署了这个意见。这是一篇用汉字书写，呼吁消灭汉字的宣言。签名的人有蔡元培、鲁迅、郭沫若、茅盾、巴金、沈钧儒等大师。他们认为"汉字如独轮车，罗马字母如汽车，新文字如飞机"，提出"中国大众所需要的新文字是拼音的新文字"。

为什么有那么多的人崇洋媚外，有那么多的文化精英要灭掉自己民族的文化，甚至要将老祖宗留下来的文字都予以否定？这是他们在痛定思痛后对国家和民族前途的思考，但路径却不对。中国的汉字真的如他们认为的那么可恶吗？真的是妨碍中国发展的桎梏吗？真的是"汉字不灭，中国必亡"吗？历史证明，肯定不是！

这些中国现代思想家、文学家、新文化运动的倡导者，表达的是一片忧国忧民的良苦用心，因为缺乏对自己文化的自信而选错了方向。他们绝没有想到，仅仅过去80余年，中国对世界经济的平均贡献率已经位居世界第一位，综合国力也已稳居世界第二。中国在世界范围的

重要性也提升了汉语的重要性，越来越多的外国人在学习汉语。据教育部统计，截至2021年全世界学习汉语的外国人已经超过2亿。

中华人民共和国的成立，结束了这个阶段的文化不自信。1949年9月21日，毛泽东在全国政协会议第一届全体会议上发表了《中国人民站起来了》的著名讲话。自从1840年的鸦片战争，我国被西方列强“打趴下”之后，“站起来了”成为我们奋斗的目标。在这一百年中有无数英烈，为此献出了他们的生命。

第二次文化自信的削弱是从20世纪70年代末开始，当时“贫穷落后”“封闭保守”似乎已经成为中国文化和社会主义的代名词。改革开放后，我们了解到外界的经济状况后，发现我们落后了，远远地落后于发达国家，对发达国家的仰视成为社会上的一种现象。在这样的状况下，部分人丧失了文化自信。

中国人经过砥砺前行，不断深化改革，经过不屈不挠的努力和探索，取得了今天的发展成绩。从1949年的“中国人民从此站起来了”，到今天走向了富强之路，我们还要进一步坚定文化自信。当今世界面临百年未有之大变局，我们的社会发展也面临很多新问题。经济全球化深入发展，文化多样性却在不断受到削弱。在文化软实力成为全球竞争的重点之际，文化自信是支撑我们进一步发展的基础。综合国力竞争中文化的作用，需要提升到战略的地位来认识。

我为什么不断地讲长城是文化自信的基石？中华民族屹立于世界民族之林靠的就是长城所表达的文化精神，这是中华民族的血脉和脊梁。今天的世界依然是一个不安定的世界，东西方的矛盾绝不会在短时期烟消云散。这种冲突的根源是什么？美国政治学家亨廷顿的文化等高线理论，认为这种冲突是文明的冲突。他认为每一个国家都要重新认识自己的文化，而每个国家强化自己的文明一定会产生剧烈的冲突，这个观点是《文明的冲突》一书的核心观点。

文明的冲突的根源是什么？亨廷顿认为是文化的差异，即文化及文明的差异造成了冲突，有差异就一定会带来冲突，这是不可避免的。中国的文化不这样认为，中国的文化是主张和合的文化。“和”为和平、和睦、和善的意思，“合”则为合作、汇合、凝聚的意思。在这样的理念之下，文化的差异不仅不会形成剧烈的冲突，还可以成为彼此欣赏的美景。不同的文化和文明，完全可以和平相处，形成合作共赢乃至共同推动人类文明发展的局面。

长城文化是中国人的精神家园之一。中华民族民族心理的构建，民族性格和民族传统的形成都有长城文化的影子。如何使长城文化成为民族凝聚力的源泉，成为文化兴国的动力，成为经济社会发展和综合国力竞争的重要支撑是我们研究的任务。

长城文化在国家文化战略中的位置是什么？这是社会发展向长城研究的专家、学者提出的一个具有挑战性的问题。如何讲好长城故事，还需要我们非常系统地研究。我们通过讲好长城故事，可以向西方国家讲解中华文化。

文化安全是事关民族精神独立的大问题。我们已经越来越清楚地认识到文化安全也是国家安全的一个重要组成部分。文化安全是什么？怎么才能做到文化安全？如果文化越来越空泛、越来越形式化，能真正解决国家的文化安全问题吗？显然不能。文化是我们国家和民族发展的血脉，没有了文化安全，也就没有民族和国家的安全。这一点我们现在还没有认识清楚，至少还没有放在非常重要的位置上去。通过长城文化的研究，做好长城文化传播，不能只是空泛地讲，要扎扎实实地去做。我们要对长城文化进行更深层次的研究，要用大家能听得懂的语言来传播我们的思想。

三、国家文化公园是国家推进实施的重大文化工程

《长城、大运河、长征国家文化公园建设方案》的第一部分讲的是指导思想和建设原则。这一部分开篇第一句话是“国家文化公园是国家推进实施的重大文化工程”。如何理解“重大”两个字？2019年8月20日，习近平总书记在嘉峪关听取长城保护情况介绍时强调，长城凝聚了中华民族自强不息的奋斗精神和众志成城、坚韧不屈的爱国情怀，已经成为中华民族的代表性符号和中华文明的重要象征。要做好长城文化价值发掘和文化遗产传承保护工作，弘扬民族精神，为实现中华民族伟大复兴的中国梦凝聚起磅礴力量。

我们经常讲长城是中华民族的灵魂，是中华民族的脊梁。特别是在国家和民族危亡的时候，“把我们的血肉筑成我们新的长城”成为救国家救民族的精神支撑。保护、传承、利用好宝贵的长城文化遗产，是我们这一代人的重要责任，也是我们的历史使命。各级领导都要进一步提高对建设长城国家文化公园的认识，落实中央对推进实施国家文化公园重大文化工程的要求。

将长城国家文化公园建设作为“国家推进实施的重大文化工程”建设来抓，需要集中力量，扎实有效地推进这项工作。在明确了建设范围和时限之后，从现在开始就要只争朝夕地干起来，力争在规划期内实现长城国家文化公园建设的任务目标。国家和各省的《长城国家文化公园建设保护规划》的编制工作都已经完成了，建设工作要遵循规划，处理好线、面、点的关系，处理好四大主体功能区和五大工程的关系，处理好历史文化遗产保护和推动文旅融合、农旅融合发展的关系。

建设长城国家文化公园，要实事求是地确定阶段性目标，特别是要抓好《长城国家文化公园重大工程建设方案》确定的45个及以后

又陆续增加的国家重点项目。我们要把握住重要时间节点，扎实推进项目建设进度。我们要把长城保护工作与发展文化旅游产业结合起来，让长城沿线的老百姓有更多获得感。只有这样才能最大限度地争取长城沿线广大人民群众的理解和支持，他们才会积极参与进来。

长城国家文化公园建设既然是重大文化工程，就要深入挖掘长城的历史文化内涵。挖掘长城历史文化内涵要将长城所蕴含的中华优秀传统文化的思想和今天的社会发展需要结合起来，让人们置身于长城国家文化公园，感受文化的同时，感受生活的美好。

中央将国家文化公园定位为“国家推进实施的重大文化工程”之后，提出“通过整合具有突出意义、重要影响、重大主题的文物和文化资源，实施公园化管理运营”。在这里我们首先要理解对文物和文化资源进行限制的三个概念：“突出意义”“重要影响”“重大主题”。也就是说，不是所有的长城和文物资源都要建成长城国家文化公园。

毫无疑问，长城是全人类公认的具有突出意义和普遍价值的文物古迹和景观。但是，这里强调的“突出意义”应该特指其在全国长城资源之中具有“突出意义”。“重要影响”“重大主题”也是如此，要放在全国长城资源中加以衡量和判断。

“突出意义”是指重要的意义。“意义”指一个事物存在的原因、作用及其价值。我们研究长城，就是要研究长城存在的原因、作用及其价值。

“重要影响”指的是长城自产生之时起，在两千多年间，对中国古代社会乃至对今天的社会所产生的重要影响。选择具有突出意义的长城段落，就是选择重要的长城建筑段落，选择对军事、经济、文化等方面有重大影响的段落。

“重大主题”是特指长城对边疆社会生活有着重大影响的事件。“重大主题”反映长城历史与文化的深度、广度都比一般主题更具有代表性。

整合具有突出意义、重要影响、重大主题的文物和文化资源，讲的是将意义重大、影响重大、主题重大的地方选择出来，打造成长城国家文化公园。这样做的目的是通过深入挖掘并展示与长城相关的历史文化，弘扬中华民族坚韧自强的民族精神和爱国主义精神，展现新时期中华民族实现伟大复兴的精神风貌。长城国家文化公园要建设一批爱国主义教育基地、培训基地、社会实践基地、研学旅行基地，组织长城爱国主义教育活动，提升长城文化的教育价值、爱国主义精神的传承价值，弘扬中华民族团结奋斗、众志成城的爱国主义精神，坚韧不屈、吃苦耐劳的民族精神，打造长城文化标志。

长城国家文化公园既然是国家推进实施的重大文化工程，负责这项工作的有关机构就要本着对历史负责、对国家负责、对人民负责的态度办好这件事。预计到2023年底，完成的只是一个阶段性的任务，阶段性目标任务圆满完成之时也就是长城国家文化公园建设在更大范围铺开的开始。这是一件需要持之以恒，需要以久久为功精神做下去的大事。

四、推动长城区域的经济发展

长城国家文化公园建设还有一个重要的任务，就是推动长城区域的经济发展。长城地区主要是贫困落后地区，虽然国家通过精准扶贫使这个地区的老百姓的生活得到了很大的改善，但如果不能让这个区域的经济发展起来，仅靠社会的资助、扶助不能从根本上解决这个地区的贫困问题。长城国家文化公园的四大主体功能区、文旅融合区和传统利用区的建设就是为推动长城区域的经济发展。

打造一批旅游目的地型文旅融合区是长城国家文化公园建设的重要任务，就是利用长城周边的历史文化、自然生态、现代文旅优质资源建设一批文旅融合区。在严格保护的基础上，适度开放一批旅游目的地，重点推动山西、内蒙古、陕西、宁夏、甘肃等中西部地区明长城，河南楚长城和山东齐长城，甘肃、宁夏、新疆、内蒙古秦汉长城，内蒙古和黑龙江金长城等长城新景区的建设，改善长城景区发展不均衡的现状。

建设长城文旅融合区，要挖掘本地的长城文化内涵，做好长城修筑的历史背景、建筑遗产特色和价值、重大历史事件和著名历史人物、修筑意义等研究，要在长城观光游览产品的基础上，开发长城研学旅行、红色旅游、非物质文化体验、旅游演艺、节事活动等产品，并将文化内容融入产品体系中。我们在编制《长城文化和旅游融合发展专项规划》的时候，对长城文旅融合区建设做过研讨。我们认为建设长城文旅融合区，要做好长城景区体系提档升级工作，要建设一批古城古镇型文旅融合区，要发展一批特色乡村型文旅融合区，要培育一批养生度假型文旅融合区，要推出一批联动型文旅融合区。

第一是对已经开放的长城景区体系做提档升级。进一步做好长城景区产品开发与配套设施建设，使游客有更好的长城观光与文化体验。目前，长城传统的观光型景区包括八达岭长城、山海关长城、嘉峪关长城等景区，都存在已无法满足旅游产业升级及游客消费需求的问题。一些小规模的长城观光景区仍处于低水平建设的阶段，滞后的发展无法适应时代发展的需要。长城观光型旅游景区旅游产品的深度开发，已经到了必须要解决的程度。知名的长城景区也要增加旅游感召力，强化标志性的旅游品牌。要推动相对成熟的 AAAA 级长城景区提升产品品质、完善配套设施和优化服务管理，创建国家 AAAAA 级旅游景区。推动一批 A 级旅游景区进一步完善产品开发与设施配套，提升现有景区质量等级。

第二是建设一批古城古镇型文旅融合区。全方位推动长城与周边古城古镇的深度融合，尤其是与长城历史密切相关的古城古镇，如在

长城防御体系中具有重要地位的九边重镇，以及在重要关城附近、重要驿道上的古城古镇。重点开发古城古镇文化观光、文化休闲、文化主题度假、非物质文化遗产体验等产品，形成文化特色鲜明、要素集聚发展、产业链组织高效的具有文化特色的古城古镇型旅游目的地。在严格保护古城古镇的基础上，将古城古镇作为长城旅游的产品配套基地和接待服务基地，为长城旅游提供各项配套服务。将长城文化作为古城古镇文化的重要组成部分进行展示和推介。将长城文化元素融入餐饮、住宿、购物、娱乐等接待服务要素中，增强长城文化体验。提炼长城文化和地域文化要素，融入城镇景观风貌的塑造，形成具有鲜明文化特色的城镇风貌。加强非物质文化遗产的挖掘和利用，并将之融入古城古镇文化产业和旅游产业的发展中。

第三是发展一批特色乡村型文旅融合区。深度挖掘长城沿线的旱作文化、游牧文化、渔猎文化等文化，长城军事防御体系与长城沿线乡村聚落形成与发展的关系，以及长城沿线各地历史事件、代表人物、故事传说、非物质文化遗产等，推动长城乡村旅游与长城农耕文化、军事文化、民族文化、边塞文化、非物质文化遗产融合，发展一批具有塞外文化特色的乡村型文旅融合区，打造一批长城人家、长城社区、长城村落。制定长城人家、长城社区、长城村落的评定标准，推动长城人家、长城社区、长城村落的申报与评定。丰富乡村旅游业态，建设一批田园综合体、农业公园、农村产业融合发展示范园、休闲农业精品园区（农庄）、现代农业示范区、教育农园等农业观光、科普、休闲产品，开发乡村博物馆、乡村节庆、乡村非物质文化遗产体验，乡村演艺，乡村文创等长城乡村文化休闲体验产品，鼓励有条件的地方发展乡村康养、乡村度假、乡村养老产品。制定长城乡村民宿、乡村旅游服务等标准，开展乡村旅游服务人员培训，引导长城乡村旅游规范发展。支持长城沿线乡村景观美化、绿化。完善乡村旅游厕所、咨询服务、供水供电、垃圾污水处理，以及停车、环卫、通信等配套设施建设。

第四是培育一批养生度假型文旅融合区。以长城周边的森林、湖泊、温泉、中医药资源等养生度假资源为依托，在长城沿线打造一批旅游度假区、森林康养基地、中医药健康养生旅游基地、旅游度假小镇等，打造一批养生度假型文化和旅游融合发展区。挖掘长城的文化内涵，提炼长城的文化元素，通过演艺、文化艺术创作、非物质文化遗产体验等方式，融入养生度假产品中。推进长城文化主题酒店、主题餐饮、主题商品、主题娱乐等度假服务的发展，打造具有长城文化内涵和特色景观风貌的文旅融合区。

第五是推出一批联动型文旅融合区。联动型文旅融合区由长城主题展示区及其周边其他类型的历史文化、自然生态和现代文旅优质资源组成，如风景名胜区、地质公园、森林公园、湿地公园等自然生态资源，文物保护单位、工业旅游区、城市旅游区等人文资源。加强长城与周边自然生态资源的整合与联动发展，加强对自然生态科学内涵的挖掘和展示，通过系统解说和演艺等方式，融入长城文化内涵，推出低空飞行、登山步道等观光产品，加强交通连接和线路串联，打造共同品牌。加强长城与周边文化资源、产业资源和城市旅游资源的联动发展，包括交通连接、线路串联、客源互送、联合营销，共同推出区域精品线路，打造长城旅游目的地。

五、本书概述

《长城国家文化公园建设研究》主要涉及九个方面，分别为长城历史文化、长城精神价值、长城国家文化公园建设要求和实践、各省区长城的历史和现状、长城文化遗产保护实现路径、长城文化精神传播和文旅融合发展、长城国家文化公园管理体制、长城国家文化公园IP

建设、长城国家文化公园建设工作。

《长城国家文化公园建设研究》旨在帮助读者了解《长城、大运河、长征国家文化公园建设方案》，正确认识中央为什么要做出建设国家文化公园的战略部署。长城国家文化公园建设是一项系统工程，需要多主体参与，需要多要素整合，更需要多机制联动。

长城国家文化公园建设是一个新事物，中央对这项工作提出了具体要求。建设目标要准确、合理，目标定位不能过高，工作方向更不能发生偏差。建设目标要解决规模与结构的问题，涉及长城国家文化公园建设的整体布局。只有整体目标明确，各级政府才能做好整合资源的协调工作。重点做好比较优势强的项目，形成一批具有示范作用的建设成果。

总之，《长城国家文化公园建设研究》一书是为长城国家文化公园建设服务的研究成果，也是宣传国家文化公园建设的书。加大建设长城国家文化公园的宣传，营造全社会支持这项工作的良好环境，这一点目前显然做得还不够。更多专家学者参与长城国家文化公园建设研究是对这项工作的支持，也是在推动长城研究事业的发展。长城国家文化公园建设是长城学发展的历史机遇，长城学的学科建设一定要立足国家重大战略。长城学的学科建设还要立足于经济社会发展的需要。可以说，对长城研究者有新的机遇，也有新的挑战。2022年4月，资源开发司牵头编制的《长城文化和旅游融合发展专项规划》《长城沿线交通与文旅融合发展规划》，以国家文化公司建设工作领导小组办公室名义正式印发。我们应该充分利用这个契机，为长城学的发展做出努力。

第一章

长城历史文化

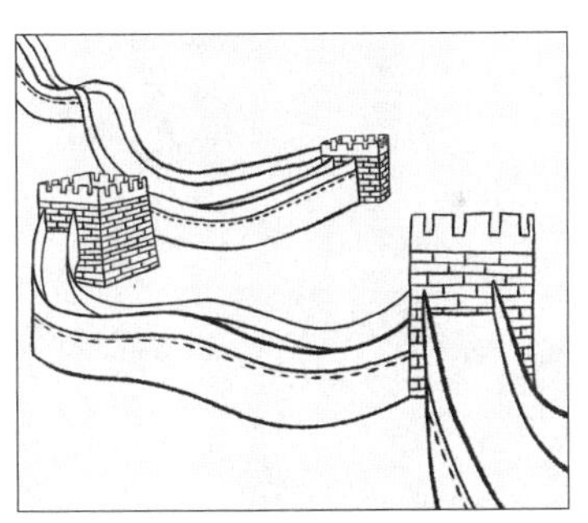

2019 年 12 月，中共中央办公厅、国务院办公厅印发的《长城、大运河、长征国家文化公园建设方案》中规定的长城国家文化公园的建设范围，包括战国、秦、汉长城，北魏、北齐、隋、唐、五代、宋、西夏、辽具备长城特征的防御体系，金界壕，明长城，涉及北京、天津、河北、山西、内蒙古、辽宁、吉林、黑龙江、山东、河南、陕西、甘肃、青海、宁夏、新疆 15 个省（区、市）。这些累世形成的文化遗产，包括规模宏大的连续墙体、壕堑、界壕，数量巨大的敌台、关隘、堡寨、烽火台，合理利用各类自然要素形成的山险、水险，以及与之相辅的戍守系统、屯兵系统、烽传系统、军需屯田系统等。

我们应该如何理解建设长城国家文化公园的重要意义与时代内涵呢？长城承载着中华民族伟大的创造精神、奋斗精神、团结精神、梦想精神，建设好长城国家文化公园，对弘扬中华民族精神至关重要。建设国家文化公园，也是国家推进实施的重大文化工程，具有重大历史价值和现实意义。长城、大运河、长征路线都是典型的线性文化遗产。由于保护意识、管理制度等方面的不足，我们对这类文化遗产的认知比较匮乏，因此，国家文化公园的建设可以增进我们的认知。同时，建设国家文化公园也符合我国新时期文旅融合发展的趋势，将成为推动文旅融合的重要载体。

相信大多数人对国家公园都不陌生，自 19 世纪中期世界上第一个国家公园建立以来，至今已有 220 多个国家建立了 1 万多个国家公园。国家文化公园与国家公园并行，这样的一种安排在中国是首创，在世界上也是首创。1987 年欧洲委员会开始实施的“欧洲文化路线计

划”应该说与我们的国家文化公园有相似之处。进入 21 世纪，发起于欧洲的遗产廊道概念也可以作为我们的参考。国家文化公园是对遗产的保护，确保具有生态、文化、美学价值的自然资源、人文景观及非物质文化遗产得到有效保护，提高人民的国家意识和民族自豪感，丰富人们的精神文化生活。国家文化公园是对文化的传承，其目的是传承、传播中华优秀文化，是满足民众精神文化需求的重要载体，也是“十四五”时期国家文化建设的重要一环。

长城文化与我们国家、民族有非常深远的联系。这一点大家都了解，但这种了解过于宽泛而且不够深入。2008 年，因北京奥运会，国务院新闻办要出版一本关于长城的书籍，很快就编出了长城画册，希望我做这本书的主编，让我看看长城画册，有没有重要景观缺失、有什么历史错误。我看了之后说：“奥运期间大型的国礼画册缺少什么？是缺文化！”怎么才能做出应有的文化品质，至少要回答三个问题：第一，我们国家、我们民族为什么不断修建长城？长城有没有用？如果有用，有什么用？如果没用，一个民族为什么会持续花费几千年时间建长城？第二,四大文明古国，中华文明作为唯一没有中断的文明，长城的作用是什么？如果没有祖先持续两千多年不断修建长城，还会不会有中华文明的不中断现象？第三，长城对人类文明未来发展的价值和意义是什么？对我们国家、民族几千年走下来的文化支撑，对人类整体发展一定有重要的意义。打造国家文化战略高地，首先要了解和认识长城的文化和历史作用。

我们为什么要了解长城？因为通过了解长城，进而了解中国的历史，可以解决我们是谁、我们从哪里来、我们要到哪里去的问题。中国发展到今天，只讲经济是远远不够的，必须要回答中国文化的这些问题。我们表面是在说长城，实际是在讲中国的文化。文化的问题是中国在崛起的过程中遇到的深层次问题，不管我们的经济发展到体量多大，我们的军事力量强大到什么样的程度，在全球竞争中，长城所代表的中国文化软实力都至关重要。

一个国家和民族的强弱兴衰，有着不可忽视的文化成因。中华民族近百年的奋斗历程，也是中华民族文化变革和复兴的历程。今后中华民族的复兴之路如何走，可以说与未来的文化建设有着深刻的联系。中国特色社会主义文化建设，对中华民族伟大复兴有重要的作用。长城文化塑造和影响了一代又一代中国人，长城国家文化公园建设就是要将长城文化继续发扬光大。建设长城国家文化公园必须要坚持文化自信。

做好长城历史文化研究是长城国家文化公园建设的需要。长城研究者应该以人文学术最前沿的成果，满足人民了解中国历史文化的需求。在这个过程中，我们要坚持和树立正确的历史观，做好长城和中华优秀传统文化关系的阐释。这是一份创造性工作，需要进一步深入探索。长城文化的创造性转化、创新性发展是国家重大战略，我们要从长城文化中吸取精神养分。传播长城文化要发出时代的声音，要站在中华民族伟大复兴的立场上。

第一节 长城资源调查基础信息

2006 年 10 月，国家文物局和国家测绘局签署合作协议，根据国务院批准的《长城保护工程（2005—2014 年）总体工作方案》，联合开展长城资源调查工作。建设长城国家文化公园需要长城资源调查基础信息，各省的长城国家文化公园建设，也需要了解长城的基本信息。国家文物局为纪念《长城保护条例》实施十周年，于 2016 年 11 月 30 日正式发布了《中国长城保护报告》。这是我国第一次以国务院文物行政部门的名义，向社会发布长城资源的保护管理状况报告，并对新中国长城保护的历史进行了综述。

1952 年起，国家对长城重要关隘开展了调查和保护工作，随后对八达岭、山海关等长城重点地段进行了修缮。此后，国家对长城做过三次较大规模的调查工作。

第一次是 1956 年实施的首次全国文物普查，北京、河北、甘肃等地将明长城作为调查重点。这次长城普查仅涉及山海关、八达岭、嘉峪关等一些关隘。第二次是 1979 年到 1984 年的普查，各地对重要区域的春秋战国长城、秦汉长城、明长城和金界壕等遗址进行调查。这次文物普查，长城只是完成了部分地段的调查。第三次是 2006 年，经国务院同意，国家文物局组织长城沿线各地开展的中华人民共和国成立以来最为全面、系统的长城资源调查。

以往的长城考察工作都是零散的、低层次的，并没有系统地进行过长城调查。2006 年开展的长城资源调查工作，才真正摸清了长城的“家底”。这是国家第一次全面摸清了全国历代长城的“家底”，并发布了长城资源调查成果。

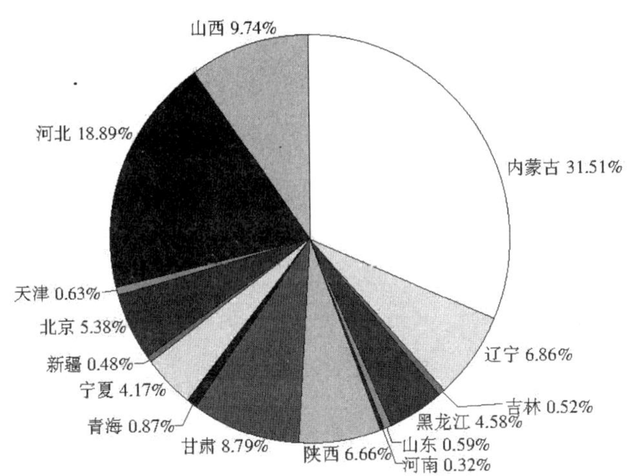

各省（自治区、直辖市）长城资源比例示意图（来源:《中国长城保护报告》）

国家长城资源调查以明长城、秦汉长城主线为重点，同时将春秋战国长城，各时代长城支线、汉唐烽燧，以及金界壕遗址等其他具备长城特征的文化遗产一并纳入调查范围。调查对象主要包括长城的墙体、敌楼、壕堑、关隘、城堡以及烽火台等相关历史遗存。

2012 年 6 月 5 日，国家文物局公布长城资源调查结果，认定各时代长城资源分布于北京、天津、河北、山西、内蒙古、辽宁、吉林、黑龙江、山东、河南、陕西、甘肃、青海、宁夏、新疆 15 个省（自治区、直辖市）404 个县（市、区）。各类长城资源遗存总数 43721 处（座 / 段），其中墙体 10051 段，壕堑 / 界壕 1764 段，单体建筑 29510 座，关、堡 2211 座，其他遗存 185 处。墙壕遗存总长度为 21196.18 千米。

春秋战国长城既包括春秋时期的长城，也包括战国时期的秦、魏、燕、赵、齐、中山等国修筑的长城。春秋战国长城的主要分布区域包括河北、山西、内蒙古、辽宁、山东、河南、陕西、甘肃、宁夏等省（自治区）。现存墙壕 1795 段，单体建筑 1367 座，关、堡 160 座，相关遗存 33 处，长度为 3080.14 千米。这一时期的长城，多以土石或夯土构筑的建筑为主。

秦汉长城既包括秦代长城，也包括汉代长城。秦代存在时间很短，秦长城修筑和使用时间更短，其建筑基本上都为汉代所沿用，故称秦汉长城。秦代将燕、赵、秦三国的北部长城连为一体，是中国历史上第一条万里长城。汉代长城东起辽东，西至甘肃玉门关，主要分布区域包括河北、山西、内蒙古、辽宁、甘肃、宁夏等省（自治区），总体呈东西走向。秦汉长城现存墙壕 2143 段，单体建筑 2575 座，关、堡 271 座，相关遗存 10 处，长度为 3680.26 千米。玉门关以西至新疆维吾尔自治区阿克苏市，连绵分布有汉代烽火台遗迹。秦汉长城以土筑、石砌为主，甘肃西部等地以芦苇、红柳、梭梭木夹沙构筑方式较常见，烽火台除黄土夯筑外，还有土坯或土块砌筑等做法。

明长城保存相对完整、形制类型丰富，主要分布区域包括北京、天津、河北、山西、内蒙古、辽宁、陕西、甘肃、青海、宁夏 10 个省（自治区、直辖市）。其主线东起辽宁虎山，西至甘肃嘉峪关，在河北、山西、辽宁、陕西、甘肃、宁夏等地有多处分支。现存墙壕 5209 段，单体建筑 17449 座，关、堡 1272 座，相关遗存 142 处，长度 8851.8 千米。这里要说明一下，明长城的 8851.8 千米，包括人工墙体的长度为 6259.6 千米，壕堑的长度为 359.7 千米，天然山险等的长度为 2232.5 千米。明长城东部地区以石砌包砖、黄土包砖或石砌为主，西部地区则多为夯土构筑。

在这里还需要介绍一下，2009 年国家文物局公布明长城资源调查结果时，时任国家文物局副局长童明康在谈到长城的保存状况时介绍说："我国明长城总长度为 8851.8 千米，按照《长城资源保存程度评价标准》，其中保存一般的 1104.4 千米、保存较差的 1494.7 千米、保存差的 1185.4 千米，已消失的 1961.6 千米。从中可以看出，长城墙体保存状况总体堪忧，较好的比例只有不足10%。”

历史上，北魏、北齐、隋、唐、五代、宋、西夏、辽等时代均不同程度修筑过长城，或在局部地区新建了具备长城特征的防御体系，这些活动在选址、形制、建造技术等方面都对后期长城的修筑产生了影响。现存墙壕1276段，单体建筑454座，关、堡119座。此外，金代在今黑龙江省甘南县，经河北至内蒙古自治区四子王旗一线，修筑了以壕沟为防御工程主体的界壕体系，称为“金界壕”。现存墙壕1392段，单体建筑7665座，关、堡389座，长度4010.48千米。

长城资源调查之后的认定是一个动态的过程，今天没有认定的地方今后通过进一步研究和新的发现，也会被补充认定。已经认定的长城，也可能因为有新的发现或遭受毁损而有所改变。

第二节
古代为什么持续两千多年修建和使用长城

中国古代为什么持续两千多年不断地修建和使用长城？解决这个认识问题是探索未知和揭示本源的需要。《长城、大运河、长征国家文化公园建设方案》明确要求国家文化公园要“集中打造中华文化重要标志……进一步坚定文化自信，充分彰显中华优秀传统文化持久影响力、革命文化强大感召力、社会主义先进文化强大生命力”。做好这一点，我们需要思考长城文化如何反映时代精神，如何回应时代责任的要求，长城文化的活力和生命力在什么地方。任何文化的形态和内容都不是一成不变的，长城文化在不同历史时期也需要赋予不同的时代内涵。

长城国家文化公园建设如何体现中华文化的独特创造、价值理念

和鲜明特色呢？首先需要认识中国古代为什么持续两千多年不断地修建和使用长城。万里长城从东到西，横跨中国的东北、华北、西北。长城修建和使用长达两千多年，对保护农耕地区及调整农耕与游牧社会经济秩序起到了重要作用。

古代王朝大多重视长城的修筑和利用，因为修筑长城，构建农耕社会与游牧社会的秩序，是巩固王朝统治的需要，是当时社会经济发展的需要，也是长城内外人们和平共处的需要。历代王朝修建的长城，多处于边疆地区，被当作维持王朝统治的生命线。修建长城的地方，多是“一夫当关，万夫莫开”的军事要塞。

中国从古到今，有两大特点，一是人口众多，二是中华民族多元一体。中华民族多元一体。多元指的是在中国统一的多民族国家形成过程中，各民族所具有并保持的个性和特色，包括各民族在地域、语言、经济、文化、心理等方面所具有的多样性和表现形式上的特殊性。一体指的是各民族在共同发展的过程中相互融合、相互同化，形成了统一的民族共同体。中华民族是一个多元一体的民族共同体，历史发展到今天，我们更应该强调民族共同体意识。弘扬长城文化就是为铸牢中华民族共同体意识做出贡献。

我们现在强调中华民族共同体意识，一定要了解长城在历史上促进民族融合的纽带作用。

如果没有长城，中国难以成为统一的多民族国家。如果没有长城，生活在长城地区的族群可能无法融合。长期以来，长城沿线地区各民族通过碰撞和交融，形成了你中有我、我中有你的多元一体格局。从这个意义上说，长城在中国历史发展和中华民族融合的过程中具有特殊的历史地位。

长城的历史文化价值，体现在其对人类文明发展的贡献上。人类社会生活和人类文明的发展，始终面临三个最基本的问题，分别为：

生死存亡、构建文明秩序、文明传承和发展。长城与人类社会生活和人类文明发展的三大基本问题息息相关。

生死存亡是人类文明始终面临的第一大基本问题，不能解决生死存亡问题，一切都无从谈起。与生死存亡相比，任何利益都处于次要位置。长城从产生之初，到冷兵器时期使用功能的结束，其要解决的首要问题就是生存问题。

顺应人类文明发展规律，构建文明秩序是人类文明面临的第二个基本问题。人类有合作发展、寻求双赢或多赢的愿望，也有为了追求利益的最大化而互相残杀的恶劣天性。在适合人类生活的环境中，人类相互联系、相互制约并建立起各种法规制度，构建起文明的社会秩序。人类社会形成之后，任何政权都需要一个起码的秩序。我国古代历代统治政权通过修建长城，对农牧秩序进行控制和维系，实现长城区域的社会稳定。

文明的传承和发展是人类文明面临的第三大基本问题。人类是一个有思想、有文化的物种，思想文化的发展是一个漫长的过程。中国文明的起源和文明社会的形成，是一个连续性的过程。长城的存在，保障了中华文明发扬光大。

解决这三个问题不仅长城内的农耕民族需要，长城外的游牧民族也同样需要。古人如果谈威胁，站在长城内外立场肯定是不一样的。从农耕民族的立场来看游牧军队是威胁，反过来站在游牧民族的立场来看，农耕民族军队同样也是威胁。在古代社会，长城起到了构建相对和谐的社会秩序的作用。

长城是军事防御工程，绝大部分的长城地段没发生过战争。长城的存在客观上调整了农耕民族和游牧民族的冲突，减少了双方发生战争的次数，相对较好地解决了不同文明的冲突。总体上来说，长城内外的不同民族减少了冲突，游牧民族在长城外面游牧，农耕民族在长

城里面耕种，双方通过长城的关口进行互市。

当然，修建长城主要是保护以农耕政权为代表的中原文明，如果没有长城的保障，中华文明存续的时间和文明传承的质量都会受到很大的负面影响。今天长城所代表的中华文化是中华民族人民共同创造的文化，也是中华民族人民共同传承和发展的文化。

第三节 长城区域的干旱和半干旱环境非常脆弱

认识长城的历史和文化，还要认识长城地区的环境。大部分长城修建在东经 70 度至东经 135 度、北纬 40 度至 42 度之间，这个区域大部分属于干旱和半干旱气候。我们之所以说长城区域的环境非常脆弱，是因为长城所经过的北部地区和西北部地区，年降水量小，可是蒸发量却极大，蒸发量一般都超过降水量的一倍或几倍。为什么会出现这种情况？这与我国的地形、地势有很大关系。

说到长城地区的环境问题，我们需要认识一下中国的西部和东部。中国的东部和西部是怎么形成和划分的？哪里算东部，哪里算西部？这涉及人口地理学与人文地理学的一个分界线，即中国地理学家胡焕庸提出来的“黑河—腾冲线”。这条线从黑龙江省黑河市到云南省腾冲市，大致为倾斜 45 度的一条直线。

这条线也称“瑷珲—腾冲线”，因为黑河市在清朝称瑷珲县。我们习惯以“黑河—腾冲线”划分东部和西部，这条线以东为东部地区，这条线以西为西部地区。明代长城除辽宁和京津冀部分地区位于东西部边缘之外，绝大部分地区都属于西部地区。

2000 年第五次全国人口普查资料显示，占全国国土面积 43.8% 的东部地区，居住的人口占总人口的94.1%，而占全国国土面积56.2.%的西部地区则仅居住着全国总人口的3.9%。

经常有人讲长城地区是400毫米年降雨量的分界线，这是一个错误的说法。中国的年降雨量400毫米的分界线，应该是“黑河—腾冲线”。这条线与400毫米年降雨量线基本吻合。年降雨量400毫米意味着什么呢？意味着低于这个降水量已经不适应农耕经济的发展。总体上来说，农耕地区以农业为主，游牧地区以放牧业为主。

长城沿线一系列的高山——长白山、大兴安岭、阴山、太行山等，都属于东北—西南走向的山脉，这些山脉阻挡夏季暖湿东南季风向内陆流动，使这些山脉的西北部降水大幅度减少。长城沿线地区因属于干旱半干旱地区，生态环境比较脆弱，对气候灾害的反应比较强烈。此区域向北逐渐过渡为荒漠地区，其生态环境更为脆弱。

长城大体修建在高原、山地地貌到平原地貌的过渡地带。郭德政、杨姝影在《中国北方长城的生态学考察》中提出，这一地域又恰恰是“以棕壤、黄壤、黄棕壤为主的农田土向高原草甸土、风沙土为主的荒漠土壤转变的过渡地区”。

秦汉长城以北多是干旱、半干旱区。干旱地区在难以实现浇灌的状态下，基本无法进行农业生产。半干旱地区的降水量虽少，但农业生产还是可以维持，草地植被可以在自然状态下恢复。所以，长城沿线不仅是农、牧两种经济类型交错分布的地区，也是在地理学中常常关注的生态敏感带。

干旱和半干旱地区的气候特征是光照充足、降水稀少、气象灾害较多。干旱、大风、沙暴、干热风等气象灾害不适于农耕经济发展。由于这一地带风大沙多，农作物生长也没有很好的土壤环境。

当然，长城的位置与农牧交错带并不是简单的偶合，而是人类活动与气候变化共同作用的结果。干旱、半干旱地区多是盐碱地，气候越干燥，盐碱地的分布越广。长城沿线的这些自然因素，使王朝政权在开拓边疆时，很难在这个地区发展比较大规模的、长期稳定的农耕经济。

气候变化是造成农业区域移动的原因之一。公元前1500年左右气候开始转向寒冷和干旱，很多生活在今内蒙古长城地区的人群，开始向南和向东迁徙。直到公元前4世纪，即战国时，中国大地上才完成农耕经济与游牧经济的分离。在农牧分离的过程中，1000多年来农牧两种经济类型的过渡地带，向南移动2～5个纬度。

长城沿线的游牧民族，绝大部分生活在干旱和半干旱地区。虽然这些地方也有一些绿洲，但大部分地区是荒漠过渡地带，甚至是荒漠地区。在如此恶劣的生态环境下，绿洲就成为农牧民族双方政权争夺的首要目标。游牧民族政权控制了这些绿洲，就会以这些绿洲为基地，随时对农业民族政权出兵。中原王朝修建长城就是要控制这些绿洲，因为这样能够大幅度地减少来自北方草原地区的威胁，并把这些绿洲发展成为向北开拓和发展的基地。这些以绿洲为中心的地区，是农牧双方获取经济收入的战略基地。只要力量允许，双方都不愿意放弃对这些地区的控制权。

第四节 长城与古代王朝边疆的关系问题

长城一般分布在古代王朝的边疆地区，这一点很好理解。边疆的“边”是边缘之义，边疆之“疆”是地域之义。中国古代王朝以统治的核心区来界定边疆。长城远离王朝统治的核心区，因此被称为边疆。

古代王朝将王朝政权控制的边缘地区界定为边疆，并采取与内地不同的治理方式。边疆既是拱卫国家核心区域的安全屏障和战略纵深，也是国家进一步向外发展的依托。

不同的朝代、不同的历史时期，中原王朝的边疆并非固定不变。中原王朝对长城地区的治理受到既定边疆政策的影响。

随着农耕政权经济的发展、实力的增强，会产生向游牧地区扩展的需求。疆域扩张致使边疆地区发生较大的变化。中原王朝的政治吸引力、军事威慑力、经济影响力和文化感召力，推动游牧民族对中原王朝的归降和臣服。中原王朝败落的时候，游牧政权一般会采取军事手段抢夺中原王朝控制的区域。

长城是中国古代中原王朝的边疆，与现代政治学的边疆不是一个概念。现代的边疆是国家靠近边界的领土疆域。现代意义的边疆及其纵深，是主权国家根据政治、经济、军事的需要，按特定的自然地理或行政区划确定的区域。

有些学者将长城视为古代中国的边界，这一认识值得商榷。古代国家与现代主权国家相比，都没有明确的国家边界。无论是古代欧洲的城邦国家、罗马帝国，还是中世纪的法兰克王国、拜占庭帝国，都和中国古代王朝一样，并没有明确固定的国家边界，也没有军事上的明确界线。因此，古代王朝在边疆地区修建的长城，从来都不是中原王朝的边界。

具体考察历代长城的作用时，我们需要对当时王朝的边疆进行分析。将长城作为整体来研究时，我们需要明确不同历史时期古代王朝的边疆。

白寿彝在《中国通史》中提出，现代学者研究中国史应该以中华人民共和国的国土范围为处理历史上中国疆域的标准。他认为："中华人民共和国的疆域是中华人民共和国境内各民族共同进行历史活动的舞台，也就是我们撰写中国通史所用以贯穿今古的历史活动的地理范围。”

我作为国家“十二五”项目《中国长城志》的总主编之一，在主持《中国长城志》的编纂过程中也秉承这一观点。长城研究包括考察中华人民共和国疆域内长城的修建和使用，考察长城在不同历史时期产生的政治、军事、经济、民族、文化等各方面的作用。在论述古代民族与长城的相关问题时，往往要跨越今天的疆域范围，才能得出较为准确的认识。

长城位于古代王朝的边疆是站在农耕政权的视角看产业的结论，从草原游牧政权的视角看长城也位于其边缘地区。很有意思的是，若从长城分布的视角来看，长城恰恰是古代中国的一个中心地区。农耕民族与游牧民族在这个地区的碰撞与融合，使这个地区成为中华民族融合发展的纽带。

第五节 长城军事防御的战略目的和战略任务

在古代，农耕政权与游牧政权的军事对抗是常态，处理不好必将成为王朝统治的重大不稳定因素。农牧政权军事冲突成为双方关系的大趋势时，则长城的防御作用尤为重要。长城既是减少军事冲突的手段，也是降低双方军事对抗的举措。

在王朝政权把对方作为敌对方的前提下，绝对不会轻易改变军事防御姿态，在管控边疆和巩固边防两方面都会不断加强。如明朝隆庆四年（1570 年）到隆庆五年（1571 年），明蒙双方实现了隆庆议和，明朝和蒙古鞑靼部建立封贡关系，结束激烈的军事冲突。

为什么隆庆议和之后，明朝的长城非但没有停止修建，反而得到加强？其实道理很简单，农耕政权与游牧政权毕竟有很强的冲突性，双方将彼此当作敌人已打了很多年。明朝在此思维模式下，重新对长城进行了军事部署。

一、农耕政权和游牧政权军事对抗的三种模式

认识长城的军事防御作用，首先需要了解农耕政权和游牧政权的三种军事对抗模式。

第一种对抗是农耕政权与游牧政权双方的军事冲突不是以决战形式进行的。这是长城地区经常存在的情况，属于常态的军事冲突。面对游牧民族这种分散的、抢掠性的军事挑战，中原守军往往处于较为被动的劣势。长城守军通过长城防御工程强化军事存在，让游牧政权的军队因感到强大的军事压力而不敢轻举妄动。

第二种对抗是以激烈的战争方式进行的军事决斗。一旦发生这样的军事冲突，长城各关隘一般都是战火的最前沿。随着军事冲突的不断升级，在这样的军事冲突中长城基本上很难发挥军事防御作用。

第三种对抗是双方在进行正常交流的情况下，发生的小股的、骚扰性的军事冲突。这种冲突是双方都不想看到的，农耕政权为构建有效的秩序修建长城，也符合游牧政权的意志。在这种情形之下，长城为游牧民族与农耕民族之间和平交往提供了可能。

这三种情况并不是一成不变的，在不同的历史时期、不同的历史背景下不断变化。中原王朝强大时，第二种模式发生的可能性较小。中原王朝衰落时，第三种模式也就失去了其存在的条件，常常被第一种模式打破。

二、修筑长城的战略目的和战略任务

进攻、防御是战争的两种基本形式。长城是一座军事防御工程，其主要的任务是防御。防御有被动防御和主动防御之分。不能因为长城是固定的，就简单地认为长城是一座被动防御工程。在很多时候，理解进攻和防御需要站在国家和政权的发展整体角度去认识。理解长城防御体系的军事价值，也需要历史地看待。

隋炀帝在《饮马长城窟行》中，讲了他为什么要修筑长城。诗文说："肃肃秋风起，悠悠行万里。万里何所行，横漠筑长城。岂台小子智，先圣之所营。树兹万世策，安此亿兆生。"在他看来，修建长城是"万世策"，能够保障亿万人民的生活。

游牧民族的作战随机性和机动性很强，经常对农耕民族发起小规模的作战行动。尽管这种军事行动规模小，但由于发生的频率高，对农耕地区的破坏性还是很大的。长城守军不得不随时为这种潜在的军事对抗做好准备。

草原地区的生产生活条件艰苦，很多生活必需品依赖农耕地区生产和提供。在强大的生存压力下，游牧民族对农耕地区的抢掠成为一种常态，这种军事活动往往带有很强的功利性。游牧民族进攻长城的主要目的不是攻城略地，而是掠取更多的财物和人口。

长城作为一个军事防御工程，有其明确的战略目的和战略任务。修建长城并不是一时一事的军事行为。修建长城的战略目的和战略任务，是构建长期正常和平生活。

长城防御体系只要真正有效地运营，都能起到一定的防御作用。平时备战以严阵以待的姿态威慑对方，战时迅速调集兵力，指挥协调各兵种对进犯之敌进行堵截围歼。各部队、各兵种密切配合发挥自身优势，可以对一些突发的进攻和骚扰进行迅速、及时的反应。

三、长城在长期局部战争上发挥充分作用

自古就有人认为长城的作用有限，这种认识主要是对大规模军事冲突而言。新莽时期，严尤在评论中原王朝对游牧民族的政策得失时说：“臣闻匈奴为害，所从来久矣，未闻上世有必征之者也。后世三家周、秦、汉征之，然皆未有得上策者也。周得中策，汉得下策，秦无策焉。当周宣王时，猃狁内侵，至于泾阳，命将征之，尽境而还，其视戎狄之侵，譬犹蚊虻，驱之而已，故天下称明，是为中策。汉武帝选将练兵，约赍轻粮，深入远戍，虽有克获之功，胡辄报之，兵连祸结三十余年，中国罢耗，匈奴亦创艾，而天下称武，是为下策。秦始皇不忍小耻而轻民力，筑长城之固，延袤万里，转输之行，起于负海，疆境既完，中国内竭，以丧社稷，是为无策。”

这段对长城作用持否定态度的文字很长，很有代表性。可以说，这类认识几乎伴随了长城发展的全过程。但是这种认识忽略了长城维护农牧民族和平交往的作用。历史上有很多游牧军队陈兵长城之外，最后因长城防御体系严密而选择退军。

长城发挥作用往往不是在爆发全面战争之时。长城真正的防御作用体现在长期的局部战争上。当长城沿线局部地区发生军事冲突，在武力对抗的暴力程度不高、双方投入的军事力量有限时，长城的作用往往能够得到充分发挥。

长城军事防御体系可以有效调节进攻方和防守方的军事力量，迟滞游牧骑兵的速度，有效缓解游牧民族与农耕民族之间的冲突。当然，长城守军也并非只死守长城。依托长城的适时出击，也是长城守军稳定防御的有效手段。

第六节
长城在不同历史时期的作用

辩证地看待长城在中国历史发展过程中的作用与价值，就是要用发展的眼光看问题。长城在不同时期发挥的作用并不一样。长城在王朝衰微时期发挥的作用，与政权刚崛起时发挥的作用完全不同。

秦汉长城是在秦汉王朝强大的时候修建的，对秦汉王朝来说，即便军事力量可以占领草原地区，也不可能长期据守草原。这个时期修建长城，是基于长城地区整体防御的考虑。

战国秦、赵、燕长城具有很大的防御价值，其防御体现一种主动性。秦、赵、燕在占据了军事优势的情况下修筑长城，加上一定数量的驻军，可以防止北方游牧骑兵的袭击，是一种扬长避短的主动行为。在当时，采用高墙来阻遏骑兵是极好的方式。陈可畏在《论战国时期秦、赵、燕北部长城》中就指出：没有长城，即使有大量的步兵和骑兵，仍然防御不了游牧势力的抢掠。

明朝时期也是如此。山海关长城修建于明洪武年间，在明初和明中期一直在发挥作用。即便是到了明末，强大的清兵已经陈兵于长城之外，这条防线也依然在起作用。一直到了李自成的农民军攻进北京城，明崇祯皇帝吊死煤山，山海关防线才彻底崩溃。吴三桂打开山海关迎接清兵入关，开始了清朝对全国的统治。

北京的关沟古道是华北通往蒙古草原的古道，这条古道南面连接着燕山和太行山环抱的北京小平原，北面直通张家口、独石口等长城关隘。关沟的关，指的是居庸关，关沟有南口和北口。南口有南口城，北口就是八达岭长城。

关沟的防御非常严密。明正统年间发生的“土木之变”就发生在离八达岭长城外不远的地方，明英宗都已经被蒙古瓦剌抓获了，蒙古军队依然不敢由关沟攻打长城进攻京城，而是绕道紫荆关攻打北京城。就是这么地形险峻、防御设施极为严密的防线，明末李自成大军打过来的时候，几乎不费吹灰之力就进来了。崇祯十七年（1644）一月，李自成在西安称帝，随后开始东征，三月十五日（4 月 21 日）农民军就进了居庸关。李自成为什么会一路高歌攻进北京城？因为明朝末年，政治腐败和财政危机，上层高官党争迭起，中下层官吏贪污腐化，民不聊生。

中国民间有一句老话——“药治不死病，死病无药医”，这句话很好理解，不论多好的医生、多好的药也只能医治不会死的病。如果病人已经病入膏肓到了必死的程度，肯定是无药可医了。长城的作用也是这样，对一个民不聊生、面临崩溃的王朝来说，长城再坚固也是没有用的。

第七节
长城区域的民族碰撞与融合

农耕民族与游牧民族两种文化之间既有联系又有矛盾，既相互需要，又相互排斥。正是文化和经济上的深层原因，两大区域之间出现了一个长期在冲突中融合、在冲突中发展的局面。

长城地区各民族的发展和融合有一个曲折复杂的过程，交流和融合的程度、规模在不同的时段内表现出不同的状态。在形成农耕民族和游牧民族两大民族的过程中，经济关系和地域关系是重要的影响因素。农业生产发展到一定阶段后，就会形成文化特点和心理特点一致的民族共同体。在草原地区，草场是重要的生产基础，畜牧是主要的生产形式，在共同的经济生活下，往往形成共同的语言和共同的信仰。

游牧民族强大后，也会形成政治组织，作为权力机构来决定民族共同体的发展。农耕与游牧两种经济形式同时存在、交错存在、互相争夺资源，决定了这个地区具有很强的冲突性。

中国统一多民族国家的形成，有一个由统一到分裂，又由分裂到统一的发展过程。单就统一而言，一个统一多民族国家不是一个时期突然形成的，都是先由小统一发展到大统一，由局部统一发展到全国统一，由若干民族的统一发展到几十个民族的统一。在逐渐走向统一的过程中，中国曾长时间处于多个政权并存的局面。春秋战国、魏晋南北朝、辽金宋三个分裂割据时期，不仅中原处于分裂状态，草原地区也不统一。在春秋战国时期，中原地区出现了楚、齐、秦、魏、赵、燕、中山等国的长城；魏晋南北朝时期，中原地区出现了北齐、北魏、东魏、北周长城；辽金宋时期，草原上出现了辽长城和金界壕。长城往往产生于多个政权并立时期，而长城产生后，促进了中国各民族的交流与融合，为全国大一统奠定了坚实的基础。

长城伴随了各民族相互交往、相互影响、相互学习的历史发展进程。除汉族外，与长城历史关系密切的有匈奴、契丹、突厥、鲜卑、柔然、女真、蒙古等民族。经过两千多年的发展，这些民族有的整体失去了本民族原有的特点，变成另一个民族的组成部分。有的在发展的过程中吸收了其他民族的特点，使本民族的特性也发生了变化。

第八节 长城区域多民族共存的主要特征

中国古代长城内外的不同民族，有不同的语言、不同的经济类型，谁也离不开谁。长城内外不同的经济文化和社会发展水平差异，是长城内外各民族发生冲突的原因之一。

在复杂的历史发展过程中，长城内外不同民族共存有下列几个特征：

第一，在长城区域，游牧民族生活的自然环境较为恶劣。在中原王朝比较强大，给游牧民族较大的政治、军事压力时，游牧民族只能向自然条件更恶劣的地方迁徙。这种生存条件、自然状况的不平等是导致民族矛盾长期存在、不断激化的原因之一。

第二，在长城区域，农耕民族和游牧民族之间存在着民族隔阂与民族歧视。中原王朝的经济实力较强，比游牧民族经济更发达。经济上的优越性，使中原王朝在心理上有很强的优越感，并将这种优越感带到文化中。在这样的情况下，很容易产生民族歧视。游牧民族强大到一定程度，有力量对中原地区发起进攻时，他们往往会发动战争。游牧民族获得胜利，建立政权后，对农耕民族进行管理时也会从语言、信仰、生活习俗等方面采取一些强制性措施，同样体现为一种民族歧视。

第三，游牧民族在长城附近的迁居和流动，不同朝代有很大的变化。历史上，周边的游牧民族始终是中原王朝的主要威胁。一些中原王朝采取比较好的政策来处理与周边的游牧民族的关系。中原王朝与一个强大的游牧民族形成了很好的联系之后，为什么在不同的历史时期仍会面临不同的威胁呢？一个主要原因是，在长城区域生活的游牧民族并不是同一个游牧民族，所以前朝积累下来的、与他们建立起来的友好联系，对新迁徙过来的民族没有意义。前一个朝代有效地解决了的冲突问题，随着新的游牧民族的出现，问题会再次出现。

第四，长城区域不同民族建立起来的政权，对中原也会产生不同的影响。若长城以北的游牧民族形成一个统一的强大政权，中原王朝就面临更大的、长期的威胁。而长城外的民族政权处于分散的状态时，

中原王朝所承受的威胁和挑战就小得多。论述游牧民族的问题时，一些学者认为游牧民族抢掠财物和人口、破坏社会安定和破坏生产力对社会破坏力很大。其实，这里也存在着理解上的偏差。长城用来调整农耕民族与游牧民族的关系，不能一味指责游牧民族的破坏性。农耕民族对游牧民族同样具有很强的杀伤力和破坏力，特别是在农耕经济向北发展的过程中，这种破坏力很大。

第二章

长城精神价值

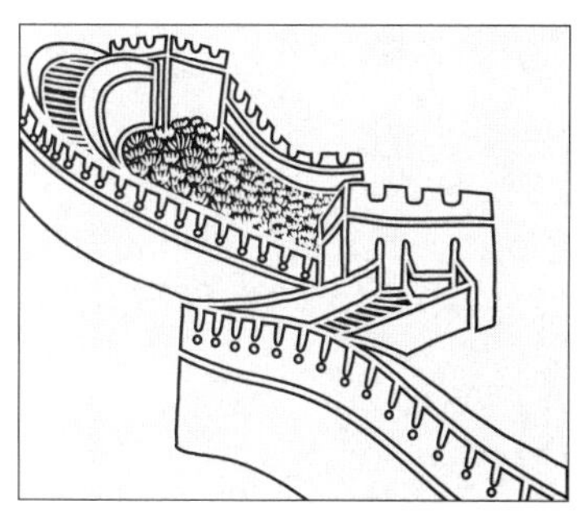

提到长城的精神价值，我们习惯使用“三个精神，四个价值”这种说法。《中国长城保护报告》将长城文化精神概括为三个方面：“长城蕴含着团结统一、众志成城的爱国精神，坚韧不屈、自强不息的民族精神，守望和平、开放包容的时代精神。”并且称长城文化“历经岁月锤炼，已深深融入中华民族的血脉之中，成为实现中华民族伟大复兴的强大精神力量。传承与弘扬长城精神，始终是长城保护的首要之义”。

《中国长城保护报告》阐明了长城所代表的中华民族和中华文化。中华民族之所以为中华民族，就是因为我们的文化特性。中国人之所以持续两千多年不断地修建和使用长城，是因为其代表了中国人自强不息、追求和平的特性。

2019 年 1 月 22 日，文化和旅游部、国家文物局联合印发了《长城保护总体规划》。这个规划由国家文物局于 2006 年启动规划编制前期工作，陆续于 2010 年完成长城资源调查，2012 年完成长城资源的国家认定，2015 年完成了信息系统建设，2016 年全国有长城的 15 个省都完成了省级规划的编制。在这个基础上，国家文物局编制完成了《长城保护总体规划》，并于 2018 年底报送国务院，经国务院同意后向社会颁布。

《长城保护总体规划》中继续强调对长城文化内涵、长城文化价值的认识，对长城精神的概括依然和《中国长城保护报告》相一致，但是做了进一步的阐述。《长城保护总体规划》第一章第 10 条专门设了“长城价值”这一条目。从四个方面详细揭示了长城文化内涵和长城文

化价值，简称四个价值，分别为承载中华民族坚韧自强民族精神的价值、坚定中华民族文化自信的历史文化价值、展现古代军事防御体系的建筑遗产价值、承载人与自然融合互动的文化景观价值。

第一节 团结统一、众志成城的爱国精神

长城“三个精神”的第一项是团结统一、众志成城的爱国精神。中国是统一的多民族国家，“统一”“多民族”这两个词是中国的国家概念中不可或缺的核心词。早在公元前221年，中国就确立了国家统一的基本格局。在两千多年的历史进程中我们也有政权分立的时候，但国家统一的基本格局始终未变。一旦分立的政权有能力追求统一了，一定会把实现统一作为内在动力和主要发展目标，这一点两千多年来都没有改变。

实现中华民族的伟大复兴，没有中华民族的大团结不行，保卫不了国家的统一更不行。中华民族的团结和国家的统一是实现伟大中国梦的前提和保证。中华民族五千年的发展史，也是一部各民族共同推动国家统一，维系国家统一的发展史。实现国家的团结统一，长城区域尤为重要。中华人民共和国现在有五个省级自治区，其中有四个自治区与长城有着密切的联系。

1947年5月1日，内蒙古地区成立了我国第一个省级民族自治地方——内蒙古自治区。内蒙古自治区的长城遗产点多线长，长城文物富足，全区的长城总长度达7570公里，占全国长城长度的三分之一，境内长城历经战国赵、战国燕、战国秦、秦代、西汉、东汉、北魏、北宋、西夏、金代、明代等9个历史时期11个政权，分布于全区12

个盟市、76个旗县，具有长度最长、时代最多、分布范围最广等特点，形成了独具特色的长城历史文化带。

1955年10月1日，新疆维吾尔自治区成立。新疆维吾尔自治区长城是中国最西部的长城，以烽燧和障城的形式为主。新疆境内的长城资源按行政区划分布于10个地州（市）、40个县（市、区），涉及新疆生产建设兵团5个师（市）、9个团场，东西绵延2000余公里。新疆长城文化遗产主要分布在古丝绸之路交通线，另有以政治中心或重要城镇为中心，修筑在险要的山口和沙漠边缘的长城。唐代两个时期，其中汉代长城资源23处，唐代长城资源187处，汉、唐时期沿用的长城资源2处，按构成类型分为单体建筑186座、关堡26座。

1958年10月25日，宁夏回族自治区成立。宁夏回族自治区地处中国西部的黄河上游地区，为黄土高原与沙漠的过渡地带，历史上一直处在农牧文化的交融区域。自战国开始，长城经秦、汉、宋、明等数朝不断修筑，用以巩固黄河河套地区的边防。宁夏的地理环境特征与不同时期的民族变迁，使得长城分布在宁夏的东、南、西、北部。宁夏长城具有时间跨度长、空间分布广的特征。宁夏回族自治区长城涉及5个市的19个县（市、区），长1077.1公里，包括土墙、石墙、山险墙、山险、壕堑等，其中夯土墙所占比例最高。

新中国成立后，全国各族人民团结起来建设统一多民族的社会主义国家。没有民族的团结就不会有今天的成就，没有国家的统一也不会有今天的成就。团结统一是中国各族人民的最高诉求和利益保障，维护国家统一是国家意志也是全国各族人民的神圣使命。

中国是一个统一的多民族国家，历史和现实证明建立和发展这样的国家经历了很多磨难。中华文明的一脉相承和延绵不绝并不是偶然的，是以前仆后继的追求为基础的。

我们讲了团结统一，接下来再说众志成城。万众一心是一个常常和众志成城连用的词，表示面对困难和灾难，大家齐心协力，形成像长城的城墙一样牢固的力量。近代以后的中华民族，可以说饱受西方列强的欺凌。为了争取民族解放，中国人民进行了顽强的浴血奋战。有多少先烈为反抗帝国主义侵略而牺牲，为争取民族独立和人民解放而献身。抵御外侮绝非是说一说的事情，需要众志成城的意志。

长城的每一块砖石都很普通，但无数普通的砖石构建起来的长城是伟大的。每一个为保卫国家、建设国家做出贡献的人都很普通，但无数这样的普通人构建起来的力量是无穷的，这就是众志成城的精神。未来我们一定还会面对不期而遇的挑战，需要应对突如其来的考验，全国人民团结一致才能克服困难、战胜灾难。

众志成城表达的核心精神也是团结。中华民族的集体意识很强，因为我们从小接受的教育就是个人服从集体，要和大家搞好团结。集体意识是中华民族在历史发展过程中培育起来的精神，也包含中华民族共同建构和孕育的共同体意识。今天中国提出的构建人类命运共同体的倡议，就是中华民族集体意识的放大版。

每一个人都应该有爱国主义精神，要有民族自尊心和爱国热情。一个国家的强大，需要经济的强大，需要军事的强大，归根结底需要这个国家的人民热爱这个国家。

第二节 坚韧不屈、自强不息的民族精神

长城“三个精神”的第二项是坚韧不屈、自强不息的民族精神。自强不息是一种艰苦奋斗的精神，也是一种踏实肯干的精神。坚韧不屈、自强不息是中国的民族精神，也是实现中华民族伟大复兴的精神支撑。

中国神话故事中有很多反映坚韧不屈的精神，这些故事让不了解中国文化的人很诧异，他们觉得这很不可思议。这些神话里表现的文化价值和精神与长城文化所表达的坚韧不屈精神是一致的。

“愚公移山”的故事，讲的是有两座大山挡在愚公家门前，愚公没有选择搬家而是选择把山搬开。《山海经》里有“天倾西北，地陷东南”的说法，人类发展的早期都有天塌地陷的故事。中国的神话中天塌了，人们不跑，有一个英雄女娲用炼好的五色石把天给补上。这样的故事还有很多，是我们民族对坚韧不屈精神的传承。

中国人一直把这些神话里的人物当成英雄来歌颂，因为他们的坚韧不屈精神是后世的榜样。中国人的祖先用这样的故事告诉后代：绝不能屈服。

自强不息就是立志奋发向上的精神。“天行健，君子以自强不息”，天的运行要刚健，君子的品格也要像天一样奋进。自强不息就是既艰苦奋斗又勇于创新的精神，是既志存高远又踏实肯干的精神。

中华民族的伟大复兴是无法阻挡的历史趋势，我们要学会理性面对各种挑战。自从毛泽东主席向世界宣布“中国人民从此站起来了”，任何国家和势力都无法再威胁我们。“中国人民从此站起来了”，这是多少先辈，付出了多少血和泪，用坚韧不屈的毅力换来的胜利。今天人民安乐的生活是先辈用牺牲换来的。

面对新冠疫情，中国人民坚韧不屈、自强不息的民族精神再次得到了充分体现，中国政府强大的社会治理能力得到了国际社会的肯定。特殊时期，才能检验民族精神，才能检验政府的管理能力。中国以制度优势，赢得了抗疫的主动，经济也在逆境中得到持续发展。

第三节 守望和平、开放包容的时代精神

长城“三个精神”的第三项是守望和平、开放包容的时代精神。中国文化追求“各美其美、美人之美、美美与共”。每个民族都有自己的美德，不同民族的美德是相通的。长城所代表的中华民族精神有自己的独特性，也包含着人类所共有的属性。

中国古代为什么要持续两千多年修建长城？就是为了守望和平，为了不打仗。唯有实在不想打仗的民族，才会投入这么大的人力、物力去修建长城，而这种不想打仗的愿望，不是今年不想打，明年就开战的权宜之计，而是世世代代都不想打仗的愿望，才会把长城修建得如此坚固。

守望和平是需要力量的。清朝时的中国是缺乏开放包容的，因闭关锁国而落后于西方国家。在人家坚船利炮的进攻之下，我们紧闭的大门被打开。落后就要挨打，你弱到毫无还手之力的时候，只能被西方国家欺凌。

守望和平不能仅靠愿望。到了不得不打的时候，到了没有退路的时候，我们是有勇气面对战争的。朝鲜战争就是一个例子。朝鲜战争告诉世界，中国已经不是过去的中国了，中国人也不是过去的中国人了。改革开放之后，我们看到了自己与西方的差距，也真心愿意向美国学习，真心想和美国搞好关系。但美好愿望却换不来西方的“好脸色”，我们必须在追求继续和平发展的同时，靠硬实力来维护良好的国际发展环境。

开放包容的时代精神，是今天中国文化的主旋律。过去挨打，还是因为自己的僵化封闭。一切苦难都成为过去，顽强的中国人以生生不息、不怕牺牲的精神赶走了侵略者。苦难有可能再次来临，所以我们必须做好自己的事，随时为反抗侵略而准备着。

第四节
承载中华民族坚韧自强民族精神的价值

长城“四个价值”的第一项是承载中华民族坚韧自强民族精神的价值，这一点与长城“三个精神”的第二项坚韧不屈、自强不息的民族精神表达的是一个意思。

长城展现了中华民族不畏艰难险阻、顽强不屈、吃苦耐劳的精神特质。在维护我国长期和平、统一的过程中，长城具有举足轻重的战略地位，更发挥了不可替代的重要作用。特别是抗日战争期间，长城激发了全民族团结统一、众志成城的爱国精神，激励了坚韧不屈、自强不息的民族精神。作为中华民族的精神象征，长城已深深融入中华民族的血脉。

长城承载着中华民族坚韧自强的民族精神，但是有人说，长城作为军事防御工程，修建长城是弱者的选择。这个认识是不对的，历史上修建长城的王朝都是在其最强大的时候做的。

认识长城是防御工程不难，理解修建长城并不完全是弱者的选择还是有一定困难的。秦、汉和明三朝修建长城防御体系，都是在自己的力量相对强大而对方的力量相对弱小的时候进行的。为什么要在自己强大的时候修建长城，而不是采取其他方式来解决与游牧民族之间的军事冲突，不外乎出于以下几方面的考虑。

第一，中原统治者要实现有效控制长城区域的目的。长城区域的稳定、安全与王朝利益高度一致。这个地区不稳定，就会对中原农业地区带来很大的威胁，社会就会出现不安定因素。而这个地区稳定了、完全得到控制之后，就会对游牧民族在心理上起到很大的震慑作用。

第二，要实现保障内地安全的战略意图。控制农耕和游牧过渡地

带是保障内地安全的重要举措。控制了这些要地，进，可以给敌方以更大的打击；退，可以保护大后方的整体安全。

第三，要充分考虑长城防御的效益。在广阔的长城区域，如果没有修筑长城便需要用更强大的军事力量去保护这一地区的安全，而在这一点上，无论是人力和物力中原王朝都难以承受。所以，统治者经过仔细思量后，选择修建长城这一战略手段，以最小的代价获取最高的战略效益和社会效益。

几千年来，长城作为一个永备防御工程，反映了中国古人希望永久和平的坚韧自强民族精神。中国数千年来不断朝着统一、安定的方向发展，分裂战乱的时间相对较少，与长城蕴含的和平精神有着密不可分的关系。孙中山对秦始皇的功过进行总结时说："为一劳永逸计，莫善于设长城以御之。始皇虽无道，而长城之有功于后世，实与大禹之治水等。"

总之，长城地区剑拔弩张、针锋相对的局面不符合农耕民族和游牧民族的长远利益。避免爆发激烈的军事冲突，不发生激烈的军事对抗符合长城内外民众的愿望。长城构建起的和平秩序既符合农耕民族的利益，也符合游牧民族的利益。

第五节 坚定中华民族文化自信的历史文化价值

长城"四个价值"的第二项是坚定中华民族文化自信的历史文化价值。我们今天强调坚定文化自信，是因为我们很多时候表现得还不够自信。20 世纪初，中国处于灾难深重的历史阶段，形容那段历史常说"国破家亡""内忧外患"。"新文化运动"与"五四运动"寻找救国之路，力图打破固有的旧文化传统，建立具有时代进步意义的文化体系。“新文化运动”的使命是颠覆旧文化、破除旧思想。在那样的历史时期，中国人很难做到文化自信。

从积贫积弱中走过来，是一条非常艰难的道路。改革开放初期，落后的中国以仰望的姿态来看西方发达国家。那时候，很多人向往美国、日本人民的生活。认为中国要想赶上他们是一个遥远的目标，在那样的阶段有这样的认识也很正常。但是，无论面对多大的灾难，中国人民从来都没有丧失过自信。

日本侵略中国的时候，鲁迅先生曾写过一篇《中国人失掉自信力了吗》，这篇作于“九一八事变”三周年之际的文章，指出了当时社会对抗日前途的悲观论调，反驳了认为中国人失掉了自信力的言论。鲁迅认为：“说中国人失掉了自信力，用以指一部分人则可，倘若加于全体，那简直是诬蔑。”鲁迅说：“我们从古以来，就有埋头苦干的人，有拼命硬干的人，有为民请命的人，有舍身求法的人。”“虽是等于为帝王将相作家谱的所谓‘正史’，也往往掩不住他们的光耀，这就是中国的脊梁。”

建设长城国家文化公园，就是要打造文化的战略高地，坚定文化自信，让长城文化深入人心，让每一个中国人为中国有长城这样的伟大的文化遗产而自豪。中华文明作为四大文明古国中唯一没有中断的文明，长城起到了至关重要的作用。如果我们的祖先没有持续 2000 多年不断地修建长城，很难说还会有这样一个特殊的人类文明现象。

今天，长城已成为中国和中华民族的代表性符号，今天的中国已经成为世界第二大经济体和第一大工业国，我们需要以平和的视角在断裂的传统文化中，找到我们需要继承的优秀传统文化。一个国家如果是经济上的巨人、文化上的侏儒，这个国家一定是没有前途的。重建文化自信是我们的使命。

第六节 展现古代军事防御体系的建筑遗产价值

长城“四个价值”的第三项是展现古代军事防御体系的建筑遗产价值。解读长城展现古代军事防御体系的建筑遗产价值，首先需要了解长城军事防御体系。

修建长城是为保证农耕政权对长城区域的有效控制。事实上，高大的长城提高了长城守军的战斗力，严重削弱了游牧部族进入长城抢掠的危险性，极大地降低了游牧部族首领南下抢掠的信心。

在谈到长城维护和平秩序的作用时，我反复强调长城不是为了打仗而修建，长城是为了不打仗而修建的。长城在消灭敌人方面的军事作用比较弱。只有敌人来进攻的时候，守军才能依托长城有效杀伤进攻者。在非战争时期，长城的作用主要是维护长城沿线进行友好交往的秩序。

长城是中原王朝北部边疆的军事防御工程。认识长城，不但要认识长城修建方的军事特点，还要认识长城防御方的军事特点。除春秋战国时期各诸侯国相互防御的长城之外，长城多数是为防御游牧民族势力南下，构建农耕民族与游牧民族之间的安全秩序而修建。即便是少数民族建立的政权所修建的长城，也往往是其成为北方定居的农耕区域统治者之后，为防御更北边的游牧军队而建造的防御工事。

长城修建在农牧交错地带。农耕政权与游牧政权军事对抗是中国历史上的一个长期存在的问题。古代即便是农耕政权与游牧政权关系较好的时期，双方也把彼此视为敌对关系。只是在关系和睦时期，双方较少出现军事对峙，并且都不公开而已。双方若不是对立关系，便不会花费如此大的人力、物力修建长城。这种关系，不会因双方达成和平交往的协定而有根本性的改变。

长城这一古代军事防御体系，反映了我国古人因地制宜、尊重自然、利用自然、改造自然的规划思想，体现了我国古人自成体系、不断发展、日臻完善的建筑营造技艺，展现了我国古代军事防御体系的缜密与完备，是人类历史上伟大建筑奇迹的物质见证。

第七节
承载人与自然融合互动的文化景观价值

长城“四个价值”的第四项是承载人与自然融合互动的文化景观价值。长城作为人造景观和大自然极为和谐。长城穿行在崇山峻岭之间，就如同是从山上站出来的一般。

历史上长城维护了我国北方地区的长期稳定，保障了沿线地区的交通运输与通关贸易，促进了沿线地区的农业开发与城镇发展，推动了各民族文明、文化的交流与融合。长城历经2000多年的岁月锤炼，成为我国规模最大的文化遗产之一。长城与沿线地区广袤的山岭、草原、森林、戈壁、沙漠、农田、绿洲等地貌融合，形成雄浑、壮丽的独特景观。

长城承载人与自然融合互动的文化景观价值，就是说长城既是历史文化系统，也是人与自然融合的景观系统和独特的旅游资源。长城是农耕和游牧自然景观的重要分界线，长城经过的山脉、平原、高原、草原、荒漠等地貌景观具有突出的景观价值。长城两千多年的修筑历史，形成了砖墙、石墙、土垣等不同建筑类型，成为雄宏的人文景观。长城作为巨大的军事防御系统工程，其文化景观不仅包括延绵的墙体，还包括镇城、路城、卫城、关城、堡城，也应该包括敌台、烽火台等不同等级、不同形式的附属建筑景观。

长城景观资源是发展长城旅游的主要依托，发展长城旅游可以带动长城地区经济社会的发展。1978 年改革开放之后，中国旅游事业大发展得益于对万里长城的景观价值的开发利用。长城迅速形成了满足市场需求的景区，产生了以八达岭长城为代表的一大批长城旅游观光景区。这些景区通过建设满足游人文化消费需求的设施，形成了长城旅游发展与文化遗产保护相结合的发展模式。

第三章

长城国家文化公园建设要求和实践

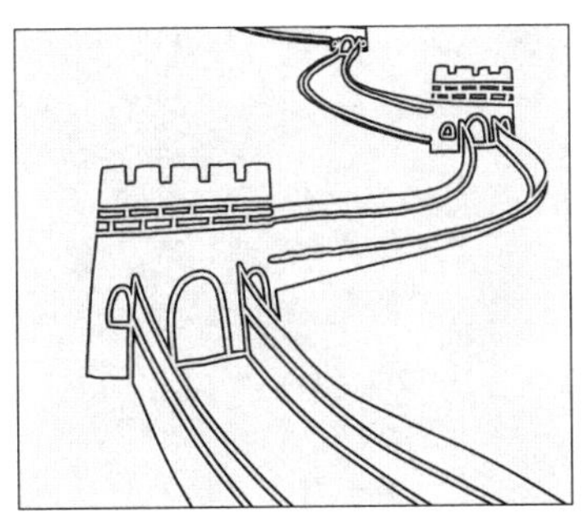

做好一件事，首先要明确为什么要做这件事，然后要明白怎么做好这件事。中央对国家文化公园建设的指导思想、基本原则及建设目标都做了具体的要求。从最初参与国家文化公园建设调研开始，我就非常担心这件利国利民的大好事，最后做成“干打雷不下雨”或是“雨过地皮湿”的情况。要建设好长城国家文化公园，要把工作落到实处，首先需要认真贯彻落实中央的这些部署，需要深入了解和掌握中央的这些要求。弄明白了这些内容，才能做好这项工作。

第一节 指导思想定位

中央经过深入调查研究、广泛征求意见之后编制了《方案》。从2018年到2019年的上半年，我曾经多次陪同时任中宣部宣教局局长常勃到秦皇岛市等地进行调研。国家文化公园建设这件事是常勃局长亲自负责抓的，他的工作态度非常踏实，工作做得很细致。

关于指导思想，《方案》规定：“以习近平新时代中国特色社会主义思想为指导，全面贯彻党的十九大精神，以长城、大运河、长征沿线一系列主题明确、内涵清晰、影响突出的文物和文化资源为主干，生动呈现中华文化的独特创造、价值理念和鲜明特色，促进科学保护、世代传承、合理利用，积极拓展思路、创新方法、完善机制，做大做强中华文化重要标志，探索新时代文物和文化资源保护传承利用新路。”

为全面贯彻落实中办、国办《方案》的部署要求，我们要以传承弘扬长城精神为目标，铸牢中华民族共同体意识，实现长城资源的完整保护和科学管理、实现长城资源价值的系统全面阐释与展示。坚持“保护为主、抢救第一、合理利用、加强管理”的文物工作方针，以长城沿线一系列主题明确、内涵清晰、影响突出的文物和文化资源为主干，深入挖掘长城历史价值、文化价值、景观价值和精神内涵，着力推进管理体制机制创新，重点建设管控保护、主题展示、文旅融合、传统利用四类主题功能区。

中央为了加强对国家文化公园建设的领导，专门成立了国家文化公园建设领导小组。领导小组负责全方面的工作，领导小组下设办公室负责具体工作。其中，长城国家文化公园由文旅部和国家发改委两个部委联合牵头，以文化和旅游部为主。目前，长城国家文化公园各省的规划编制工作都已经完成了，有的地方已经开始建设工作，各项工作开展得都还比较顺利。

长城国家文化公园建设，首先要强调一下长城的保护和利用。《方案》强调一定要处理好长城传承保护与合理利用之间的关系。保护和利用这两个方面既要兼顾，又要有侧重。长城国家文化公园的四大类主体功能区，第一项就是管控保护区；实施的五大工程，第一项就是保护工程。

长城国家文化公园建设要实施长城文物和文化资源保护、传承、利用、协调、推进五大工程。我们要将长城国家文化公园建设成为国家形象展示标志，为新时代中华优秀传统文化的传承发展提供强大动力，使之成为新时代弘扬民族精神、传承中华文明、宣传中国形象、彰显文化自信的亮丽名片。

建设长城国家文化公园既要严防不恰当开发和过度商业化，又要鼓励各级政府和企业对长城文化旅游资源进行开发。不但要开发，还要培育一批有竞争力的长城文旅企业。强调利用，强调开发，就是让文物说话，让历史说话，让文化能走入人们的生活。传承、发展中华优秀传统文化不能只靠说，要走出一条创造性转化、创新性发展的路子。推动长城区域的经济发展更不能仅靠说，要靠实打实地干才行。

第二节 基本原则内涵

长城国家文化公园建设的基本原则包括 6 个方面，分别为：保护优先，强化传承原则；文化引领，彰显特色原则；总体设计，统筹规划原则；积极稳妥，改革创新原则；因地制宜，分类指导原则；政府主导，公众参与原则。

一、保护优先，强化传承原则

保护优先，强化传承。这是国家文化公园建设的核心任务。长城国家文化公园建设过程中必须要落实保护第一的原则。长城国家文化公园建设就是要真实、完整地保护传承文物和非物质文化遗产。我们要在保护的前提下，突出活化传承和合理利用，强化科学规划，按照长城资源面临问题及保护管理压力的轻重缓急程度，注重分类施策，分步实施、应保尽保，在保护的基础上，强化对中华民族优秀文化的传承，实现长城保护与利用有机统一。

二、文化引领，彰显特色原则

《方案》明确写道：坚持社会主义先进文化发展方向，深入挖掘长城文物及文化资源的精神内涵，推动长城文化的创造性转化，促进文化与科技、旅游等融合发展，通过理念创新、内容创新、模式创新、业态创新，拓展长城文化的保护传承利用方式，充分体现中华民族伟大创造精神、伟大奋斗精神、伟大团结精神、伟大梦想精神，焕发新时代风采。长城国家文化公园建设要充分体现中华民族的创造精神。我们祖先在当时的条件下修建万里长城，就是中华民族创造精神的体现。长城国家文化公园建设要在这方面进行深入挖掘和展示。

三、总体设计，统筹规划原则

中央要求：坚持建设保护规划先行、突出顶层设计，统一规划、区域协调，彰显标识、统筹资源，活化价值、满足需求的理念，做好规划设计。统筹考虑长城文物和文化资源禀赋、人文历史、区位特点、公众需求，注重跨省、跨地区、跨部门协调，与相关法律法规、制度规范有效衔接。国家文旅部在做全国的建设保护规划，各个相关省也都在做分省的建设保护规划，这些工作都是在落实《方案》中做好顶层设计的要求，正确处理好长城资源保护和沿线农业发展、城镇建设、旅游开发的关系，促进文物保护与城乡建设空间协调发展，发挥文物和文化资源综合效应。

四、积极稳妥，改革创新原则

积极稳妥，改革创新。中央要求：突出问题意识，强化全球视野、中国高度、时代眼光，破除制约性瓶颈和深层次矛盾，既着眼长远又立足当前，既尽力而为又量力而行，务求符合基层的实际，得到群众认可，经得起时间检验，打造民族性、世界性兼容的文化名片。我们要构建归属清晰、权责明确、监管有效的长城国家文化公园管理体制机制，加大重点领域和关键环节改革力度，并根据保护管理压力的轻重缓急程度制订优先行动计划，实事求是地制订分期计划，以分步骤推进的方式提升保护管理体制与机制建设，确保规划建议、措施等的实施。推动长城国家文化公园创新发展，实现长城各类文化资源的创新性利用，实现文化与旅游的融合，以及与地方产业发展的结合。

五、因地制宜，分类指导原则

长城遗存的类型、形制、结构和材料十分丰富，分布区域广泛、地形地貌多样、保存状况差异较大，各种承载要素与遗产价值整体的关联程度不尽相同，应采取问题导向方针，分级分类、因地制宜地制定行之有效的、可操作的规划措施。适度安排开放展示区，设置服务设施，创造能够表达长城历史景观特点的展示环境。对长城遗产有统有分、有主有次，分级管理、地方为主，最大限度调动各方积极性，实现共建共赢。借助长城国家文化公园建设，整体推进和提升长城资源的保护利用管理水平，分类施策、重点突破，形成以点串线的保护利用模式。通过统筹文化资源、生态资源与土地资源的合理利用，寻求遗产保护、利用与地方社会经济可持续发展的和谐关系。

六、政府主导，公众参与原则

长城国家文化公园建设是国家重大文化工程，更是重大文化惠民工程，应统筹考虑长城资源保护与当地社会发展需求，正确处理好长城资源保护和沿线农业发展、城镇建设、旅游开发的关系，促进文物保护与城乡建设协调发展。所以，在规划建设和管理利用中要汇聚民智、发动民力，要鼓励各类社会力量参与其中，形成长城国家文化公园建设与管理的各方合力。

第三节
建设目标要求

《方案》对国家文化公园建设主要目标做出了明确的规定。我们先了解一下长城国家文化公园建设的时间要求和建设范围。时间目标很明确，计划用4年时间，到2023年年底基本完成。河北省是长城国家文化公园建设的试点省，要求在2021年年底基本完成。实际上从2020年开始，河北也就有两年的时间。由于突如其来的新冠疫情，国家发改委已经将国家文化公园建设项目延至2025年。

什么是基本完成？即长城沿线文物和文化资源保护传承利用，协调推进局面要初步形成。要形成权责明确、运营高效、监督规范的管理模式，形成一批可复制推广的成果和成功的经验，为全面推进国家文化公园建设创造良好的条件。下面讲的建设完成时间，指的依然是根据《方案》要求而编制规划的时间要求。

一、建设完成时间目标

1. 重点建设期（2020—2021）

完成长城重点区段以及一批具有重大影响和示范意义的保护项目。标志性长城博物馆以及可阅读长城数字云平台等重大项目基本落地并投入运营，分级分类展示体系基本形成。长城风景道重要段落建成，长城国家文化公园标识系统有效导入。文化旅游产业深度融合，文旅融合示范区得到优化提升，沿线文物和文化资源保护传承利用协调推进局面初步形成，权责明确、运营高效、监督规范的管理模式初具雏形，推出一批可复制推广的成果经验，长城国家文化公园建设成为助力长城沿线乡村振兴的重要推动力。

2. 全面提升期（2022—2023）

2022 年至 2023 年将是国家文化公园建设的关键年份。对标国家建设保护规划目标，遵循“科学保护，价值延续；文化引领，创新驱动；环境友好，整体发展；分级分类，统筹协调”的基本原则，推动各类项目落地。到 2023 年底，长城国家文化公园管理机制基本建立，规划明确的重点任务、重大工程、重要项目全部完成。长城国家文化公园管控保护区和其余主题展示区整体保护进一步增强，长城国家文化公园文化旅游与相关产业融合效果明显。重要文旅融合区完成规划建设，代表的传统利用区规划建设成效突出，数字化再现工程在传承展示等方面发挥更大作用，长城文化遗产的科学保护、活态传承展示和文旅融合发展模式进一步成熟，管理体制机制进一步优化，使长城品牌在世界上具有较高的知名度和吸引力。

3. 远景展望期（2023—2035）

长城国家文化公园全面建成，新时代文物和文化资源保护传承利用新路探索形成，长城国家文化公园全面融入区域经济社会发展，全面走入百姓生活，长城精神得到广泛宣传，长城文化和文化遗产焕发新的生机和活力，长城所承载的历史文化实现创造性转化和创新性发展，长城成为彰显坚定文化自信，彰显中华优秀传统文化持久影响力、社会主义先进文化强大生命力的重要文化地标。长城国家文化公园品牌享誉世界。

实现长城国家文化公园重点区域的全面开放，各类博物馆、展览馆、科研教育基地、研学旅行基地等高品质文化设施有序运行，丰富长城文化精神的各类活动；实现长城本体和载体全线无险情，形成以监测预防为基础，以科技实验为支撑、适宜长城保护的理念及工程技术体系；初步形成生物多样性丰富、连通性较好、整体较为稳定的生态系统；结合山区环境治理、村庄整治，使传统利用区成为山区居民生态宜居、市民休闲接待的带动点。

目前，长城国家文化公园建设工作已经在全国有长城的15个省铺开。河北省作为试点省，一些重点工程已经完成。这里需要说明的是，重点建设期和全面提升期这两个阶段。由于2020年突发新冠疫情这个特殊的原因，整体完成时间肯定需要推延。

二、建设地域范围目标

长城国家文化公园建设的范围目标非常清晰，《方案》规定，"长城国家文化公园包括战国、秦、汉长城，北魏、北齐、隋、唐、五代、宋、西夏、辽具备长城特征的防御体系，金界壕，明长城。涉及北京、天津、河北、山西、内蒙古、辽宁、吉林、黑龙江、山东、河南、陕西、甘肃、青海、宁夏、新疆15个省区市。"

这就是说，长城分布范围涉及的我国15个省（区、市）的404个县（市、区）都包括在长城国家文化公园建设的范围之内。

长城文物本体包括长城墙体、壕堑/界壕、单体建筑、关堡、相关设施等各类遗存，总计43000余处（座/段）。

长城墙体：含土墙（夯筑、堆土、红柳加沙、芦苇加沙、梭梭木加沙、土坯或土块垒砌等）、石墙（毛石干垒、土石混筑、砌筑等）、砖墙（包土、包石、砖石混砌等），以及木障墙、山险墙、山险、水险和其他墙体等遗存，共计10000余段。长城墙体主要包括墙体设施、墙体和墙基，其中墙体设施包括垛口、礌石孔、瞭望孔、射孔、女墙和排水设施等。

壕堑/界壕：含沟堑、挡墙等，共计1700余段，墙壕遗存总长度2.1万千米。

单体建筑：含城楼、敌台、马面、水关（门）、铺房、烽火台（也称烽燧、墩台、烽堠、烟墩、狼烟台、狼烟墩）等，共计近30000座。

关堡：含关、堡（也称城障、障城、镇城、障塞、城堡、寨、戍堡、边堡、军堡、屯堡、民堡）等，共计 2200 余座。

相关设施：含挡马墙、品字窖和壕沟等，共计近 200 处。

《方案》要求规定的建设内容为："根据文物和文化资源的整体布局、禀赋差异及周边人居环境、自然条件、配套设施等情况，结合国土空间规划，重点建设管控保护、主题展示、文旅融合、传统利用 4 类主体功能区。"

第一个主体功能区是管控保护区。《方案》规定："管控保护区。由文物保护单位保护范围、世界文化遗产区及新发现发掘文物遗存临时保护区组成，对文物本体及环境实施严格保护和管控，对濒危文物实施封闭管理，建设保护第一、传承优先的样板区。"

管控保护区是为对长城及相关文物本体进行保护而设置的，应该和长城保护规划确定的文物保护单位的保护范围相一致，或是说只能比文物保护单位的保护范围更大而不能小。管控保护区不仅对长城文物的本体进行保护，还要对长城所在地的周边环境实施严格保护和管控。

第二个主体功能区是主题展示区。《方案》规定："主题展示区。包括核心展示园、集中展示带、特色展示点 3 种形态。核心展示园由开放参观游览、地理位置和交通条件相对便利的国家级文物和文化资源及周边区域组成，是参观游览和文化体验的主体区。集中展示带以核心展示园为基点，以相应的省、市、县级文物资源为分支，汇集形成文化载体密集地带，整体保护利用和系统开发提升。特色展示点布局分散但具有特殊文化意义和体验价值，可满足分众化参观游览体验。"

主题展示区的核心展示园是对人们开放的空间，是人们参观、游览的地方，所以要求地理位置和交通条件都要相对便利。各地在安排核心展示园的时候，首先要优先选择开放的游览景区。因为这些景区

的地理位置都很好，交通也相对便利。核心展示园是国家级的文物和文化资源的重点地段，在这个基础上再考虑游览的便利、地理位置的便利、交通的便利等条件。这一点很重要，国家文化公园说到底还是一种公园，公园就是让人们来玩的。一个进不来出不去的地方，人们怎么来玩啊？

现在有一种很不好的现象——把核心展示园建设简单地理解成盖博物馆。博物馆好建，盖房子好盖，地上长房子容易，房子里长什么？有了核心展示园，再安排集中展示带。长城作为线性文化遗产，集中展示带也非常重要。要把长城文化带上相应的省、市、县级文物资源，汇集成文化载体密集的文化展示带，将这条线上与长城相关的文物资源串联起来，形成一条长城历史文化的集中展示带。主题展示带再下面一个层级是特色展示点，主要是一些有特殊文化意义或者是体验价值，但是布局又较为分散的长城相关文物点。特色展示点或是体量不够大，或是远离核心展示园和集中展示带，但却有特殊的文化意义。

第三个主体功能区是文旅融合区。《方案》规定："文旅融合区。由主题展示区及其周边就近就便和可看可览的历史文化、自然生态、现代文旅优质资源组成，重点利用文物和文化资源外溢辐射效应，建设文化旅游深度融合发展示范区。"文旅融合区主要是利用长城文物和文化资源的外溢辐射效应，推动长城区域的经济发展。这是长城国家文化公园建设文旅深度融合发展的主体功能区。

第四个主体功能区是传统利用区。《方案》规定："传统利用区。城乡居民和企事业单位、社团组织的传统生活生产区域，合理保存传统文化生态，适度发展文化旅游、特色生态产业，适当控制生产经营活动，逐步疏导不符合建设规划要求的设施、项目等。"传统利用区是一代代的人在这个地区从事生产、生活形成了特色传统的一个区域。

四大主体功能区的前三个，在后面有专门的章节论述和案例。只有传统利用区，没有设专门的章节，所以在这部分多说几句。目前，在全国各地，传统利用区都是短板。从最初的23个国家重点项目，到45项国家重点项目，都没有传统利用区。现在国家发改委“十四五”入库的100多个长城国家文化公园建设项目也基本上没有传统利用区项目。

我对农业并不熟悉，本来想推动全国供销社一起做这件事。后来遇到疫情了，便没有进行下去。中央既然确定将传统利用区列为国家文化公园建设四大功能区之一，要做传统利用区这项工作就应该尽早动起来才好。近几年我的工作团队万众长城书院（黄德旺带队）一直在扎赉特旗帮助他们结合长城国家文化公园建设，发展农业传统利用经济业态，算是做出一点尝试。

我们的主要工作是将扎赉特旗县域数字经济体以国家级现代农业产业园为着力点，在全国长城沿线率先启动实施数字乡村战略，推动农业数字化转型取得好的成绩。目前，扎赉特旗数字农业发展及数字化产品已形成稳定供应链，但受品牌影响力不强影响，数字化产品市场竞争力还不够强。

长城国家文化公园建设的传统利用区，如何走出一条新路，从解决“农产品上行难”问题破局，以国家乡村振兴重点帮扶县、金长城区域扎赉特旗为试点，共建“兴安盟大米 扎赉特味稻”区域农业公用品牌。依托本旗水稻产业，建立“田—稻—米—饭—餐”全产业链参与主体的生产过程上云、生产要素上链、生产价值上账的管理模式。做实产业数字化和数字产业化，推动数字经济与实体经济融合发展，培育可持续发展的扎赉特旗县域数字经济体，助力乡村产业振兴，成熟之后推广至长城区域其他区县。扎赉特旗国家级现代农业产业园的主要做法：

（1）信息技术赋能农业生产。通过扎赉特旗农业大数据中心配套大数据中心集成、生产管理服务、作物长势监测等9大系统，直接管控10万亩智慧农场，千余套田间信息采集终端实现科学决策，百余套农机智能装备实现精准作业，年采集土壤墒情、虫情、水位、气象、遥感等多维度、多时相数据近10万条，通过历史多维数据叠加分析，对实时监测数据变化幅度进行预警研判，及时反馈生产环节，为精细化管理提供依据。通过卫星和视频监控终端实时监管，实现田间管理全程标准化和数字化。

（2）围绕产品构建数字经济。上线“绿芯”双链通平台，将农产品合格证制度由单纯的承诺制转为“一品一标”承诺制和“一物一码”证明制并存的方式，生成既有公共标准又独具扎赉特旗特色的产品溯源链条。利用地块码（预售码）、水稻码（分享码）、米码（产品码），把数字嵌入供应链、融入销售网。把优质农产品通过数字化的手段推向市场，实现数字农业和数字经济全面接轨。

（3）顺势而为，借势而进。北京市与福建省签订的《京闽（三明）科技合作框架协议》，将扎赉特旗数字农业发展及数字化产品建设，接入京闽（三明）科技合作全产业链数智农贸项目。通过全力推进跨区域协同发展、多结构集团作业、全链路共同富裕的现代农业全产业链产销一体公共服务平台建设，依托长城文化经济带市场优势，引入北京京客隆集团、天津排放权交易所、牛卡福集团等核心企业，推进大健康与大农业、大数据的产业融合，实现京蒙消费帮扶产业链与闽蒙共情健康普惠创新链的有机耦合，推动农业全产业链的延链、强链和补链，使长城脚下的农业、农村有好的发展，让农民能过上好日子。

长城国家文化公园建设，主要的目标任务是管控保护、主题展示、文旅融合、传统利用四大类的主体功能区建设。《方案》部署的各项建设任务能否落到实处，要看这四大主体功能区的建设能否很好地完成。

第四节 国家规划和省级规划编制

贯彻落实中央关于国家文化公园建设的部署，要坚持规划先行和科学规划。《方案》在编制建设保护规划部分明确要求：“相关省份对辖区内文物和文化资源进行系统摸底，编制分省份规划建议。中央有关部门对分省份规划建议进行严格审核和有机整合，结合长城保护规划、大运河文化保护传承利用规划纲要和水运发展规划、长征文化线路前期规划成果，按照多规合一要求，结合国土空间规划，分别编制长城、大运河、长征国家文化公园建设保护规划。相关省份对前期规划建议进行修订完善，形成区域规划。”

中央要求国家文化公园建设要注重科学规划，以规划引领长城国家文化公园建设，以规划推动长城区域文化和旅游事业高质量发展。规划主要阐明长城国家文化公园建设保护的总体要求、目标定位和主要内容，规划是指导高标准保护、高水平建设的战略性、纲领性和约束性文件。

长城国家文化公园规划安排实行“1+2+15”的体系，“1+2”是三个国家规划，分别为《长城国家文化公园建设保护规划》和《长城文化和旅游融合发展专项规划》《长城沿线交通与文旅融合发展专项规划》，其中的“15”是有长城的 15 个省级规划。目前《长城国家文化公园建设保护规划》已经发布，《长城文化和旅游融合发展专项规划》和《长城沿线交通与文旅融合发展专项规划》也已经通过了国家文化公园专家咨询委员会的评审。

2021 年 8 月，国家文化公园建设工作领导小组同时印发了《长城国家文化公园建设保护规划》《大运河国家文化公园建设保护规划》《长征国家文化公园建设保护规划》，要求各相关部门和沿线省份结合实际

抓好贯彻落实。《长城国家文化公园建设保护规划》整合了长城沿线15个省区市文物和文化资源，按照“核心点段支撑、线性廊道牵引、区域连片整合、形象整体展示”的原则构建总体空间格局，重点建设管控保护、主题展示、文旅融合、传统利用四类主体功能区，实施长城文物和文化资源保护传承、长城精神文化研究发掘、环境配套完善提升、文化和旅游深度融合、数字再现工程，突出标志性项目建设，建立符合新时代要求的长城保护传承利用体系，着力将长城国家文化公园打造为弘扬民族精神、传承中华文明的重要标志。

《长城国家文化公园建设保护规划》是长城国家文化公园建设的顶层规划，由文化和旅游部负责主持编制。《规划》要针对性地解决长城国家文化公园建设战略实施的各个层级的问题，推动长城国家文化公园建设高质量发展。这个规划是国家有关部委和省政府组织实施长城国家文化公园建设保护行动的指导性文件。北京、河北等15个省份也相继发布了各省的《长城国家文化公园建设保护规划》。

一般来说，规划是全面长远的发展计划，应该采取近、中、远期相结合的编制原则。《长城国家文化公园建设保护规划》主要是针对中央要求2023年底完成长城国家文化公园建设任务而制定。规划也做了一些展望，对2023年以后的建设内容做了概念性规定。我多次参与《长城国家文化公园建设保护规划》《长城国家文化公园（河北段）建设保护规划》和其他一些省级长城国家文化公园建设保护规划编制论证工作。

规划编制采取由下向上，再由上向下的工作流程。在国家规划编制之前，文旅部要求长城沿线15个省，首先编制并向国家文旅部报送各省长城国家文化国家建设的初步意见。这个文件被定义为各省向国家提交的长城国家文化公园建设的建议稿。国家文旅部编制国家规划，也是以各省的意见为依据，国家规划完成初稿之后发给各省征求意见。

长城国家文化公园建设时间紧迫、任务繁重，不允许从容地制定一个长期的发展规划。可是不管时间多么紧，规划还是必须要达到顶层设计的要求，要承担行动纲领的使命才行。河北省作为长城国家文化公园的试点省，首先抓的也是规划编制工作，并将长城国家文化公园建设与京津冀协同发展和2022冬奥会国家重点建设项目统筹推进。《长城国家文化公园建设保护规划》由中科院地理所的席建超教授主持，先行的《长城国家文化公园（河北段）建设保护规划》就是他负责编制的。

席建超主持组建了由省内外专家学者参加的工作团队，河北地质大学长城研究院的彭运辉执行院长等也参加了这项工作。彭运辉教授作为河北省长城国家文化公园专家咨询委员会成员，全程参与了规划的编制。

河北长城国家文化公园建设计划将燕山山脉和太行山脉的长城串联起来，形成“两带、四段、多点”的空间布局和展示体系，重点建设秦皇岛的山海关、承德的金山岭、张家口的大境门和崇礼长城四个重点工程。

河北省的规划分为三个阶段：第一个阶段是重点建设期（2020—2021），要努力完成秦皇岛山海关段、承德金山岭段、张家口大境门段和崇礼段4个重点区段建设，以及一批具有重大影响和示范意义的保护项目建设。长城国家文化公园（河北段）基本建成，形成全国长城保护利用传承的示范样板。第二个阶段是全面提升期（2022—2023），长城国家文化公园功能进一步完善，管控保护区和其余主题展示区整体保护进一步增强，重要文旅融合区完成规划建设，以“长城社区”和“长城人家”为代表的传统利用区规划建设成效突出，长城文化遗产的科学保护、活态传承展示和文旅融合发展模式进一步成熟，管理体制机制进一步优化。第三个阶段是远景展望期（2024—2035），长城国家文化公园全面融入区域经济社会发展和当地人民生活，长城精神得到广泛宣传，人与自然和谐共生，长城文化和文化遗产焕发新的生机与活力，长城所承载的历史文化实现创造性转化、创新性发展，成为彰显中华传统文化的重要地标。

文旅部除了要做《长城国家文化公园建设保护规划》外，还组织编制了《长城文化和旅游融合发展专项规划》《长城沿线交通与文旅融合发展专项规划》。国家文旅部委托我作为负责人，主持了《长城文化和旅游融合发展专项规划》的编制，《长城沿线交通与文旅融合发展专项规划》由交科院环境中心承担。

从目前来看，做长城国家文化公园建设的相关规划还存在一些问题，比如本《长城国家文化公园建设保护规划》的期限为2020—2023年，2023年以后为远景展望期。两个专项规划与总体规划保持一致，规划期限都是到2023年底。《长城国家文化公园建设保护规划》发布于2021年8月，实际的有效期也就一年多的时间，而两个专项规划到2022年3月尚未正式发布。这将严重影响规划在长城国家文化公园建设中应发挥的作用，必将影响国家文化公园建设事业的发展。

第五节 推进实施五大工程

按照《长城国家文化公园建设保护规划》的要求，长城国家文化公园建设要打造长城线性世界遗产保护的典范案例、中华文化永续传承的重要载体、彰显国家文化自信的重要地标、中外人文交流合作的国家平台、文旅融合引领乡村振兴的示范样板。实现到2023年形成全国长城保护利用传承的示范样板，到2035年长城国家文化公园品牌享誉世界的建设保护目标。

主体功能区分别为管控保护区、主题展示区、文旅融合区和传统利用区，其中，主题展示区包括核心展示园、集中展示带、特色展示点3种形态，并分别提出了相应建设保护要求。长城国家文化公园也是规划了五大工程，分别为保护传承工程、研究发掘工程、环境配套工程、文旅融合工程、数字再现工程。

一、保护传承工程

保护传承工程主要是实施长城保护重大修缮项目，对病害严重的长城段落进行抢救性保护。《方案》要求这些工程项目要对重点地段长城进行预防性、主动性保护。通过完善集中连片保护措施，加大管控力度，严防不恰当开发和过度商业化。要结合抢救性保护，严格执行文物保护督察制度，强化各级政府主体责任。提高传承活力，分级分类建设爱国主义教育基地和博物馆、纪念馆、陈列馆、展览馆、教育培训基地、社会实践基地、研学旅行基地等。利用重大纪念日和传统节庆日组织形式多样的主题活动，因地制宜开展宣传教育，推动开发乡土教育特色资源，鼓励有条件的地方打造实景演出，让长城文化和精神融入群众生活。

修缮长城要坚持原状保护的总体精神，严格遵守“不改变文物原状”和“最低限度干预”的基本原则。要抓好长城重点段落保护维修工作，加快推进保护修缮项目。同时也要注意推动长城保护的日常维护工作。

持续深入开展长城沿线文物和文化资源调查工作，在现有普查成果基础上加大后续跟踪检测。全面准确掌握现存长城遗址遗存数量、分布、特征及保护情况，掌握其周边自然和人文环境情况的变化。长城沿线各类文物和文化资源的保护工作要成为常态，各级文物部门不

仅要收集、整理各项资料，建立完善分类名录和档案，还要以长城国家文化公园建设为契机，活化传承这些文物和文化资源。

二、研究发掘工程

加强对长城历史文化的系统研究，突出“万里长城”的整体辨识度是服务长城国家文化公园建设的重要内容。按照《方案》要求，结合新时代特点，深入研究阐发长城文化和精神等，整理挖掘长城沿线文物和文化资源所荷载的重大事件、重要人物、重头故事，拍摄电视专题片《长城之歌》。

加强长城文化价值发掘，结合新时代特点，深刻认识和理解长城所包含的团结统一、众志成城的爱国精神，坚韧不屈、自强不息的民族精神，守望和平、开放包容的时代精神，讲好长城历史和当代故事，自觉传承弘扬长城精神。

强化长城文物和文化系统研究。加强各级各地与长城相关的非政府组织建设，在大学和科研机构建立长城研究中心，围绕长城历史形成的军事建筑文化、边塞攻防文化、军屯戍边文化、关城防御文化、边贸互市文化、农牧交错文化、地质生态文化、民族民俗文化等，整理挖掘长城文物和文化资源所承载的重大事件、重点人物、重要故事，深入开展长城文化专题研究。通过深化对长城文化内涵的认知，展现、弘扬长城蕴含的优秀传统文化。

加大对各级社科研究的支持力度。只有加大对各级社科基金的支持力度，才能开展好长城遗产保护、管理、监测、展示等理论研究工作，包括长城相关文史书籍、学术论文、研究报告、标准规范等各类研究成果的出版和发表。

鼓励科研机构、高等院校和专家学者开展长城国家遗产线路内涵、认定标准、认定程序、建设内容、设施规范、评价标准等相关专题研究。一些项目可以申报国家或省里的课题经费。要增加校企合作，动员有热情、有能力的社会力量支持科研，学校也要为他们的工作提供学术支持。创造条件，在校内设立一个基金项目，把社会力量与科研力量结合起来，让保护长城走上可持续发展的道路。

河北地质大学长城研究院的做法很好，他们开设长城公选课，成立关注长城的学生社团。长城研究院的建设需要各学院、各研究所科研人员的共同努力、相互配合，也需要发挥学生的力量，可在校内开设介绍长城文化的选修课，由几位长城专家授课。每所院校应培育一个以长城为主题的学生社团，让大学生们了解长城、热爱长城，在他们心里种下保护长城的种子。

文化艺术创作要以大家喜闻乐见的形式传播长城文化，满足人民群众的精神文化需求。长城舞台艺术、美术创作、摄影作品等各类题材的采风创作活动，近几年做得很好。“长城记忆”“长城影像”“口述长城”等项目也都已经开始实施。

在这里我想展开介绍一下六集大型纪录片《长城之歌》。中央《长城、大运河、长征国家文化公园建设方案》明确要求拍摄纪录片《长城之歌》《大运河之歌》《长征之歌》，2021 年六集大型纪录片《长城之歌》以长城国家文化公园的规划和建设为切入点，开始了拍摄工作。

《长城之歌》是以长城为主角而书写的一部中华文明史，制作团队从总导演、总制片到分集导演、摄像及分级制片人等，都是非常有文化情怀的人。该片立足新时代，以人类文明史的大视野，重新观照长城，吸纳最新且权威的研究成果，并以创新性的影视语言，生动呈现长城自建造以来 2000 多年的人类奇迹，深入挖掘长城在中国历史和中华文明的演进和发展中、在中华民族和民族精神的形成中所起的重要作用和独特贡献，真实地描绘了长城国家文化公园的建设进程及其更加壮丽的前景。大型纪录片《长城之歌》也力争从不同角度追求创新。

视野层面,《长城之歌》以人类历史的大视野,从人类文明的高度,从新时代中国的高度,打通古与今、中与外,深刻观照、解读长城于中国历史、中华文明、中华民族的重要性和独特性。

而在大视野大主题之下,又精准地分为六个主题,各分主题之间有明确界限,又有逻辑递进,共同构成一个整体脉络。让主题故事化、人物化、细节化,真正让历史活起来,让遗产生动起来,让情感自然流露出来。充分运用新技术新手段,创新影像语言呈现方式,实现《长城之歌》在影像风格上的独特性。

《长城之歌》的六个分集也经过再三推敲论证,最终定型。

第一集:《奇迹》。作为全片的开篇,从空间、历史、精神等多个维度,宏观与微观相结合的角度,生动展示长城在不同历史时空坐标下的奇观存在,精炼解读长城的历史使命,完成对长城的整体展示。

第二集:《生存》。从人类古代文明发展(尤其是农耕文明与游牧文明之间的相处)的视角,溯长城之源,探因何而建、因何不停修建,分析中国人追求和平这一亘古不变的夙愿。

第三集:《秩序》。长城作为一个巨大系统,不仅在军事防御方面自成秩序,而且以长城为核心的边疆治理亦深刻影响古代中国的政治秩序。长城不仅仅是一堵墙,它更像一条"秩序带",维持着古代中国政治、社会、经济的发展。

第四集:《融合》。以秩序为基础,长城在漫长的历史长河中有效促进了"有序融合",在长城的冰冷、坚硬的外壳之下又充满包容与温情。一是不同族群、不同民族的融合,长城自古以来一直是多民族交融、碰撞的场所,是中国统一的多民族国家形成和发展的历史见证。另一方面是经济、文化、生活方式等方面的融合,为中华文化不断注入新鲜血液,丰富、夯实中华文化的基因。

第五集:《脊梁》。长城就像一条巨龙,横跨中国,长城是如何一步步成为中华民族的精神象征、国家标志性符号的呢？尤其是近现代以来，长城如何实现从“砖石长城”到“血肉长城”的涅槃的呢？本集提炼其中蕴含的伟大民族精神。

第六集：《永续》。基于前五集的讲述，本集聚焦当下正在建设中的长城国家文化公园，围绕规划精神，用生动案例，记录长城国家文化公园的建设进程，揭示长城国家文化公园的深刻内涵，描绘长城国家文化公园更加辉煌的未来，讲述我们如何延续长城这个伟大的人类奇迹、这份珍贵的世界遗产。

《长城之歌》立项之初，就确立了成为当代精品、传世之作、世界巨著的目标。为此，出品及摄制由中央广播电视总台牵头，配备了包括专家顾问、教授学者、影视制作、三维特效、市场行销等人才济济的执行团队。《长城之歌》计划于 2023 年春天在中央广播电视总台播出。

三、环境配套工程

长城沿线属于环境脆弱地区，环境的保护和治理是一个很重要的问题。按照《方案》要求，环境配套工程应发挥自然生态系统修复治理和水土流失治理、水污染防治项目的作用，加强城乡综合整治，维护人文自然风貌。另外，改善旅游道路，强化与机场、车站、码头等的衔接工作也需要做。我们应推进步道、自行车道和风景道建设，打造融交通、文化、体验、游憩于一体的复合廊道。

严格长城沿线生态环境保护，落实生态保护红线、永久基本农田保护红线和城镇开发边界三条控制线的管控要求，明确环境质量底线、资源利用上限，制定环境准入负面清单。严格控制人为因素对自然生态和自然文化遗产的干扰，严禁开展不符合区域定位的各类开发活动，减少工业化、城镇化对文物和生态环境的影响。加强长城沿线环境承载力分析，做好环境影响评价，制定合理环境影响防治对策。

加强沿线生态环境修复，加强对长城文化景观及周边自然景观、生态环境的保护，保护长城沿线山体、林带、植被等特色环境区域。依托生态修复工程，加大对长城两侧区域生态系统保护的力度，落实退耕还林还草政策，提高生态系统水源涵养与土壤保持功能。加强附近区域水源水库主要集水区的生态保护与恢复，控制污染源，恢复、提升生态环境质量，改善长城及沿线区域环境。

推进重点区域的生态功能建设，推进长城沿线地区国家重点生态功能区、冀北燕山山区、冀西太行山山区省级重点生态功能区的建设。有效恢复和提升长城沿线生态功能，提高生态产品生产能力。实施风沙源治理、造林绿化、小流域综合治理、退耕还林、湿地保护和恢复、矿山生态恢复等生态工程，建设森林、湿地、荒漠、草原和生物多样性自然保护区，保持生态系统的完整性，提升水源涵养、水土保持、风沙防御等生态功能。加强野生动物、野生植物原生境保护区及生态廊道建设。

建立完善长城沿线生态保护监测预警系统，丰富长城及沿线区域的监控手段，建立长城生态保护监控平台总体框架，将长城及沿线区域纳入生态保护监控试点，进行生态保护数据库建设，实现基础数据的接入和入库管理。

风貌协调区域在建设控制地带外围，主要涉及主题展示区、文旅融合区、传统利用区以及长城沿线的视觉敏感区和文化关联区。建（构）筑物的风格、体量、色彩、材质等应体现长城及当地传统建筑的风格，以低密度、小体量建（构）筑物为主，禁止建设异域特色、造型奇特的建筑物，不得影响景观眺望。对景观风貌不协调的建筑进行整饬、改造、搬迁。保持长城周边的山林、水体、农田、城市与村镇生态景观，避免大规模人工绿化，避免单一层次或凌乱无序的景观，避免长城与周边环境割裂。道路、公共设施、公共场所、景观照明等各要素应符合相应主体功能区的发展定位，充分展示长城文化价值与特色，与长城文化景观和生态环境相协调，并布局合理、数量充足、设计精美，有艺术感和文化气息。

四、文旅融合工程

文旅融合工程是对优质文化旅游资源的合理开发。按照《方案》要求，我们应打造一批文旅示范区，培育一批有竞争力的文旅企业。科学规划文化旅游产品，在长城周边以塞上风光为特色发展生态文化游，推动开发文化旅游商品，扩大文化供给。

以最能集中体现长城精神和历史文化价值的世界文化遗产为载体，深度挖掘长城的文化价值和时代内涵。加强对周边生态环境的保护和对城乡风貌的整治，完善参观游览公共配套设施，打造展现长城精神文化、具有国家标识意义的参观游览区。

结合各地的实际需求，推动一批保护利用价值高、开放利用优势相对明显的长城区段。对于目前已开放的景区景点，应加强长城文化挖掘和展示，提升一批以长城为核心吸引物的参观游览区。

立足长城文物和文化资源的区位条件、资源禀赋和现实基础，以长城开放参观游览区为依托，推动长城文物和文化资源与区域优质资源一体化开发，推动长城文物和文化资源的创新性利用，构建“长城+历史文化文旅融合区”“长城+生态文旅融合区”“长城+现代文旅融合区”，由主题展示区向外延展，鼓励和引导长城沿线地区立足文化特色和区域功能定位，发展与长城相关的休闲度假、创意设计、体育运动、艺术娱乐、乡村旅游等特色产业，聚力打造多个文旅融合区，不断丰富示范区内景区景点、文化产业园区、生态公园、旅游小镇、乡村民宿等文旅项目，创新文旅业态，实现长城文化持续外溢，探索符合当地实际、形式多样、各具特色，可复制、可推广的文旅产业融合模式。

合理利用山间村落和原始院落，开发一批长城艺术聚落、创意文化民宿、田园养老社区、山地休闲度假产品，打造具有国际知名度的高品质长城主题度假地。利用长城沿线的草原生态资源优势，推动完善“草原天路”风景廊道、观光铁路、通用机场等多级立体交通体系，打造集草原度假、体育旅游、研学旅游、民俗旅游、康养旅游、低空旅游等于一体的综合性避暑康养产品。以沿线村镇为依托，发展长城边塞客栈、农家乐、长城特色民宿、写生摄影基地等，开发乡村特色文化旅游产品。以长城大型战役、军事文化和红色文化为主题，开发军事文化旅游产品。针对青少年研学活动，对长城沿线长城文化遗址、城堡以及关口、重要边贸集市开展科研考察，开发商贸文化及边塞文化等文化研学旅游产品。

以长城文化为主题，设计一批充分体现长城文化特色的纪念品、手工艺品、创意美食等产品。依托长城沿线非遗传承传习基地，打造“长城记忆”文化创意品牌，建立创意开发研究基地和创意产品生产基地。实施传统工艺振兴计划，带动剪纸、宫灯、年画、皮影、石雕、陶瓷等传统工艺创新发展，深度开发长城文化旅游商品和纪念品。

五、数字再现工程

利用现有设施和数字资源，建设国家文化公园官方网站和数字云平台，对文物和文化资源进行数字化展示，对历史名人、诗词歌赋、典籍文献等关联信息进行实时展示，打造永不落幕的网上空间。依托国家数据共享交换平台，建设、完善文物和文化资源数字化管理平台。

2020 年度国家社科基金艺术学项目，河北省石家庄铁道大学王晓芬教授作为负责人申报的《长城文物和文化资源数字化保护传承与创新发展研究》被批准为重点项目。这个课题是河北省首次承担国家社科基金艺术学重点项目研究任务，也是数字再现工程进行的基础研究。我是这个课题的第二负责人，支持年轻人申报此课题就是要以此来推动长城数字再现工程。2020 年 12 月 29 日河北省文物局和石家庄铁道大学以此项目为契机，签署战略合作协议，共建河北省文物数字化重点研究基地。此项目尚未结束，所以此书中暂不做具体介绍。

逐步实现主要文化遗产点段、文化旅游景区等重点公共区域免费无线网络（WIFI）和第五代移动通信网络（5G）全覆盖。推动文保和环境敏感区域、旅游危险地带实现视频监控、人流监控。推进长城智慧信息平台建设，开展文保单位、A 级景区、文博场馆数据对接工作。

利用现有设施和数字资源，建设长城国家文化公园官方网站和数字云平台，打造数字文化服务总平台、总枢纽、主阵地、主渠道，对长城文物和文化资源进行数字化展示，对相关历史名人、诗词歌赋、典籍文献等关联信息进行实时展示，打造永不落幕的网上空间。

推进“互联网 +”建设，对接国家数据共享交换平台和长城资源保护管理信息系统，开展长城文物和文化遗产数字资源采集，建设长城资源数字化管理平台，建立完善各类长城专题数据库和监测预警体系，推动长城文物和文化信息资源统一管理、数据共享。依托长城旅游云平台，加强长城相关文化和旅游公共服务、文化和旅游市场监管、景区游客承载量统计与预警，实现各级各类长城文化资源的互联互通、资源和服务的共建共享，提高长城数字资源的可获得性和利用效能。

设置相关资源二维码，实现扫码阅读，部分二维码中增设英文导览、语音、视频播放、VR 等功能，使长城文化遗产“能读”“能听”“能看”“能游”。

在这方面我想举一个案例，实景数字博览系统是以诺视景数字艺术集团历时三年运用大数据、AI、多媒体、VR/AR、移动互联网技术，为长城全线历史文化信息复原再现开发的互联网时代的文化数字产品。

数字体验产品一定要好玩，这个产品已经开始在八达岭长城等地投入应用。

博览系统遵从实景全域、数字多维、博览无限三大理念。所有历史文化艺术的发生演变都记录于真实的地理世界，我们将长城全域视为一个“真实”的博物馆，按照域内真实的地理位置信息和现实可视的建筑、景观、故居、遗址等结合，将曾经或正在发生的与长城相关历史、文化、艺术、典故、传说全部多媒体数字化，建设成一个多媒体数字博物馆数据库，利用互联网、大数据、云计算和以诺视景开发的多种多媒体互动技术，简明、生动、移动、便捷地游客和全球的观众提供服务。这套系统有四个特点，即随时随地、此情此景、即刻体验、时空互动。

我多次参加关于这套博览系统建设目标和标准的讨论，以下的四个方面令我印象深刻。

1. 运用 VR、AR 和多媒体数字技术建设一个涵盖长城全线包括历史、建造、文化、艺术、文物和保护的全面、权威、交互生动的多媒体内容数据库，建设一个覆盖长城沿线各市县的以长城文化为核心的全域多媒体内容数据库。

2. 通过大数据、AI、云技术，利用以诺视景开发的移动终端和智能一体机，为亿万游客提供“随时随地、此情此景、即刻体验、时空互动”的博览服务，为世界各地的观众提供“云”旅游和参观服务，从而传播长城历史文化，展现中华文明。

3. 在政府的指导和政策的推动下，通过市场化和产业化合作的模式，综合政府、社会、企事业单位、景区景点和企业的资源，打造国家级数字文化工程并推动文旅、文博、文创产业的升级和健康发展。

4. 在多媒体内容数据库的基础上开发一系列历史场景化、文物可视化、遗址再现化、事件情景化、人物互动化、典故演艺化的文创文旅产品，利用文化科技手段和文旅融合模式，丰富长城全域的文旅、文博、文创产品创新和创造，打造一系列新文化消费时代的长城文化品牌，为建设文化强国和产业强国贡献力量。

此项目落地工作已经开展，我建议把第一个落地项目选在八达岭长城风景区，即“八达岭首席数字导览官”游客佩带导览设备，在南四楼至北八楼之间，每走到一个打卡点，导览系统就会自动弹出讲解知识点界面，讲解切合长城的实地实景文化，介绍八达岭区内的相关的文化知识、历史背景、民间故事。

首席数字导览官改变了博物馆与观光景区的传统界限，将博物馆的展示理念、丰富的展示形式与景区的实景内容、文化典故完美融合，增强了游客对长城文化的深度体验。游客可在“长城内外旅游”公众号预约该服务后，在景区文化街美食广场一层租赁导览设备。建设长城全域实景数字博览系统是长城国家文化公园建设数字工程的一项内容，我很希望能看到这项工作越做越好。

第六节
组织保障

建设长城国家文化公园，组织保障至关重要。有专职人员组成管理和运行机构，工作才能落到实处。在组织保障的基础上强化制度保障。组织保障和制度保障是长城国家文化公园建设的重要前提。

一、加强组织领导

《方案》要求做好长城国家文化公园建设，首要任务是加强组织领导。这一点很重要，没有强有力的组织领导，就不会有强有力的政策保障。中央成立了国家文化公园建设工作领导小组，中央宣传部部长任组长，中央宣传部、国家发展改革委、文化和旅游部负责同志任副组长，中央宣传部、中央网信办、中央党史和文献研究院、国家发展改革委、教育部、财政部、自然资源部、生态环境部、住房城乡建设部、交通运输部、水利部、农业农村部、文化和旅游部、退役军人事务部、市场监管总局、广电总局、中央广电总台、国家林草局、国家文物局、中央军委政治工作部有关负责同志任成员。

国家文化公园建设办公室设在中宣部，办公室主任由中宣部宣教局长常勃兼任。长城、大运河、长征三个专项办公室，分别设在文化和旅游部与国家发改委。设立国家文化公园专家咨询委员会，为这项工作的开展提供决策参谋和政策咨询。专家咨询委员会分为长城、大运河、长征三个组，每组由各行业相关专家 17 人组成，委员会共有专家委员 81 名。2021 年 2 月 9 日专家咨询委员会挂牌仪式在北京举行，秘书处设在中国艺术研究院。15 个有长城的省份，建立本地区领导体制并根据工作需要成立省级专家咨询委员会。

长城国家文化公园怎么建是一个问题，由谁来建更是一个问题。这涉及中央与地方事权划分，如果缺乏明确的界定，工作或是开展不起来或是会产生混乱。这方面，《方案》也作了明确规定，就是要充分发挥地方党委和政府的主体作用。长城国家文化公园的建设要完善相应的管理体制，这个管理体制是怎样的呢？就是要构建中央统筹、省负总责、分级管理、分段负责的工作机制。

这样的安排，实际上就是一种责任分工的制度。“中央统筹”就是中央各部委，像中央宣传部、文旅部、国家发改委等部门都属于统筹的领导机构。“省负总责”就是有长城的各个省的省委、省政府是要负总责的。每个省都对自己省内的长城国家文化公园建设负总责。“分级管理、分段负责”就是要求各市县基层党委、政府按照顶层设计的要求做好具体的组织实施工作。国家在政策、资金等方面为长城国家文化公园建设创造条件，长城沿线各省党委和政府承担主体责任，负责加强资源整合和统筹协调，各基层政府要抓好落实。

在本书中之所以反复强调落实的问题，是因为我们的很多工作说落实到时候还真不一定能落实。要做好长城国家文化公园建设工作，要坚持国家文化公园建设领导小组统筹、与各省文化公园建设小组上下联动，充分发挥各级党委和政府在国家文化公园建设规划中的组织领导和综合协调作用，统筹规划、建设、管理，加强监督检查和问责问效。只有这样才能促进国家文化公园建设中央地方协同发展，增强工作的整体性、系统性。

二、加强政策保障

统筹利用国家发展和改革、自然资源、生态环境、住房和城乡建设、交通运输、水利、农业农村、文化和旅游、退役军人事务、林草、文物等部门资源，强化政策支持的整体性、系统性、协同性、可持续性，发挥宏观政策综合效应。中央财政通过现有渠道予以必要补助并向西部地区适度倾斜，中央宣传部、国家发展改革委、文化和旅游部、国家文物局按职责分工对资源普查、编制规划、重点建设区等给予指导支持。地方各级财政积极完善支持政策。引导社会资金发挥作用，激发市场主体活力，完善多元投入机制。

环境是长城文化公园建设的重要因素，地理环境与长城文化公园建设有着密切的关系，这一点在认识长城与长城地区环境的关系方面不能忽略。长城内外不同民族的生产、生活和历史文化特色的形成取决于许多因素，地理环境是重要因素。

相关省份应对辖区内的文物和文化资源进行系统摸底，用好现有普查成果，加大实地勘验力度，准确掌握长城遗址遗迹情况，因地制宜开展建设保护工作。要充分考虑地域广泛性、文化多样性和资源差异性，实行差别化的政策措施，有主有次，分级管理以地方为主，最大限度调动各方积极性，实现共建共赢。

三、健全管理体制

以《长城、大运河、长征国家文化公园建设方案》为指导，按照中央统筹、省负总责、分级管理、分段负责的要求，统筹整合相关职能，探索建立适应长城国家文化公园建设管理的体制机制，形成长城沿线文物和文化资源保护、传承、利用协调推进的良好局面。设立长城国家文化公园建设分会，广泛动员社会力量参与长城国家文化公园建设保护工作，形成长城文化研究、保护利用、交流推介的专业优势力量。

修订、制定法规制度。根据《长城保护条例》，结合实际修订完善配套法规规章，规范长城文化遗产保护、传承、利用行为，完善长城保护措施。

编制建设保护规划。根据《长城、大运河、长征国家文化公园建设方案》要求，依托《长城国家文化公园建设保护规划》要求，结合长城国家文化公园文化旅游融合发展省级专项规划，推进长城沿线市（区）制定本地区的规划或实施方案。

建立健全标准体系。在文化和旅游部的指导下，开展长城国家文化公园建设标准体系研究，对长城国家文化公园建设内容以及相关保护修复、开发利用、服务管理等提出要求，促进实现统一化、规范化、系统化的建设和管理，为公园建设提供实践依据和可复刻、可借鉴样板。

鼓励社区参与。注重社区民生建设和国家文化公园建设的关系，实行差别化的政策和管理措施。对于具有较高历史文化和旅游价值的长城自然村落及民族文化特色活动予以重点保护。对于沿线列入保护控制范围的村落，允许建设必要、适当的生产生活设施。将国家文化公园的保护成效与社区居民的收益挂钩，完善社区参与和利益分配机制，在经营者选择、经营项目工作人员聘用、资金回馈等方面要给予社区一定倾斜，组织社区为长城保护修缮、生态修复、景区服务、环境卫生提升等提供服务。

强化人才支撑。加强多专业、高学历人才引进和培养，建设文物保护、考古研究、监测评估、文化挖掘、展示利用、管理运营等各类人才队伍。开展综合管理、执法监管、专业技术、信息化应用等方面培训。健全社会力量参与机制，进一步明确长城保护员工作内容、工作流程、技术要求等具体内容。完善志愿者服务制度，鼓励个人自愿、无偿向社会或者他人提供长城相关公益服务。

强化督促落实。制定长城国家文化公园建设实施方案，对重点工作进行细化分解，明确时间表和路线图。加强指导，加快推进，把困难和问题弄清楚，把做法和经验总结好。相关省份要切实履行主体责任，做好本地区的组织实施工作，重大事项要及时请示报告。

四、严格审核

要坚持规划先行，突出顶层设计，统筹考虑资源禀赋、人文历史区位特点和公众需求，注重跨地区、跨部门协调，有效衔接法律法规、制度规范，发挥文物和文化资源的综合效应。在地方规划编制中，审核应该做到高标准、多程序，至少具备三个高度：

一是国家重要性。一个候选地必须具备下列 4 条标准，才可被认为具有国家重要性：其一，是一个特定类型资源的杰出代表；其二，对于阐明中国国家遗产的自然或文化主题具有独一无二的价值；其三，可以为公众提供享用这一资源或进行科学研究的最好机会；其四，资源具有相当高的完整性。

二是适宜性。一个候选地是否适合进入长城国家文化公园体系要从两个方面考察其适宜性：其一，它所代表的自然或文化资源是否已经在国家文化公园体系中得到充分反映；其二，它所代表的资源类型没有在其他文旅产业发展及保护体系中得到充分反映。

三是可行性。一个候选地进入国家文化公园体系，从可行性的角度来看，需要具备两个条件：其一，必须具备足够大的规模和合适的边界，以保证其资源既能得到持续性保护，同时也能为公众提供享用长城国家文化公园的机会；其二，地方政府可以通过合理的经济代价对候选地进行有效保护。

第四章

各省区长城的历史和现状

长城国家文化公园包括战国、秦、汉长城，北魏、北齐、隋、唐、五代、宋、西夏、辽具备长城特征的防御体系，金界壕，明长城。涉及北京、天津、河北、山西、内蒙古、辽宁、吉林、黑龙江、山东、河南、陕西、甘肃、青海、宁夏、新疆 15 个省区市。我们需要首先了解一下 15 个省的长城情况。这一章的相关内容主要来自国家长城资源调查各省的报告和相关资源。

第一节
河北省长城

河北省长城主要分布于北部，地处内蒙古高原和冀北山地交错区域，这个地区是高原山地到平原地形过渡带。明长城分布在燕山—太行山脉，其他朝代长城则多分布在内蒙古高原和坝上高原地区。河北省现存长城总长 2498.54 千米，长城资源比例占全国 11.79%（全国墙壕遗存总长 21196.18 千米）。其中，长城河北段是明代砖体长城中保存程度最好的，长度达 1338.63 千米，现存遗迹除了 8% 消失之外，其他基本存在，且建筑形制多样，墙体、关堡、敌台、烽火台、马面等建筑类型均有呈现。

河北省长城的特点：

1. 资源数量多，文物价值高。河北明长城总长 1338.63 千米，明代长城墙体共 1153 段，主要以砖体长城为主，包括单体建筑 5388 座、

关堡 302 座、相关遗存 156 处。战国至金代的早期长城 1159.915 千米，长城墙体共 290 段，包括单体建筑遗址 915 座、关堡遗址 70 座、相关遗存 26 处，这些长城现多为土岗、石堆等遗址遗迹状态。其中，山海关、金山岭是明代典型的古代军事防御体系遗产，包括规模宏大的连续墙体、壕堑、界壕，数量巨大的敌台、关隘、堡寨、烽火台，合理利用了各类自然要素形成的山险。

2. 修建时间跨度大，遗址遗存分布范围广。河北省的长城资源总量位居有长城的 15 个省（自治区、直辖市）的第二位。各个不同时期的长城广泛分布于秦皇岛、唐山、承德、张家口、保定、石家庄、邢台、邯郸、廊坊 9 市及雄安新区 1 区。

国家文物局 2012 年 6 月 18 日《关于河北省长城认定的批复》(文物保函〔2012〕998 号）认定河北省长城分布于 59 个县（市、区），包括战国、汉、北魏、北齐、唐、金、明等历史时期修筑或使用的长城墙体及附属设施，其中：

战国燕北长城分布于沽源县、赤城县。战国燕南长城分布于易县、徐水县（徐水区）、容城县、安新县、雄县、大城县、文安县。战国赵长城分布于涉县、磁县。围场满族蒙古族自治县、丰宁满族自治县、怀安县、涞源县、唐县、顺平县、曲阳县也分布有战国长城。

汉长城东起平泉县（平泉市），经承德县、承德市双桥区、鹰手营子矿区、兴隆县、双滦县、隆化县、围场满族蒙古族自治县、滦平县、丰宁满族自治县、沽源县、赤城县、崇礼县（崇礼区），西迄张北县。

北魏长城分布于万全县（万全区）。北齐长城东起秦皇岛市山海关区，经抚宁县（抚宁区）、青龙满族自治县、迁安县（迁安区）、承德县、赤城县、崇礼县（崇礼区），西迄蔚县。

唐长城分布于赤城县。

金界壕东起丰宁满族自治县，经沽源县，西迄康保县。

明长城东起秦皇岛市山海关区，经抚宁县（抚宁区）、青龙满族自治县、卢龙县、迁安县（迁安区）、迁西县、遵化市、宽城满族自治县、兴隆县、滦平县、唐县、涞水县、易县、涞源县、阜平县、赤城县、沽源县、崇礼县（崇礼区）、怀来县、涿鹿县、宣化县（宣化区）、万全县（万全区）、宣化区、桥东区、桥西区、下花园区、蔚县、阳原县、怀安县、尚义县、灵寿县、平山县、鹿泉市（鹿泉区）、井陉县、赞皇县、内丘县、邢台县、沙河市、武安市，西迄涉县。

暂不能确定时代的长城分布于赤城县、宣化县（宣化区）、张北县。

河北省长城选址科学合理，高低盘旋于崇山峻岭，地貌景观类型丰富，组合度高，景观壮美，与周围环境和谐统一。长城河北段是旅游开发利用较多的一段，以长城为核心吸引物，已经形成了国家5A级旅游景区2家、国家4A级旅游景区5家、国家3A级旅游景区7家。山海关、金山岭长城已成为长城旅游的重要标志。

第二节 北京市长城

北京市长城西部位于太行山脉，北部和东北部则位于燕山山脉。北京市历代长城总长度为520.77千米，有遗址遗存资源点2409处。包括长城墙体、单体建筑、关堡和相关设施4个类型，分布于从东到西的6个区，涉及42个乡镇，包括785个行政村。

国家文物局2012年5月24日《关于北京市长城认定的批复》（文物保函〔2012〕875号）认定北京市长城分布于6个区、县，包括北齐、明等历史时期修筑或使用的长城墙体及附属设施。其中：

北齐长城东起平谷区，经密云县（密云区）、怀柔区、延庆县（延庆区）、昌平区，西迄门头沟区。

明长城东起平谷区，经密云县（密云区）、怀柔区、延庆县（延庆区）、昌平区，西迄门头沟区。

北齐长城始建于天保年间，距今已近 1300 年，是目前发现的北京境内修筑最早的长城，现有遗存可初步辨别一些长城墙体、敌台和烽火台遗迹，总长度 46.71 千米。明长城的修筑时间贯穿了明代不同历史阶段，属“九边十三镇”中的蓟镇、昌镇、真保镇和宣府镇，总长度 474.06 千米。其中包括八达岭长城、居庸关、三镇交汇的箭扣长城。

北京长城资源可分为文化资源、生态资源以及人文与自然景区三大类，共计 730 处（片）。其中：文化资源包含世界遗产、不可移动文物、非物质文化遗产、历史文化街区、历史文化名镇名村、传统村落等 6 类，计 624 处。生态资源包含自然保护区、风景名胜区、森林公园、湿地公园、地质公园、矿山公园、重要水源区等 7 类，计 42 片。人文与自然景区包括官方正式开放的长城景区，也包括自发形成景点的非正式开放长城，共计 64 处。其中，官方正式开放的长城景区共计 34 处，分为以长城为主体的景区 15 处，以及以自然资源为主体的景区 19 处。

长城防御体系遗留下来的城堡形成了今天的村镇，这些明代沿长城一线设置的军事卫、所、城堡，形成了物质和非物质文化遗产。长城沿线地区修建的寺观庙宇形成了寺观庙宇文化。区域内各类抗战战场、纪念地，晋察冀敌后根据地等形成了抗战红色文化。古代驿道及驿站、近代铁路交通设施（主要是京张铁路）形成了交通驿道文化。明十三陵中的长陵、定陵、昭陵等陵寝墓葬，以及关沟七十二景等形成了区域社会文化景观。

第三节
天津市长城

天津市辖区范围内的明长城位于蓟州区北部山区，燕山山脉靠近华北平原的一侧。蓟州区北部山区所在的燕山山脉，自古以来便是燕山以北牧区进入华北平原的重要屏障。蓟州区是各朝代抵御北部游牧民族进入中原的边陲重镇，也是连接华北平原与东北平原的咽喉要道。著名的黄崖关至今仍然屹立在天津宝坻、蓟州，经兴隆县通往承德市的必经线路上。

长城东从河北省遵化市钻天峰入境，西出北京市平谷区将军关。长城横跨蓟州区下营镇的赤霞峪、古强峪、船舱峪、青山岭、黄崖关等11个自然村，全长40.28千米。天津市现存长城均为明代长城，现为天津市文物保护单位。自东向西划分为赤霞峪、古强峪、船舱峪、青山岭、车道峪、黄崖关、前甘涧7大段176小段。有敌台85座，大部分敌台位于山顶或山谷旁居高临下的山梁上，地理位置非常重要。除长城墙体遗存之外，还有烽火台、关城和寨堡等附属设施共计14座。其中，烽火台共4座，全部位于长城主线外侧；关城1座，为黄崖关关城，平面为刀把形，位于泃河河谷平地，占地面积3.8万平方米。有寨堡9座，均位于峡谷南侧相对平坦的山地上，因地制宜，墙体材质均为石质，形状一般不规整。寨堡内现存角楼、马道、水井、居住址等。

天津市长城是明蓟镇长城的重要组成段落，其防御体系完整，各类长城建筑非常丰富，具有“小而全”的特点。天津市长城沿线是抗日战争时期晋察冀抗日根据地的主要活动地区，为取得抗日战争的胜利起到了重要作用。津围公路在黄崖关关城东侧通过，是天津市明长城内外最重要的联系通道。天津市长城是现代“天津十景”之首——“蓟北雄关”文化景观的空间载体。

第四节 山西省长城

山西省长城位于华北平原西面的黄土高原东面的太行山之上，西面的长城沿黄河与陕西相望，北面以外长城与内蒙古为界。山西省历代长城总长度达1412.88千米，分布在大同、朔州、忻州、晋中、长治、阳泉、吕梁、晋城等8市39个县（市、区），包括战国、汉、北魏、北齐、五代、明等6个历史时期修筑或使用的长城墙体及附属设施。

山西长城主要包括3个部分：一是最西部与陕西省交接处的河曲—偏关段，约70千米，因其大略沿黄河而筑，称为河边；二是向东北经朔州、新荣、天镇与河北、内蒙古相接，长约380千米，明代这里与鞑靼等部接壤，称为外边；三是从偏关往东南经神池、宁武，折向繁峙、浑源至平型关，长约400千米，明代是山西腹地最后一道长城防线，故称为内边。总体来看，山西长城均位于北部，集中在忻州、朔州和大同三市之内，长城本身有其延续性，因此往往跨过今天的政区边界伸向陕西、河北和内蒙古等邻省。

山西省长城资源的时空分布广泛，修筑自战国始，历秦汉、北朝、隋、唐、五代、宋、明等时期，延续时间达两千余年。

国家文物局2012年6月18日《关于山西省长城认定的批复》（文物保函〔2012〕997号）认定山西省长城如下：

山西省长城分布于39个县、市、区，包括战国、汉、北魏、东魏、北齐、隋、五代、明等历史时期修筑或使用的长城墙体及附属设施。其中：

战国长城东起陵川县，经壶关县，西迄高平县（高平市）。

汉长城东起天镇县，经左云县，西迄右玉县。

北魏长城分布于天镇县。东魏长城分布于宁武县。北齐长城分为两条线，第一条线东起广灵县，经浑源县、应县、山阴县、代县、原平市、宁武县、神池县、五寨县、岢岚县，西迄兴县；第二条线东起左云县，经朔州市平鲁区，西迄偏关县。泽州县也有分布。

隋长城分布于岢岚县。

五代长城分布于沁水县。

明外长城东起于天镇县，经阳高县、大同县、新荣区、南郊区、左云县、右玉县、朔州市平鲁区，西迄河曲县。明内长城第一条线东起灵丘县，经广灵县、浑源县、怀仁县（怀仁区）、应县、山阴县、繁峙县、代县、原平市、朔州市朔城区、宁武县、神池县，西迄偏关县；第二条线北起灵丘县，经五台县、盂县、阳泉市郊区、平定县、昔阳县、和顺县、左权县，南迄黎城县。

山西省长城最早修建于战国末年，秦赵双方在今天的山西东南部及与河北的交界区域兴建长城。战国长城总长 27.34 千米，分布在晋城市的陵川县、高平市和长治市的壶关县。

东汉建武十二年至建武二十一年（36—45），东汉政府曾在山西北部及中部地区修筑亭候、烽燧等长城防御设施以抵御匈奴袭扰。汉代长城墙体总长为 49.22 千米，分布在大同市的天镇县、左云县和朔州市的右玉县。

北魏明元帝泰常八年（423）修筑长城“以备蠕”，太武帝平真君七年（446）“筑畿上塞围”，均途经山西北部。北魏长城总长 4264 米，分布在天镇县。北齐时期修筑长城的次数最为频繁，其中天保三年（552）的黄栌岭至社干戍长城、天保六年（555）的幽州北夏口至恒州长城、天保七年（556）的西河总秦戍至海长城、天保八年（557）的库洛拔至坞纥戍重城、河清二年（563）的轵关长城均涉及山西。在山西分布的北齐长城总长为 411.04 千米，分布在大同市、忻州市等地。

隋代开皇年间（581—600），曾在北方边境“缘边修保鄣，峻长城”，利用北齐天保七年长城并有所增筑，隋长城经过山西省北部。隋长城总长为899米。五代后梁太祖开平元年（907），与李克用争夺潞州（今山西省长治市）期间，曾修筑“夹寨”用于战事。五代长城总长为8122米，分布在晋城市的沁水县。

明朝在北部边境设“九边”以巩固边防，畿辅重镇大同镇、山西镇即位于山西境内。山西省境内明长城分为外、内长城，外长城为边境防御，内长城为京畿拱卫。洪武（1368—1398）初年，在雁门关一带修建城池、堡寨、关隘等；永乐年间（1403—1424）形成“自宣府迤西迄山西，缘边皆峻垣深壕，烽堠相接”的防御体系，并设大同镇；嘉靖年间（1522—1566）设山西镇，修筑长城、堡寨，规模扩大；隆庆（1567—1572）、万历（1573—1620）年间，对山西境内长城及其附属设施的修建、加固继续增强，直至万历以后对长城的修筑逐渐减少。明长城总长为911.99千米，分布在6市25县。

长城不仅有延绵的墙体，作为长城军事防御体系的重要组成部分，山西省中北部长城沿线还保留着大量的烽隧、关隘、城堡等遗存，其中的雁门关、广武堡、宁武关、得胜堡、杀虎口、偏头关，太行山上的平型关、娘子关等都闻名于世。

第五节 内蒙古自治区长城

内蒙古自治区是长城资源分布大区，分布在内蒙古的山地、丘陵、平原、草原、荒漠区域。内蒙古自治区长城遗产点多线长，长城文物类型丰富。全国长城资源调查显示，内蒙古境内长城的总长度达7570

千米，占全国长城长度的三分之一，境内长城历经战国赵、战国燕、战国秦、秦代、西汉、东汉、北魏、北宋、西夏、金代、明代等9个历史时期11个政权，分布于全区12个盟市、76个旗县，在全国范围内具有长度最长、修建时间最长、分布范围最广等特点，形成了独具特色的长城历史文化带。因而，和其他省区相比，建设内蒙古段长城国家文化公园具有较大优势。

国家文物局2012年6月5日《关于内蒙古自治区长城认定的批复》(文物保函〔2012〕947号)认定内蒙古自治区长城分布于76个县、旗、市、区，包括战国、秦、汉、北魏、隋、西夏、金、明等历史时期修筑或使用的长城墙体及附属设施。其中：

战国燕北长城东起敖汉旗，经喀喇沁旗，西讫赤峰市元宝山区。

战国赵北长城东起兴和县，经察哈尔右翼前旗、乌兰察布市集宁区、卓资县，呼和浩特市赛罕区、新城区、回民区，土默特左旗、土默特右旗，包头市东河区、石拐区、青山区、昆都仑区、九原区，西讫乌拉特前旗。

战国秦长城南起伊金霍洛旗，经准格尔旗、鄂尔多斯市东胜区，北讫达拉特旗。

秦长城东起奈曼旗，经敖汉旗、赤峰市松山区、多伦县，西讫正蓝旗。

汉长城主线东起喀喇沁旗，经宁城县、兴和县、察哈尔右翼前旗、丰镇市、凉城县、卓资县、察哈尔右翼中旗，呼和浩特市赛罕区、新城区，武川县、固阳县、乌拉特前旗、乌拉特中旗、乌拉特后旗、磴口县、阿拉善左旗、阿拉善右旗，西讫额济纳旗；汉长城达拉特旗段分布于鄂尔多斯市达拉特旗；汉长城鄂托克旗—乌海段东起鄂托克旗，经乌海市海南区，西讫海勃湾区；汉代当路塞分布于呼和浩特市新城区、武川县、土默特左旗、固阳县，包头市石拐区、昆都仑区；汉外长城东起武川县，经固阳县、达尔罕茂明安联合旗、乌拉特中旗，西迄乌拉特后旗。

北魏长城通辽段分布于库伦旗；六镇长城南线段东起商都县，经察哈尔右翼后旗、察哈尔右翼中旗、四子王旗，西迄达尔罕茂明安联合旗；六镇长城北线段东起四子王旗，经达尔罕茂明安联合旗，西迄武川县；乌拉特前旗段分布于乌拉特前旗。

隋长城分布于鄂托克前旗。

西夏长城包头段分布于包头市东河区；阴山北部草原段东起武川县，经达尔罕茂明安联合旗、乌拉特中旗、乌拉特后旗、阿拉善左旗、阿拉善右旗，西迄额济纳旗。

金界壕主线东起莫力达瓦达斡尔族自治旗，经扎兰屯市、扎赉特旗、科尔沁右翼前旗、突泉县、科尔沁右翼中旗、霍林郭勒市、扎鲁特旗、阿鲁科尔沁旗、巴林左旗、巴林右旗、林西县、克什克腾旗、翁牛特旗、赤峰市松山区、东乌珠穆沁旗、锡林浩特市、正蓝旗、正镶白旗、镶黄旗、多伦县、太仆寺旗、苏尼特右旗、化德县、商都县、察哈尔右翼后旗、四子王旗、达尔罕茂明安联合旗，西迄武川县；岭北线东起额尔古纳市，经陈巴尔虎旗、满洲里市，西迄新巴尔虎右旗；漠南线东起扎赉特旗，经科尔沁右翼前旗、东乌珠穆沁旗、阿巴嘎旗、苏尼特左旗、苏尼特右旗，西迄四子王旗。

明长城东起兴和县，经丰镇市、凉城县、和林格尔县、清水河县、准格尔旗、鄂托克前旗、鄂托克旗、乌海市海南区，西迄阿拉善左旗。

在内蒙古自治区，明长城自东向西分布于乌兰察布市、呼和浩特市、鄂尔多斯市、乌海市和阿拉善盟等五个盟市，全长700余千米。内蒙古明长城有大边、二边之分，大边均分布于内蒙古境内，二边则多为内蒙古与相邻省区的省区界。明长城吸收了历代长城的精华，以墙、壕为依托，辅以营、堡、烽火台、敌台、马面等一系列设施，因地制险，成为中国历史上最为雄伟壮观的“万里长城”。

第六节 辽宁省长城

辽宁省长城分布在东北平原辽东山地丘陵和中部平原地区，明长城沿辽河西绕道辽河东防御辽河两侧，然后抵丹东鸭绿江畔。辽宁省境内有燕、汉、明长城，共经过 8 个地级市。

国家文物局 2012 年 6 月 5 日《关于辽宁省长城认定的批复》（文物保函〔2012〕948 号）认定辽宁省长城分布于 53 个县（市、区），包括战国、汉、北齐、辽、明等历史时期修筑或使用的长城墙体及附属设施。其中：

战国燕长城分布于抚顺县，抚顺市顺城区、望花区，沈阳市东陵区、皇姑区、沈北新区，阜新蒙古族自治县、北票市、建平县。

汉长城分布于丹东市振安区、凤城市、新宾满族自治县、抚顺县，抚顺市东洲区、顺城区、新抚区，沈阳市东陵区、皇姑区、沈北新区，黑山县、北镇市、凌海市、义县、建平县。

北齐长城分布于绥中县。

辽长城分布于大连市甘井子区。

明长城分布于丹东市振安区、宽甸满族自治县、凤城市、本溪满族自治县、本溪市明山区、南芬区、平山区、溪湖区，新宾满族自治县、抚顺县，抚顺市东洲区、望花区、顺城区，开原市、铁岭市清河区（清江浦区）、西丰县、昌图县、铁岭县、法库县，沈阳市沈北新区、东陵区、苏家屯区、于洪区，辽中县（辽中区）、灯塔市、辽阳

县，辽阳市辖区、太子河区，海城市、鞍山市千山区、台安县、岫岩满族自治县、盘山县、盘锦市兴隆台区、大洼县（大洼区）、阜新蒙古族自治县、阜新市清河门区、彰武县、黑山县、北镇市、义县，锦州市古塔区、凌河区，凌海市、锦州市太和区、北票市、葫芦岛市连山区、兴城市、绥中县。

辽宁省境内的燕秦长城，因在许多段落时代难以分辨，现统称燕秦长城。现存确认墙体 107 千米，起于阜新市阜新蒙古族自治县八家子乡八家子村六家子屯西北 600 米山顶上，止于朝阳市建平县热水畜牧农场热水村马家湾屯西北 2050 米处。长城墙体走向为东南—西北。另外还有敌台、哨所、烽火台等单体建筑 67 座，关堡 19 座，相关遗存 9 处。燕秦长城的防御体系由墙体、敌台、烽火台、障塞等组成。在辽东地区，目前则主要发现有烽燧遗址及屯营地和部分窖藏等文物点。

汉长城主要分布在丹东市振安区、凤城市，抚顺市抚顺县、新宾满族自治县、东洲区、新抚区、顺城区，沈阳市东陵区、皇姑区、沈北新区和铁岭南新台子。在辽西，主要在锦州市黑山县、北镇市、义县、凌海市，朝阳市建平县等 5 个市 15 个县（市、区）。辽宁省境内的汉长城现存墙体 1034 米，起于朝阳市建平县张家营子镇青山村南 1800 米，止于朝阳市建平县奎德素镇大窝铺村高家洼屯西北 700 米。分布于朝阳市建平县，锦州市黑山县、凌海市、义县、北镇市，沈阳市皇姑区、沈北新区、东陵区，抚顺市抚顺县、东洲区、顺城区、新抚区、新宾满族自治县，丹东市振安区、凤城市。另外还有烽火台 113 座、关堡 30 座。汉长城的防御体系主要以烽火台为主，并设立有大小不等的汉城作为屯兵基地。

辽宁省境内的明长城包括辽东镇长城的全部和蓟镇长城的一部分。辽东镇长城史称“辽东边墙”，东起丹东虎山，西至绥中锥子山，是明代中国北方“九镇”长城防御体系的重要组成部分，被誉为“九边之首”。从东向西行经 12 个市、49 个区县、145 个乡镇、568 个行政村。

明长城在辽河平原地区分布，从行政区划上主要在铁岭西部、沈阳、辽阳、鞍山及锦州市的一些区域。辽河平原总体地势北高南低，东高西低。长城线行经区域北部为平原与丘陵接壤地带，地属辽河冲积平原，地势稍有起伏；南部为广袤的平原，地势平坦，地属辽河、浑河、太子河、绕阳河冲积平原，海拔高度为 6 ~ 200 米。该区域河流纵横，流域面积广大。这种地理、地貌和气候条件，对明长城形成的影响，是域内的平原地貌，易修筑大段的夯土墙，同时又有敌台、烽火台、河空、堡城等，形成严密的防御体系。

明长城在辽西丘陵地区分布，从行政区划上主要在辽西走廊北缘的锦州市西部，葫芦岛市连山区、兴城市、绥中县。辽西丘陵区域有东北向西南走向的努鲁儿虎山、松岭山脉和黑山、医巫闾山，西与河北省的冀东北山地毗连，北部与内蒙古高原相接，南部形成海拔 50 米的狭长平原，濒临渤海，其间为辽西走廊。大凌河与小凌河发源并流经此区域。这种地理、地貌和气候条件，对明长城形成的影响是域内不易修筑大段的夯土墙，而以石墙、山险墙和山险为主，同时又辅有河空、敌台、烽火台等严密的防御设施。

辽宁省明长城由长城墙体、墙体设施、附属设施、相关遗存及采（征）集文物五部分组成，经辽宁省长城资源调查，确认长城墙体总长度为 1235.989 千米、墙体设施 1193 处、附属设施 1481 处、相关遗存 109 处、采（征）集文物 19 套。

第七节 吉林省长城

吉林省长城总长度419.38千米，包括墙体和天然险长度367.38千米，以及附属设施和相关遗存连线跨越长度52千米。

吉林省长城跨越吉林省4个市（州）的11个县（市、区），沿线行经40个乡镇约250个居民点。范围涉及通化市通化县、长春德惠市、农安县、四平公主岭市、梨树县、铁西区、延边朝鲜族自治州和龙市、龙井市、延吉市、图们市、珲春市等4个市（州）的11个县（市、区）。

根据国家长城资源要素分类，吉林省长城的遗产本体构成要素包括长城本体、附属设施和相关遗存三部分，其中，长城本体包括长城墙体361.75千米（其中，消失段128.46千米），天然险5.63千米，铺舍3处；附属设施包括烽火台98处、关3处、堡2处；相关遗存包括1处。2013年，国务院公布吉林省长城为第七批全国重点文物保护单位，归入第五批全国重点文物保护单位。

吉林省有长城是国家文物局长城资源调查的新成果。2006年国家部署长城资源调查本来没有吉林省，辽宁省在做汉代长城调查时发现汉长城出辽宁进入了吉林省境内。国家文物局才将吉林省补列为长城资源调查的省份。

吉林省长城主要包括通化汉长城、老边岗土长城、延边边墙三部分，其构成相对简单，其保存程度也较差。

通化汉长城包括附属设施和相关遗存。其中，附属设施包括烽火台12处、堡1处和相关遗存1处（赤柏松古城）。通化汉长城附属设施保存较好，相关遗存保存较好。通化汉长城整体保存程度较好。

老边岗土长城全部为长城本体。老边岗土长城消失段约占其墙体总长度的 37.8%，约 78% 的现存墙体保存程度为差或较差。老边岗土长城整体保存程度较差。

延边边墙包括长城本体和附属设施。其中，附属设施包括烽火台、关和堡。延边边墙消失段约占其墙体总长度的 29%，约 64% 的现存墙体保存程度为较好或一般；附属设施保存一般；墙体设施保存均为较好。延边边墙整体保存程度一般。

第八节 黑龙江省长城

黑龙江省现保存有唐代、金代两个时期的长城，总长度为 266.285 千米，分别为唐代长城——牡丹江边墙、金代长城——金界壕遗址（黑龙江段）。

唐代长城——牡丹江边墙是唐代修建的目前我国最东北的一道长城性质的军事防御设施。其地势的选择、材料的使用、墙体形制、修筑方法以及相应的设施等，无不反映了当时的政治、经济、军事形势，为研究唐代渤海国和黑水靺鞨部落的关系，东北少数民族地方政权的战争、发展、民族融合、政权演变提供了珍贵的实物资料。

金代长城——金界壕（黑龙江段）是金代东北部地区文化交融的见证，是古代各民族智慧与力量、科学与技术交流融合的产物，在研究中国古代北方民族关系史、中国古代北方疆域史、女真人社会发展史、金源文化发生与发展等诸多历史问题方面具有重要的史料价值。

唐代长城——牡丹江边墙，长度为 66.019 千米，有马面 38 个、关堡 3 座，分布于牡丹江市爱民区、宁安市境内的张广才岭和老爷岭的山地丘陵中，由三段不连续的边墙构成，自北向南依次为牡丹江段边墙、宁安市江东段边墙、镜泊湖段边墙，均呈东南—西北走向，是目前发现的唐代渤海国唯一具有古长城性质的军事遗迹。2006 年被国务院认定为第六批全国重点文物保护单位。

金代长城——金界壕遗址（黑龙江段），长度为 200.266 千米，有马面 1466 座、烽火台 18 座、关堡 30 座。自东北向西南分布在齐齐哈尔市甘南县、碾子山区、龙江县。金界壕遗址（黑龙江段）是我国历史上金代建设的军事防御工程，见证了 12 世纪游牧民族与渔猎民族的冲突、交流与融合，具有浓郁的地域文化特色。2001 年被国务院认定为第五批全国重点文物保护单位。

第九节 山东省长城

山东省齐长城位于山东中部，从济南黄河下游故道东侧向东经泰山、沂山的山地及丘陵地带，最后抵青岛黄海之滨。齐长城是春秋战国时期齐国修建的用于防御的长城。齐长城是齐国特殊地缘政治的产物，其修筑和使用贯穿于春秋战国时期。

齐长城西起济南市长清区孝里镇广里村，东至黄岛区于家河庄入海，共经济南市、泰安市、淄博市、潍坊市、临沂市、日照市、青岛市 7 个市。国家文物局 2012 年 6 月 5 日《关于山东省长城认定的批复》（文物保函〔2012〕949 号）认定山东省春秋战国齐长城分布于 16 个县（市、区），其东起青岛市黄岛区，经胶南市（黄岛区）、诸城市、五莲县、莒县、安丘市、沂水县、临朐县、沂源县、博山区、淄川区、莱城区、章丘市（章丘区）、历城区，西迄济南市长清区。

山东省齐长城总长度为 641.32 千米，涵盖墙体、壕堑、山险、烽火台（烽燧）、关、堡六大类遗产。墙体按其所处位置分为主线、支线、复线三种，按其构筑材料和保存状况分为石墙、土墙、地表消失三种。山险按其所处位置，分为主线、复线两种。共认定齐长城遗产260处。其中，墙体198处（包括主线172处、复线6处、支线20处）、壕堑1处、山险45处（包括主线44处、复线1处）、烽火台（烽燧）8处、关7处、堡1处。

齐长城的特征：

（1）墙体。包括土墙、石墙两种。土墙筑墙材料为取自当地的黄土、黄黏土、沙土、沙砾土等，各区段墙体宽度不一。石墙筑墙材料为就近开采的块石、条石、片石，各区段墙体宽度不一，现存石墙最宽处约15米。

（2）壕堑。现仅存岚峪西北壕堑，土墙部分地面无存，壕沟宽12米至50米。

（3）山险。分为利用单座山的悬崖峭壁防御和利用周边群山防御两种。

（4）烽火台（烽燧）。分为土筑和石筑两种。

（5）关隘。现仅存东门关，其余各关均消失。东门关平面呈长方形，现存双心券门洞，门洞宽约2米、进深3.3米、洞口高2.5米、整体残高约3米，两侧与长城墙体相接。

（6）城堡。现仅存青石关堡一处。关堡平面呈不规则的四边形，南北宽约100米、东西长约150米，由南关、西关、北关遗址组成。

齐长城沿线有历史文化资源80处，资源类型包括世界文化遗产、文物保护单位（古建筑、古墓葬、古遗址、石窟寺及石刻、近现代重要史迹和代表性建筑）、传统村落、历史文化名镇（村）、“乡村记忆”工程传统文化村落及其他与齐长城历史文化关系密切的村落。其中世界文化遗产1处、文物保护单位45处（古建筑10处、古墓葬5处、古遗址 24 处、石窟寺及石刻 1 处、近现代重要史迹和代表性建筑 5 处)、传统村落 31 处、历史文化名镇(村)2 处、其他村落 1 处。

第十节 河南省长城

河南省长城主要为春秋战国时期的楚长城。

河南楚长城主要分布于桐柏山、伏牛山和太行山脉，随山势而建，位于河南省南部、中部和北部地区。楚长城为东西走向，魏长城为南北走向，赵长城为东南—西北走向，除魏长城外基本处于市界、县界交集地带。长城构造独特，一般处于无人偏远山区，因此，交通十分不便，区位优势不明显。

河南省已经国家文物局认定的长城分布在 7 个市，国家文物局 2012 年 6 月 5 日《关于河南省长城认定的批复》(文物保函〔2012〕945 号)认定河南省战国长城分布于 11 个县、市、区，其中：

战国赵长城分布于卫辉市、辉县市、林州市、鹤壁市淇滨区。

战国魏长城分布于新密市。

战国楚长城北起鲁山县，经叶县、方城县、舞钢市、泌阳县，南迄桐柏县。

河南省楚长城有 141 个点、段，长城表面总长度为 449.196 千米，其中楚长城遗址方城段、叶县段、桐柏段、泌阳段、舞钢段、鲁山段、南召段、驻马店驿城区段(原属泌阳，现为驿城区)，包含 79 个点、段，表面长度为 381.044 千米；赵长城遗址林州段、卫辉段和辉县段、鹤壁段，包含 59 个点、段，全长共 63.674 千米；魏长城遗址新密段，包含 3 个点、段，表面长度为 4.478 千米，关堡、烽燧、城址、兵营等相关遗存20处。赵长城遗址是省政府公布的第四批文物保护单位，包含林州、鹤壁、卫辉和辉县4段；魏长城、楚长城遗址的9段为省政府公布的第六批省级文物保护单位。

第十一节
陕西省长城

陕西省长城包括战国魏长城、战国秦长城、隋长城、明长城。战国魏长城是现存陕西省长城中修建时间最早、保存时间最久且持续利用的长城遗产，为研究战国时期秦魏两国地理分界变化提供了重要参考依据。战国秦长城从秦昭襄王到汉初武帝时期始终是关中政权在西北的重要军事防线，明确了中原农耕民族与西北游牧民族的疆界，开启了中原王朝筑墙御戎的先河，反映了西北游牧民族与中原农耕民族之间交错复杂的交流与战争。陕西段明长城是所有明长城中建造时间最早，也是甘肃、宁夏、青海等地西部长城建造的典范，是研究明长城和明代边防军事体系的重要研究实例。

国家文物局2012年6月5日《关于陕西省长城认定的批复》（文物保函〔2012〕946号）认定陕西省长城分布于17个县、市、区，包括战国、隋、明等历史时期修筑或使用的长城墙体及附属设施。

战国秦长城东起神木县（神木市），经榆林市榆阳区、横山县（横山区）、靖边县、志丹县，南迄吴起县。战国魏长城分布于富县、黄陵县、宜君县、黄龙县、韩城市、合阳县、澄城县、大荔县、华阴市。

隋长城分布于神木县（神木市）、靖边县、定边县。

明长城东起府谷县，经神木县（神木市）、榆林市榆阳区、横山县（横山区）、靖边县、吴起县，西迄定边县。

陕西省境内各时代长城总长度约为1803千米，数量2919处，单体建筑2003座，墙体/堑壕736段，关堡178座，相关遗存较多处。战国秦长城、隋长城、明长城分布于榆林、延安两市，地貌分为风沙草滩区、黄土丘陵沟壑区、梁状低山丘陵区三大类，长城一带主要的河流有黄河、皇甫川、清水川、孤山川、窟野河、秃尾河、榆溪河、无定河、芦河。

战国魏长城：春秋战国时期，秦魏双方在河西地区相互征战，处守势的一方采用修筑城堡、据塞、烽隧等人工设施的方式来防御，并与河、山等自然环境连接起来，魏国先后三次修筑长城，最终形成一个规模较大的长城防御体系。

战国魏长城位于陕西关中平原北部至黄土高原南麓的大部分区域，分布在自东向西、自北向南的渭南市、延安市与铜川市三个市级行政区划范围内，总长度累计149千米。魏长城本体构成共159处，其中长城边墙110处，由101处共148965.5米的墙体、8处敌台、1处马面构成；附属设施29处，由17处烽火台、1处烽燧、7处城址、1处关、1处堡及1处戍卒墓构成；相关遗存20处，由20处居住址构成。

战国秦长城：即秦昭襄王长城。这是我国古代建筑时间最早的长城之一，位于黄土高原和毛乌素沙漠边沿区域。战国秦长城整体上自东北至西南经内蒙古、陕西、宁夏和甘肃四省区，从神木市大柳塔镇贾家畔陕蒙交界处入陕境，至吴起县庙沟乡大涧村陕甘交界处出陕境。战国秦长城陕西段在陕境内由东北到西南经神木市、榆林市榆阳区、横山县（横山区）、靖边县以及延安市的吴起县、定边县，途经3市5县，共230段。战国秦长城全长465642.4米，墙体453555.4米，其中石墙32553米、土墙325087.5米、山险墙95914.9米、天然险12087米；全段消失329120.6米。战国秦长城墙体设施372处，附属设施117处，相关遗存41处。

隋长城：是隋代为防御北方突厥的侵扰而修建的长城。在陕境内隋长城分布于神木市、榆林市靖边县和定边县，途经2市2县，共11段。隋长城全长18398米，墙体16648米，河险1750米；全段消失9717米；墙体设施15处，附属设施19处。

明长城：西起明代甘肃镇肃州卫（今嘉峪关），东至明代辽东镇（今辽宁丹东振安区虎山乡）的古代军事防御体系，自东向西跨越辽宁、河北、天津、北京、山西、内蒙古、陕西、宁夏、甘肃和青海等10个省（区、市）。陕西段明长城位于整个明长城防御体系的中部，东与内蒙古准格尔旗长城相接，再向东隔黄河与山西明长城相望，西与宁夏明长城相接，在明代被用来防御河套地区的蒙古部族，拱卫关中一带防线。主要分布在陕北地区，沿途经过榆阳、神木、府谷、横山、靖边、定边、吴起共7个市（县）。陕西段明长城共398段，全长1170.24千米，由大边和二边两道修建时间有先后、走向基本平行的长城组成，二者走向均为东北向西南。沿线分布1499座单体建筑，115座关堡，52处相关遗存，45处营堡。

明长城大边长城位于北侧，长574.06千米，二边位于大边南侧，长596.18千米。明长城本体分为墙体、单体建筑、关堡、相关遗存。大边长城墙体375段，全长574055.7米；二边长城墙体23段，全长596182米。明长城有各类单体建筑1499座，其中大边长城1274座，分为马面、敌台、烽火台三大类；二边长城225座，分为敌台、烽火台两大类。明长城关堡总数为115座，包括70座关和45座堡。明长城全线共有53处相关遗存，其中大边长城35处，二边长城18处，类别包括采石场、砖瓦窑、戍卒墓、挡马墙、品字窖、居住址、古驿站、碑碣、石雕等。

第十二节 甘肃省长城

甘肃省长城分布在全省 11 个市（州）38 个县（区、市），主要有战国秦和汉、明三代长城，甘肃境内现存长城总长度为 3654 千米，占全国总长度的近五分之一，其中明长城 1738 千米，为全国之首。

甘肃省长城保存较好，时代特征明显，防御体系完整，类型丰富，素有天然长城博物馆之称。从公元前 4 世纪战国时代，直至公元 17 世纪的明朝末年，甘肃省长城几乎伴随着我国整个封建社会历史的兴衰起落，囊括了墙体、关堡、壕堑、烽燧和自然天险等全部长城类型，包含有黄土夯筑、沙土堆筑、砖石砌筑、土石混合、沙石夹杂芦苇或红柳等各种构筑方式，在全面体现中国长城共性的同时，也呈现出浓郁的地域特色，是我国土质长城的典型代表。

国家文物局 2012 年 6 月 5 日《关于甘肃省长城认定的批复》（文物保函〔2012〕941 号）认定甘肃省长城分布于 38 个县、市、区，包括战国、汉、明等历史时期修筑或使用的长城墙体及附属设施。

战国秦长城是中国早期长城的重要组成部分，西起临洮县望儿咀，分布在定西、平凉、庆阳等 3 市 8 个县，全长 409 千米；汉长城，亦称“河西汉塞”，纵贯整个河西地区，分布在河西 5 市 15 个县，总长 1507 千米，以玉门关遗址和敦煌汉长城为突出代表；明长城分属明代“九边重镇”之固原镇和甘肃镇，分布在甘肃省 9 个市（州）24 个县（市、区），总长 1738 千米。

战国秦长城东起华池县，经环县、镇原县、静宁县、通渭县、陇西县、渭源县，西迄临洮县。

汉长城东起永登县，经天祝藏族自治县、古浪县、武威市凉州区、民勤县、金昌市金川区、永昌县、山丹县、张掖市甘州区、临泽县、高台县、金塔县、玉门市、瓜州县，西迄敦煌市。

明长城东起环县，经白银市平川区、靖远县、白银市白银区、景泰县、榆中县、皋兰县、兰州市城关区、七里河区、安宁区、西固区，永靖县、永登县、天祝藏族自治县、古浪县、武威市凉州区、民勤县、永昌县、金昌市金川区、山丹县、民乐县、张掖市甘州区、临泽县、肃南裕固族自治县、高台县、金塔县、酒泉市肃州区，西迄嘉峪关市。

第十三节
青海省长城

青海省只有明长城，位于青海省东部青藏高原向黄土高原过渡的地带，分布于青海省东部的西宁市、海东市、海南州、海北州 4 个市（州）。

国家文物局 2012 年 6 月 18 日《关于青海省长城认定的批复》（文物保函〔2012〕1000 号）认定青海省明长城分布于 12 个县，其中明长城主线东起乐都县（乐都区），西经互助土族自治县、大通回族土族自治县，向南经湟中县、西宁市城中区、湟源县，向东经平安县（平安区），止于民和回族土族自治县。还有数条各自独立的长城墙体或壕堑，分布在西宁市城北区、民和回族土族自治县、化隆回族自治县、乐都县（乐都区）、互助土族自治县、贵德县、门源回族自治县、湟中县、大通回族土族自治县。

青海省明长城全长 323066.1 米，由 1 条主线和 8 条支线组成，共计 382 个点段。主线长 294161 米，从东端起点乐都县（乐都区）芦花乡转花湾进入青海省，由西北转向东南延伸至拉脊山，整体走向呈拱形，途经乐都、互助、大通、湟中和湟源县。支线总长度 28905 米，

分布于乐都、互助、大通、湟中、民和、化隆、贵德和门源县，彼此不衔接，相互独立。有的与主线并列而行，有的则位于交通要冲处。

主线和支线有墙体（夯土墙、石墙和山险墙）、壕堑、山险、河险、敌台、烽火台、关和堡等遗址类型。主线和支线共由土墙 52.645 千米、石墙 1.26 千米、山险 132.81 千米、山险墙 2.69 千米、河险 2.16 千米、壕堑 131.50 千米、4 处关、46 座堡、10 座敌台以及 115 座烽火台组成，各单体保存形态虽已不完整、缺失较多，但整体规模尚在，能够较全面地体现遗址的价值。

根据统计，青海省明长城墙体完整性好的共计 171429 米，占总长度的 87.27%；壕堑完整性好的共计 110489 米，占总长度的 84.02%；敌台 10 座，经评估全部完整性好，占总个数的 100%；烽火台 115 座，经评估全部完整性好，占总个数的 100%；关堡完整性好的有 49 座，占总个数的 98%。综上所述，青海省明长城总体保存完整，全部完整性好。

青海省境内的明长城作为“万里长城”的重要组成部分，长期以来被社会忽视。它是研究明朝边塞军事防御工事的建造工艺、技术和军事防御体系的实物资料，也是研究明代政治、经济、军事、民族、工程技术、文化艺术和中西交通的珍贵实物资料。

青海省明长城分布在青海省东部地区，青海省东部又是青海省的政治、经济、科教、文化、交通、通信中心，也是青藏高原的东方门户，还是古“丝绸之路”南路和“唐蕃古道”的必经之地，自古就是西北交通要道和军事重地。

第十四节
宁夏回族自治区长城

宁夏回族自治区东邻陕西省，西部、北部接内蒙古自治区，南部与甘肃省相连，地处中国西部的黄河上游地区，为黄土高原与沙漠的过渡地带，历史上一直是农牧文化的交融区域，拥有丰富的长城文化遗产。自战国开始，经秦、汉、宋、明等数朝的不断修筑，长城被用来巩固黄河河套地区的边防。宁夏长城具有时间跨度长、空间分布广的特征。

宁夏回族自治区长城有长城墙体 / 壕堑，长度为 1077.1 千米，包括土墙、石墙、山险墙、山险、壕堑等。其中夯土墙所占比例最高。单体建筑包括敌台 675 座、铺舍 15 座、烽火台 433 座，总计 1123 处。关堡 102 处，其城墙主要为夯土结构。相关遗存，即品字形绊马坑 1 个。

宁夏长城涉及 5 个市的 19 个县（市、区）。境内由北向南分布有东西走向三道长城。北部长城呈“几”字形，主要为明代修筑，其西沿贺兰山南北走向；北部为连贺兰山与黄河东岸陶乐长堤，有旧北长城和北长城两段；黄河以东分为两段，一段沿黄河东岸南北走向陶乐长堤，另一段以黄河为起点向东，经过宁东、灵武，到盐池后，与陕西定边长城相连。中部长城呈“Y”字形，为明代陆续修筑，穿越中卫、吴忠两市。南部长城“一”字形，主要为战国秦长城，东西走向，贯穿固原市。

国家文物局 2012 年 6 月 5 日《关于宁夏回族自治区长城认定的批复》（文物保函〔2012〕942 号）认定宁夏回族自治区长城分布于 19 个县（市、区），包括战国、秦汉、宋、明等历史时期修筑或使用的长城墙体及附属设施。

战国秦长城东起彭阳县，经固原市原州区，西迄西吉县。

秦汉长城分布于固原市原州区和彭阳县。

宋长城东起固原市原州区，西迄西吉县。

明长城东起盐池县，经吴忠市利通区、红寺堡区、青铜峡市、同心县、石嘴山市惠农区、平罗县、石嘴山市大武口区、贺兰县、灵武市、银川市兴庆区、永宁县、银川市西夏区、固原市原州区、西吉县、中宁县、海原县，西迄中卫市沙坡头区。

宁夏长城的主要建造材料为土、石，其中以土为主要用材。但也因地理位置不同，土质差异较大，河东墙临毛乌素沙漠，土质含沙量较高。石墙则主要分布在贺兰山段。

宁夏长城构筑方式主要包括黄土夯筑及堆筑、土石混筑、石块垒砌、劈山就险，运用深沟高垒、山险、河险等。其中战国秦长城主要建在缓和平坦的台原地段，以黄土夯筑为主。宋长城位于战国秦长城南侧，主要为堑险，是利用战国秦长城在其墙体外侧疏浚、挖设壕堑而成。明长城则因分布范围较大，构筑方式包括夯筑、山险、山险墙、垒筑。

第十五节
新疆维吾尔自治区长城

新疆位于亚欧大陆中部，地处中国西北边陲，总面积 166 万平方公里，占全国陆地总面积的六分之一，国内与西藏、青海、甘肃等省区相邻，周边依次与蒙古、俄罗斯、哈萨克斯坦、吉尔吉斯斯坦、塔吉克斯坦、阿富汗、巴基斯坦、印度等 8 个国家接壤。

新疆境内的长城是我国长城体系的重要组成部分，主要沿我国古代中央政权设置的军政管理机构分布，是我国古代中央政权对西域地区实行有效管辖的重要见证，是历代中央政府维持西域各地军政管理的重要见证。新疆是古代中西文化交流的重要地区，其长城蕴含了从政治变迁、民族交往、屯垦戍边、商贸往来、社会生活等各方面的历史信息。

新疆维吾尔自治区长城是中国最西部的长城，以烽燧和障城的形式为主。国家文物局 2012 年 6 月 18 日《关于新疆维吾尔自治区长城资源认定的批复》(文物保函〔2012〕999 号）认定的新疆长城文化遗产共计 212 处。以下分别按时代、类型、保护级别进行分类统计：按时代分为汉代和唐代两个时期，其中汉代长城资源 23 处，唐代长城资源 187 处，汉、唐时期沿用的长城资源 2 处。按构成类型分为单体建筑 186 座，关堡 26 座。按保护级别分为 5 级，其中世界文化遗产 1 处、全国重点文物保护单位 40 处、自治区级文物保护单位 136 处、县（市）级文物保护单位 24 处及未定级 11 处。

新疆境内的长城资源按行政区划分布于 10 个地州（市）、40 个县（市、区），涉及新疆生产建设兵团 5 个师（市）、9 个团场，东西绵延 2000 余公里。新疆境内的长城资源分为 5 条路线，其中汉代长城资源主要由南、北两条线路组成，包括长城资源 25 处（含汉、唐沿用的长城资源）；唐代长城资源主要由南、北、中 3 条线路组成，包括长城资源 187 处。

新疆境内的长城资源按行政区划分布如下：

（1）乌鲁木齐市共有 6 处：达坂城区 4 处、乌鲁木齐县 2 处。

（2）吐鲁番市共有 43 处：高昌区 19 处、鄯善县 14 处、托克逊县 10 处。

（3）昌吉回族自治州共有 12 处：阜康市 4 处、呼图壁县 1 处、玛纳斯县 3 处、奇台县 1 处、吉木萨尔县 3 处。

（4）哈密市共有17处：伊州区6处、巴里坤县10处、伊吾县1处。

（5）巴音郭楞蒙古自治州共有35处：和静县2处、和硕县2处、轮台县4处、且末县4处、若羌县6处、尉犁县11处、焉耆县6处。

（6）阿克苏地区共有56处：阿瓦提县3处、拜城县4处、柯坪县5处、库车县22处、沙雅县4处、温宿县1处、乌什县3处、新和县14处。

（7）喀什地区共有16处：巴楚县8处、伽师县2处、莎车县1处、疏附县1处、塔什库尔干塔吉克自治县2处、叶城县1处、英吉沙县1处。

（8）克孜勒苏柯尔克孜自治州共有10处：阿图什市10处。

（9）和田地区共有10处：和田县2处、墨玉县3处、皮山县5处。

（10）图木舒克市共有7处：图木舒克市3处、巴楚县4处。

第五章

长城文化遗产保护实现路径

长城国家文化公园建设的一项重要任务是保护长城文化遗产。保护长城遗址及对可以发展旅游的地方进行有序开发是长城国家文化公园建设的任务和使命。从 1961 年国务院公布第一批全国文物保护单位开始，基本上每一批都有长城重要点段被公布为全国重点文物保护单位。1984 年邓小平、习仲勋题词支持“爱我中华，修我长城”活动，推动了全国长城保护工作全面开展。1987 年长城被联合国教科文组织列入《世界遗产名录》。2006 年国务院颁布《长城保护条例》，进一步明确了各级政府和有关部门的法定职责。2019 年国家发布了《长城保护总体规划》，针对长城保护的难点、痛点制定出了解决方案。

中国各时期的长城资源，分布于 15 个省的 404 个县。各类长城遗址遗存的总量超过了 43000 多处。这些长城历经了长则 2000 多年，短则 400 多年的历史。长期以来，长城的保护面临各种问题。关于长城的保护和修缮，一直以来深受社会各界的广泛关注。

第一节
长城保护原则

保护长城的一个核心问题是对长城历史文化价值的保护，对这一点在以往的工作中并不够重视，2016 年发布的《中国长城保护报告》第一次对长城文化精神和价值做了阐述。

2002 年通过的《文物保护法》第四条确定了我国文物保护工作的

总方针："文物工作贯彻保护为主、抢救第一、合理利用、加强管理的方针。"2022 年 7 月 22 日，全国文物工作会议强调新时代的文物工作方针是"保护第一、加强管理、挖掘价值、有效利用、让文物活起来"。国务院文物主管部门是国家文物局，主要负责长城的保护工作，协调、解决长城保护中的重大问题，检查、指导、督促长城所在的地方人民政府及其文物主管部门严格遵守《文物保护法》《长城保护条例》等法律法规。

国家文物局会同国务院有关部门制定长城保护重大政策，开展长城认定，制定长城保护管理相关标准规范，进一步加强长城保护宏观管理，建立国家级长城档案和长城资源信息平台，组织长城重大保护展示项目方案的技术审核、工地检查、竣工验收等工作，指导长城所在地各省（区、市）开展长城保护、管理、展示、利用、开放等工作。

一、属地管理的原则

长城保护坚持"属地管理"的原则，落实长城所在地县级以上地方人民政府的主体责任、文物主管部门的监管责任和管理使用单位的直接责任，注重加强跨行业、跨部门、跨地区协调。

属地管理主要指的是长城所在地的县级以上地方人民政府。省级人民政府对本行政区域内的长城保护工作承担主体责任，负责起草或制定本地区长城保护相关的地方性法规、规章或规范性文件，建立本行政区域内跨部门协调工作机制，视实际情况确定或设立专门机构负责长城具体保护工作，组织编制并实施长城保护规划。长城所在省（区、市）人民政府文物主管部门，对本行政区域内的长城保护工作承担监管责任，监督相关法律、法规、规划的实施，加强与相关部门的沟通、协商，受国务院文物主管部门委托负责技术审核、工地检查、竣工验收等工作，指导长城所在地县级人民政府开展长城保护、管理、展示、利用、开放等工作。

长城所在地县级人民政府对本行政区域内的长城保护工作承担管理的主体责任，长城管理使用者承担直接责任。县级政府负责依据长城保护相关法律、法规、规划具体落实长城保护措施，负责日常巡查、预防性保护和保护维修项目的经费和实施。长城沿线县级政府财政都很困难，长城日常保护维修项目的经费基本没有能力支付。

二、保护为主原则

落实长城保护为主原则，是针对利用而言的。任何与长城有关的事宜，都要在保护为主的原则下进行。要充分认识任何文物都是不可再生的文化资源，是历史留给后世的巨大财富。

20 世纪的前半个世纪，中国基本上处于战争状态。后半个世纪基本属于解决基本生存和发展经济的时期。在这两个阶段长城及其他文物的保护工作，虽然也做了，但基本滞后。今天人们已经意识到长城保护工作的紧迫性，但长城保护的形势依然很严峻。长城的体量太大，保护的难度也就很大。所以，保护为主的原则需要反复强调，这是我们这一代人的使命和责任。

三、抢救第一原则

抢救第一原则强调的是，长城保护修缮要坚持预防为主、原状保护原则。各时代的长城遗迹保存状况不一样，对长城进行修缮既要抢险又要避免不当干预。特别是不要借保护长城的名义建设新的长城。真实、完整地保存长城，就应该包括保护长城沧桑的历史风貌。

长城国家文化公园建设一定要杜绝开发性破坏事件的发生，这是长城保护的重大问题，绝不能含糊。不允许为了追求经济发展目标，忽视对文物的长城的保护。

长城修缮一定要把抢救放在首位，采取措施妥善解决长城本体病害的问题。长城修缮工作不仅要把抢救放在首位，还要发动社会力量参与长城修缮工作。

四、合理利用与监督原则

长城保护从来都不反对合理的利用，反对的是破坏性的利用。为什么要强调长城的合理利用？因为我们要把长城给子孙后代传下去。这种利用不仅是旅游参观，也包括在文化、历史、考古、艺术等领域的科研。长城在精神领域的作用也很大，“把我们的血肉筑成我们新的长城”就是在精神方面的利用。

强调合理利用要加强监督管理。在长城利用的过程中如果没有有效的管理就可能发生破坏长城的事情。管理需要制度和法规的保障。新的文物工作方针强调了利用的有效性，这条原则指的是通过科学规范的管理，合理组织人力、物力、财力等资源，实现在保护的前提下制造新的利用目标。

五、整体保护原则

保护长城到底要保护什么？首先是保护长城建筑遗产。长城保护的总目标是对长城遗址遗存实施“整体保护”，整体保护就是要对长城文化遗产的真实性、完整性进行全面保护。整体保护还应该合理控制长城周边的开发建设活动，协调长城保护与生态保护、基本农田保护、地方经济社会发展的关系。

第二节 长城保护的主要问题

从目前的保护现状可以看出，长城的保存现状令人担忧。长城保护工作为什么这么难？一个很重要的原因是长城的体量太大。长城保护虽然实行整体保护的原则，但是还需要分别对待。2019 年 1 月经国务院批准，文化和旅游部、国家文物局联合颁发的《长城保护总体规划》，要求国家文物局在充分听取长城沿线 15 个省（自治区、直辖市）以及中央、国务院相关部门意见和建议的基础上，研究确定第一批国家级长城重要点段名单。2020 年 11 月 24 日国家文物局发布了《关于印发第一批国家级长城重要点段名单的通知》（文物保发〔2020〕36 号）就是试图解决这个问题。

国家文物局《关于印发第一批国家级长城重要点段名单的通知》明确规定，第一批国家级长城重要点段构成以秦汉长城、明长城为主线，与抗日战争、长征等重大历史事件存在直接关联，以及具有文化景观典型特征的代表性段落、重要关堡、重要烽燧为主，共计 83 段（处），其中秦汉长城重要点段 12 段（处），明长城重要点段 54 段（处），其他时代长城重要点段 17 段（处），包括战国秦长城 5 段，唐代戍堡及烽燧 4 处，战国燕长城 2 段，战国齐长城、楚长城、赵长城、魏长城各 1 段，以及金界壕遗址等具备长城特征的边墙、边壕、界壕重要点段 2 段。

国家级长城重要点段的保护管理，总的来说还是做得比较好的。国家文物局也从全面落实保护责任、重点强化空间管控、加强日常监管与监测、着力缓解消除险情、提升展示阐释水平、加大指导督促力度等六个方面提出了具体的要求。国家文物局还提出，国家级长城重要点段的沿线各省（自治区、直辖市）人民政府应定期评估《长城保

护条例》、《长城保护总体规划》、省级长城保护规划实施情况，指导、督促相关地方人民政府和有关部门贯彻落实长城保护责任。要求每年11月1日前，各省（自治区、直辖市）人民政府文物行政部门应将本行政区划内的长城保护管理工作进展，特别是国家级长城重要点段情况以书面材料形式报国家文物局。2025年底前，各省（自治区、直辖市）应全面完成国家级长城重要点段机构建设、空间管控、监测管理、保护修缮、展示阐释等各项工作，全力推进长城国家文化公园建设。

一、保存现状堪忧的问题

长城保护的困难，除了长城的“长”之外，还有就是长城的体量“大”。大体量的长城遗址遗存，分散在15个省的404个县。不同地区的长城段落又存在着很大的差异性和不平衡性，我们需要对不同地段长城的修建分期、形制、工艺等加强研究。《长城保护总体规划》将长城墙体遗存保存现状分为五个等级：较好、一般、较差、差、消失。其中，濒临消失的和已经消失的，约占总数的51.2%。

长城遭到破坏的第一个因素是自然因素。东部和中部地区的长城点段多受到水土流失、雨水冲刷、沙漠化、动物活动和植物生长等自然因素影响。西部地区的长城点段多受到沙漠化、风蚀、盐碱、冻融、动物活动和植物生长等自然因素影响。特别是长在城墙缝里的树成为危害长城的重要因素。很多空心敌楼顶部的坍塌，都与顶部的积土和生长在积土上的树有关。

地震对长城的破坏作用也很大，北京市、天津市、河北省、山西省、辽宁省、吉林省、陕西省、甘肃省、宁夏回族自治区、新疆维吾尔自治区等11个省（区、市）均有部分长城点段分布于地震带。另外，除新疆维吾尔自治区外的14个省（区、市）均有部分长城点段分布于泥石流灾害区，也是威胁长城的重要因素。

第二个破坏因素是人为因素，这方面目前已经好多了。但是，现在仍时有长城砖被盗、贩卖等现象。旅游开发、城镇建设、大型基础设施建设、居民生产生活和不当干预等人为因素，都对长城保护形成了威胁。

二、法律法规落实的问题

我国自 1961 年就颁布了一系列的法律法规对文物进行保护，2006 年专门制定了《长城保护条例》。尽管目前有很多地方政府已经意识到对长城实施保护的重要性，但没有制订保护长城计划和方案。地方政府要积极进行法制宣传，要积极采取有效的措施，避免长城遗址遗存坍塌损毁，更要避免长城砖被盗等现象。

各地每年都会向国家文物局申报一批长城重点段落的抢救性保护维修工程。为了做好长城修缮工作，国家文物局还编制了《长城保护维修工作指导意见》。这项针对性和可操作性都较强的文件，规范了长城保护维修的程序和要求。从目前实施的情况来看，在执行的过程中还是存在一些问题。

有的地方政府的法律意识不强，对破坏长城行为行政处罚力度很小。几年前曾经有过一次严重破坏长城的事件，当时的领导只是受到诫勉谈话的处分。仅仅是口头批评一次，这违法的成本也太低了，这是造成违法破坏行为屡禁不止的一个重要原因。《长城保护条例》中明确指出："长城所在地县级以上地方人民政府及其文物主管部门依照文物保护法、本条例和其他有关行政法规的规定，负责本行政区域内的长城保护工作。"国家文物局主要领导在《长城保护条例》实施十周年，谈到长城保护的重点与难点时也说，在长城保护工作过程中有些长城管理单位未能按期完成《长城保护条例》所规定的一些约束性任务。这是《长城保护条例》落实不到位的一个重要原因。

三、保护工作到位的问题

长城保护工作从管理上来说，管理部门职能是清晰的。各级政府文物主管部门是负责的主体，政府的其他相关部门也都负有相关责任。但是在处理长城保护和利用的关系方面，一些部门却认识不高。包括一些文物主管部门也存在盲目性、被动的问题。

《长城保护条例》要求各级政府将长城保护经费纳入本级财政，一些地方政府并没有落实这项要求。各地在制定长城保护规划方面也有好有坏，有的地方已经制定了本地长城保护规划，很多的地方还没有制定规划。即便制定了长城保护规划的地方，有些也很难得到具体的执行。

长城保护队伍建设方面也存在问题。长期以来，长城保护机构专业人员缺乏，基层管理人员无法满足保护管理需求，保护理念、法律知识、执法能力、保护技术、研究能力等亟待提升，系统化的培训亟待加强。加上长城沿线涉及交叉地带，跨区域较多，协调难度大。

长城保护的技术方法方面也亟待提高。不论是有两千多年历史的早期长城，还是有数百年历史的明长城，城墙都已经很残破了。避免长城遭受风雨的侵蚀是一个技术难题。

长城保护监测体系建设尚未进入实施阶段，亟须开展系统研发工作。缺少自然破坏、自然灾害、环境变化及城镇建设等因素对长城本体影响的监测数据，难以为制定长城保护措施提供依据。

四、社会公众参与机制问题

国家文物局领导曾说："单靠文物部门一家的力量是无法有效解决长城保护和管理方面诸多问题的，势必要引进更多的社会力量参与。"这个意见非常中肯，长城体量太大，其保护工作确实不能仅靠文物部门。但是我国还没有形成“众志成城”的社会氛围，长城保护的管理者还没有与社会力量形成合力，这与普通民众尤其是长城周边居民对长城保护的认知度不足有关。

长城沿线地区居民的受教育程度较低，有的居民知道那些建筑是长城，但是不知道长城的真正价值，甚至有小部分居民不知道家乡拥有长城，所以没有形成对野长城进行保护的意识。

五、资金保障问题

《长城保护条例》明确规定长城保护实行“整体保护、分段管理”的总原则，也明确了将长城保护经费纳入地方本级财政预算，成立长城保护基金等措施。从近十年的运行情况来看，这一制度尚未发挥其应有的作用。

长城保护实行“分段管理”，地方政府负责日常监管和日常维护。但长城所在的地方大多是贫困地区，财政本来就困难，即便有意保护长城也往往有心无力。这导致用于保护长城的人力、物力严重缺乏，从而出现监管不力或不及时的情况。面对地方财政困难，无力有效保护长城的尴尬局面，《长城保护条例》明确了建立长城保护基金的筹资设想，这项工作做好了，可以部分地解决长城保护资金不足的问题。只是，目前这样的机制尚未建立起来。

第三节
保护思路与保护体系

目前，国家层面的长城保护思路与保护体系已经初步建立起来了。但是健全长城保护规划体系，全面提高长城保护管理水平，促进长城所在地经济社会平稳健康可持续发展，实现长城永续保护和长城精神的传承弘扬，还是一项刚刚开始的工作。这也是长城国家文化公园建设，把长城保护放在第一位的原因。

一、完成长城保护规划体系

长城国家文化公园建设，计划到2023年底基本完成。长城沿线文物和文化资源保护传承利用、协调推进局面要初步形成，建立一个权责明确、运营高效、监督规范的管理模式，并形成一批可复制推广的经验，为到2035年全面推进国家公园文化建设创造良好条件。到2035年，计划建成一批长城国家遗产路线，使长城成为我国北部地区文化长廊、生态长廊、景观长廊和健康长廊。完善社会参与长城保护管理政策与措施，提升全社会的长城保护意识和保护理念，形成全社会自觉保护长城的氛围。

规划是顶层设计，长城保护需要规划先行。依据《长城保护条例》第十条“国家实行长城保护总体规划制度”的要求，设立三级长城保护规划体系：长城保护总体规划、省级长城保护规划和重要点段长城保护规划。这方面的工作，国家和省级层面基本上已经做了，重要点段的长城保护规划有的地方做了，有的地方还没有做。

长城保护总体规划重点贯彻国家对长城“整体保护”的宏观要求。规划内容包括研究长城整体价值、评估保护管理现状，明确长城保护的总目标、总原则和主要任务，提出保护范围、建设控制地带划定原则和管理规定制定原则，明确长城管理、保护、展示开放、研究等总体要求，确定国家级长城重要点段遴选要求及管理原则，明确规划实施保障措施等。

省级长城保护规划是长城所在地省（区、市）的专项规划，重点贯彻国家对长城保护的“分段管理”要求，编制深度应按照《全国重点文物保护单位保护规划编制要求》执行。规划主要内容包括各省（区、市）长城自身特点及其对长城整体价值的支撑作用，评估保存现状，划定保护范围、建设控制地带，制定管理规定，提出管理、保护、展示开放、研究措施和任务目标，明确国家级长城重要点段组成，提出省级长城重要点段名单和拟辟为参观游览区的长城点段清单，提出与相关规划衔接措施，并结合本地实际情况制定分期实施计划和保障措施。

长城重要点段保护规划仅针对国家级长城重要点段编制，编制深度应按照《全国重点文物保护单位保护规划编制要求》执行。规划主要内容包括在省级长城保护规划基础上，针对国家级长城重要点段的实际情况，进一步细化管理、保护、展示、开放、研究具体措施和相关考核指标。在这方面长城沿线各县都做了大量的工作，2021 年 5 月我曾经赴陕西神木考察长城保护和长城国家文化公园情况。

神木市长城国家文化公园高家堡核心展示区项目，已被列为陕西省长城文化公园建设重点项目。陕西省文化遗产研究院已经完成了神木长城保护规划编制，也完成了长城资源数据库建设。关地梁段长城、滴水崖二号敌台、铧山敌台、大柏油堡、大柏油堡烽火台、大柏油堡二号敌台、康家坬一号敌台、卧虎寨及山峰则、红井畔烽火台、老虎沟畔秦长城遗址、石则塄一号敌台、磨连石敌台、墩梁峁敌台、明长城遗址神木段（榆神高速出口处）等 14 处点段保护围网已实施完毕。高家堡古城西门及瓮城保护维修方案、二郎山庙照壁保护维修工程方案、二郎山五处古建保护修缮工程设计方案已上报省局，正在审核。省保单位神木李氏四合院保护维修工程已获省局核准，完成招投标程序，已经于 2022 年 4 月开工。

二、健全政府长城保护体系

各级政府的文物管理部门基本是健全的，只是有的地方力量强一些，有的地方弱一些。建立长城基础数据资源平台，结合长城国家文化公园建设相关的资源，分类建设长城保护、长城历史、长城文化、长城旅游等方面的资源库，通过整理口述史，深入挖掘长城文化内涵都是长城保护工作的重要内容。长城保护不仅是保护遗址遗存，还要强调保护好长城文化。各地都要选择具有突出意义、重要影响、重大主题的长城历史文化题材，服务于长城国家文化公园建设。

建立统筹管理和监测机制的工作也是处于刚刚起步的阶段。长城国家文化公园的管理平台还没有建立起来，各级政府文物部门保护长城的职责还要进一步明确。长城沿线的区、县人民政府、乡镇政府都是长城保护的责任单位，建立有效的长城保护责任制，制定相应的奖惩制度的工作还需要进一步深化。长城保护工作文物部门负有首要责任，保护长城却不能单纯依靠文物部门。对破坏长城问题的处理，要设置专门投诉处理、预警监测制度。近两年检察院的长城保护公益诉讼，为长城保护工作起到了极大的推动作用。

加强长城本体保护工程管控。现在的长城抢险修缮，跟以往的修缮不一样的地方，在于强调最小干预的原则和修缮措施可逆的原则，这是理念的提升也是社会的进步。长城本体保护工程实施重点，是为濒临坍塌危险的长城点段排除险情。长城本体保护工程，管控要求其性质主要分为五类，包括保养维护工程、修缮工程、安防工程、载体加固工程。长城现状主要为遗址形态，应实行分类保护，针对不同材料、不同状态，在进行精准分析基础上，采取适当保护工程措施。

完善长城保护法律机制工作也需要加强。2006 年国务院公布施行《长城保护条例》，明确了各级政府和相关部门长城保护的法定职责，确定了长城认定、保护、管理、利用等基本制度，这是国务院首次就单项文化遗产保护制定专门性法规。这项法规的颁布已经过去了16年，有一些条款已经不适用亟须修订。制定了长城保护法规，还需要通过强化长城保护执法督察。这方面的工作还是较为薄弱，执法方面还不能满足长城保护的实际需要。

三、制定社会公众参与的保护机制

支持社会力量参与长城保护，目前更多的还是停留在文件上，还没有形成成熟的制度模式。长城保护需要吸引广泛的社会力量参与，需要吸引不同年龄段的人关注。政府有关部门放开手脚，鼓励社会力量依法、有序、科学地参与长城保护工作，这是长城保护的必经之路。要鼓励社会公益组织参与长城保护工作，要开展长城保护志愿服务工作，要发挥高校和科研院所等专业机构力量，参与长城保护研究以提高长城保护工作的研究水平。

长城研究也是长城保护工作的一个重要方面。利用高等院校打造中国长城研究与交流的基地，进行跨地域、跨学科的长城研究工作，推动世界范围内的长城学科建设。搭建更多的学术研究活动平台，有了这样的平台，参与进来的专家学者就会越来越多，学术成果才会越来越丰富。

四、长城保护检察院公益诉讼

长城保护检察院公益诉讼开始于河北省。2019年6月5日，河北省检察院联合河北地质大学共同举办了长城保护检察公益诉讼研讨会。这是河北地质大学长城研究院成立之后，参与主办的第一项全国论坛，大家从立法司法、文物保护、旅游开发等角度，就长城保护检察公益诉讼进行了研讨，对加强诉前程序的作用、推动落实行政监管职责、优化公益诉讼提起方式等方面提出了意见和建议。随后这项工作逐渐在全国长城沿线各省铺开，检察院开展长城保护检察公益诉讼专项活动。

2022年3月22日，河北省人民政府新闻办公室，举行“河北省长城保护检察公益诉讼专项监督活动”新闻发布会。自2020年6月，河北省人民检察院部署开展长城保护检察公益诉讼专项监督活动以来，共立案办理长城保护公益诉讼案件174件，发出检察建议103件，磋商办理76件，提起民事公益诉讼1件，提起行政公益诉讼2件。通过办案，督促修复受损长城87处，划定保护范围60处，规划修缮方案34个，完善警示标识牌933处，拆除违章建筑43983平方米，推动争取文保资金857万余元，追偿生态修复费用、惩罚性赔偿金等近181万元，修复长城保护范围内生态环境面积103800平方米。

最高检也开始进一步深化与文化和旅游部、国家文物局的沟通协作，着手联合发布长城保护专题公益诉讼典型案例，举办长城保护检察论坛，总结推广甘肃、河北、陕西、内蒙古等地典型经验，邀请长城保护专家授课加强专题业务培训等，指导地方检察机关找准长城保护公益诉讼的切入点和着力点，充分发挥检察一体化办案优势，结合服务保障长城文化公园建设，促进跨区划执法标准统一规范。最高检在2020年底发布文物和文化遗产保护公益诉讼典型案例时，将陕西省府谷县检察院督促保护明长城镇羌堡行政公益诉讼案纳入，以引导长城沿线省份注重有关长城保护公益诉讼案件的监督办理。

五、长城保护专题法庭

2022年6月30日，全国首家长城文化保护法庭在秦皇岛市成立。山海关长城文化保护法庭的设立，是秦皇岛法院系统保护长城的重要司法举措，在全国带了一个很好的头。自2020年6月以来，秦皇岛全市办理涉长城行政公益诉讼案件33件。长城文化保护法庭的设立也是应社会需要，实现对秦皇岛境内长城文化资源的集中司法保护。这个法庭将集中管理秦皇岛全市涉长城文化资源保护的所有民事、行政一审案件并实行立案、审判、执行一体化工作制。法庭还将通过典型案例公开审理等多种形式，宣传长城保护相关法律、法规，加强长城保护教育。

第四节 长城保护数字化

探讨数字技术运用，对于长城文化遗产保护而言是重要的。长城保护数字化工作内容有三项。第一是有关信息的采集获取，第二是信息或者数据的处理，第三是数字化监测。采集信息很重要，有了这些信息或数据之后处理信息，使其结果能够更好地应用于文化遗产保护。对长城遗址实施定量的监测，是实施长城保护管理的基础。

长城作为特殊的文化遗产，对其进行保护有很强的复杂性。长城遗址的体量之大，长城保护涉及的面积之广，长城遗存类型之丰富都是其他文化遗产不可比的。借助多种多样的数字化信息技术，可以达到全要素的信息获取。这些信息既可以涉及空间的维度，也可以涉及时间的维度。

数字化参与长城的保护和利用，需要将分布在15个省、自治区和市的长城做资源整合。长城多处于野外，给实际的调研工作造成了一定的难度。长城的数据采集量和处理量巨大，时间和空间两个维度都有难度。

中国历朝历代的长城修建工程跨越两千多年，长城保护和利用呼

唤新的技术方法。信息技术如何引入长城文化遗产的保护和利用中来，这是一个对长城本体保护和文化阐释跨学科的开拓。通过数字技术的应用促进长城文化遗产保护与利用，需要构建一套技术方法体系。

一、数字化信息的采集

通过数字化可以获取多层次信息，比如长城沿线的一段墙体，通过数字扫描之后可以细致地掌握遗址的真实状况。只有获取了足够丰富的信息，精细化研究才能更上一个层次。多层次信息的获取，为研究和保护提供了丰富的信息支撑。

更加全面的数字获取，对长城本体以及环境都可以采集。自然与人文景观的呈现，展开有关场景化的应用。这就是虚拟化的场景应用，通过数字空间在物质空间之外，构建起来物质空间和数字信息空间的相互关联。

通过精细化的信息的采集，再做好精细化的信息的处理，便可以认识每一处长城的基本的特性和历史价值。

尽量多采集信息，提高信息采集的目标性，就可以大幅度地提高效率。用无人机测绘长城，对于飞行的距离和飞行的时间也都提出了更高的要求。对这种数据采集工作造成了一定困难。

对长城进行无人机飞行测绘有时候会很困难，有时候测一个地方要反复去很多次。河北、北京一带的长城都在山上，而山上的风比较大，无人机甚至都飞不起来。有的地势稍微低一点的地方，信号也许特别差。长城遗址两侧树木十分密集，也很难拍到想拍的内容。特殊的环境，使用无人机飞行作业特别不方便。

二、数字化信息的处理

智能化设备能够高效地处理信息数据，处理结果更快更精准，更清楚地了解长城病害，采取的长城保护措施也可以更到位。信息处理的云端化技术，借助于云服务以及云计算等技术手段，构建专业化的服务信息平台。

长城信息数字化，能够精准刻画长城每一种类型和每一处的状态，帮助人们研究长城毁坏演进的过程，采取更加精准的保护措施。高分辨率的遥感图像放在云端的服务器上可以帮助信息处理。

长城信息的获取和处理，要讲究高速度，要有高质量，还有应用各种高新技术。长城国家文化公园建设，要对这些技术发展的进展和方向有所了解。

长城信息的数字化处理可以从两个方面开展工作，第一是对长城典型的传承段落进行样本信息采集，技术方法包括多源的遥感互联网地理信息系统的信息模型的构建。第二是在虚拟空间中对实体空间做三维仿真，这与传统的技术相比是很大的一个进步，从被动地记录到主动地模拟，这就是数字孪生技术的应用。

三、数字化长城保护监测

如何在长城保护和文化传承发面开展数字化信息技术应用是一个新课题。传承文化遗产领域最早的高科技运用是从一体化的遥感技术开始，接下来是地理信息应用系统。目前可以通过卫星导航系统，随时获取长城遗址的现场信息。通过全过程的信息获取，可以动态地监测每一个段落长城的变化。信息获取的动态性和实时性，能够满足长城保护的全要素要求。

在这里我想介绍一下北京威特空间科技有限公司的文化遗产地数字再现及监测整体解决方案。他们做了宁夏和甘肃的部分地段的长城数字化监测工作，主要任务包含文化遗产地数字再现、监测预警体系建立和信息资源服务平台。以“问题导向”和“内容大于形式”为指

导原则，为文化遗产地保护和预防潜在风险，建立三维可视化信息资源管理平台。

文化遗产数字再现，首先是利用无人机高分辨率倾斜摄影测量与遥感技术，采集遗产区和缓冲区的基础信息和地理数据，建立遗产要素名称、地理信息、分布范围、类型、规模及保存状况等遗产空间信息数据，作为世界文化遗产监测和保护利用的基准数据。通过建立高精度实景三维模型，创建空间型三维档案，最大化地利用科学技术手段对历史建筑及遗址进行数字化留存。

建立文化遗产监测预警体系，基于“3S”空间信息技术，按照《世界文化遗产监测指南》的原则和要求，建立文化遗产动态监测运行体系。针对文化遗产本体监测、总体布局、环境监测、人类生产活动、气象监测、病害及微环境监测、游客承载量等监测指标，进行有效的数据收集、整合与技术分析，为文化遗产的保护管理和申遗工作提供有效的工作平台。加强不可移动文物保护规划实施状况的动态监管，有效提高文物行政监管能力。

通过对文化遗产地现场勘查和需求研究，建立遗产总图和分布图、遗产要素清单。通过日常监测和有针对性的专项监测，搭建基础数据库和监测信息子系统，设置监测阈值，针对遗产地的空间布局、周边环境、遗址病害和保护措施效果四大类监测指标，开展定期、实时或应急性的监测、评估和分析，形成监测报告，为日常维护、保护工程实施决策、突发事件决策提供数据支撑。

四、长城保护修缮虚拟修复

近年来国家文物局对长城文物本体保护修缮提出了文化遗产虚拟修复的新需求。长期以来长城修缮的设计方案，一直是让报纸质的方案。最后长城修出来的结果什么样并看不到。获得这段需要修缮长城的实测数据，通过虚拟技术对这段长城做出虚拟修复，可以直观地看到修缮后的结果。这样一来，长城修缮就有了科学的修缮依据，如何排除病害，如何对缺失部位、缺损部位进行重建都有了可遵循的依据。

虚拟修复长城，最大的好处就是成果直接可见。虚拟修复长城，可以通过长城文化遗产虚拟修复、补足长城建筑缺失的部位。今后长城保护对虚拟修复的期望值会越来越高，这项工作很可能会成为一个特殊的行业。虚拟修复的意义是能够以数字化的形式，为文化本体修复提供科学的指导和有价值的参考。

天津大学的张玉坤教授的团队和李哲教授重点做了明长城的数字信息采集和处理，取得了很好的成果。他们面向长城的重点段落，展开了多维度的数字信息研究，建立了高达毫米级的可视化的三维模型，完成了对不同段落的长城进行虚拟修复的研究。

五、数字化信息应用于文化传播

长城国家文化公园建设起来之后意味着什么，意味着要面向广大公众进行文化的传播。我们传统文化遗产的宣传工作，如办展来做宣传牌等手段需要迭代了。今天的文化传播，不应该再是硬邦邦的，也不能再是冷冰冰的了。今天数字化时代到来了，我们要用采集的数据加上我们的情感，带着我们对文化遗产的理解和认识，给参观者提供全新的参观感受。

长城的展示也可以利用虚拟技术，利用多层级长城数据包括影像点云文档、长城历史模型等，做好长城文化的阐释和展示。博物馆要充分利用图像处理和虚拟信息技术，做好基于高精度的三维模型来实现长城文物几何形态和纹理的呈现工作。在这个过程中，让长城博物馆的文物陈列，真正的火起来、好玩起来。

我相信我们这个二级组织成立起来之后，一定能很好地发挥作用。

开展长城文化遗产保护的信息化工作，需要吸纳更多的研究团队进来。大家一起努力，形成长城文化遗产保护信息化发展的生态圈。学术研究和应用研究也要精诚合作，学术和应用共同推动国家文化遗产保护的数字化发展。

我们各位组成人员都是来自各行各业的专家，学科背景或者学科领域不同可以形成很好的互补。当下以及未来，我们需要携起手来共同开展长城文化遗产信息化的研究。这项工作不是靠某一个领域、某一个方面的专家，更不是靠某一个人或某一个团队就能做好的。长城国家文化公园建设保护规划，从设计、建设、传承、利用等方面都考虑了数字化的问题。我们在这方面，要贡献我们的力量。面向长城沿线基层人员的培训工作，也是开展工作的一个重要方面。结合增强现实技术和虚拟现实技术，在面向大众游览者的维度还没有出成果。开发沉浸式体验的项目和案例还不多，这是当前长城数字化研究存在的不足。

总之，长城数字化研究近几年不断取得新的成果，国家牵头的重点项目研究成果较多，而实际应用的研究成果则较少。长城文化遗产的时空跨度十分大，目前对于明长城的研究相对较多，对其他年代修建长城的研究相对匮乏。数据更新比较慢是一个很大的问题。长城文化遗产的保护是一个动态的过程，因此对长城遗存保存状态的数据进行更新就显得尤为重要。

六、长城动态变化监测与数据库更新

当前，面向国家坚持文化自信与开展遗产保护的重大需求，我们有必要结合长城国家文化公园规划建设的任务，综合运用应用信息技术（集成应用高分航天遥感、无人机摄影测量、北斗导航定位、物联网、云 GIS、智能终端），加之野外实地调查与复核，对陕西、山西、河北、北京、内蒙古等省区市境内的长城文化遗产重要点段进行动态变化监测与分析，逐步建立宏观、中观、微观三级动态变化监测与数据库更新体系，在既有长城文物资源数据库基础上，建立集数据管理、监测分析、可视化展示、预警管理为一体的长城遗产监测系统，从而大幅度提高长城保护预警及政府在相关领域的科学决策能力。

2012年国家文物局发布认定的数据，是基于2006—2010年的长城资源调查工作，距今已过去10余年的时间。这10余年正值国家“十二五”与“十三五”的快速发展阶段，无论是城镇化发展、新农村建设，还是道路交通及输电输气等基础设施建设，都对长城有一定影响，加之风沙雨洪气候因素及地质灾害等自然损毁，尽管长城保护的力度与投入逐年增长，但是长城文化遗产资源的变化有目共睹。

长城国家文化公园建设，必须正视当前长城保护管理工作中面临的以下主要问题：

1. 资源数据需要更新。河北段长城资源调查开始于2006年，结束于2008年，相关数据距今已超过13年，受自然及人为因素等影响，已经开始产生变化，需要及时更新数据。而且受当时技术局限，在长城资源调查过程中，没有高分辨率遥感数据和无人机技术手段，长城保护状态描述不够精准。

2. 保护技术需要更新。既有长城档案有待完备，部分地方保护标志缺失。不少长城段落因勘界问题，相邻行政区域以长城中心线为界，尚未形成联合保护机制，存在长城险情，甚至有脱落、坍塌的风险。而且保护管理技术薄弱，基层文物管理部门普遍存在机构不健全、人员力量不足、经费紧张、执法能力偏弱、技术手段缺乏等困难。

3. 活化利用需要规范。随着民众对原生态旅游诉求的不断提高，前往偏远、未开发的长城段落游览、探险的热潮持续高涨，对长城本体的潜在性威胁增多。甚至一些地区受经济利益驱使，在长城保护范围和建设控制地带存在采矿、进行非法建设问题。长城国家文化公园建设，长城文化资源的活化利用需要有明确的规范及实施的技术保障。

4. 动态变化需要监测。很多长城文化遗产资源分布于偏远、险峻的地域，传统以人力为主的巡视不能满足文物安全监管需要。文物的安全隐患和围绕文物而起的违法问题不能及时发现、及时预警或制止，长城遗产资源可能发生不可修复性破坏。长城文化资源空间信息、规划设计信息等不完备或不健全，需要体系性技术支撑，需要构建基于物联网和空间信息技术的动态监测信息平台。

针对上述问题提出如下对策建议，建议相关部门应充分组织国内顶尖的技术科研队伍，与所涉及省区市的文物部门和基层文物古建保护单位密切配合，在空间信息技术的支撑下开展工作，扎实系统地为长城文化公园规划建设服务。

1. 探索实现长城主体资源数据更新。组织空间信息技术重点科研基地及相关工作站力量，集成应用高分辨率航天遥感、无人机摄影测量、北斗导航定位、物联网、云 GIS、智能终端，加之野外实地调查与复核，对陕西、山西、河北、北京、内蒙古等长城文化遗产重要点段进行动态变化监测与分析，在既有长城文物资源数据库的基础上，形成新的数据库资源。

2. 探索实现长城遗产保护技术更新。在开展上述长城遗产主体资源数据更新工作的过程中，充分发挥既有长城资源保护体系机构和人员的作用，给予他们无人机、移动终端、高分遥感数据等技术装备和应用高分遥感及无人机等的技术技能培训，实现长城遗产保护技术的更新与升级。

3. 研究形成长城遗产活化利用技术支撑。针对长城文化遗产活化利用缺乏技术支撑的现实问题，结合长城国家文化公园建设的具体任务，发挥更新数据及技术方法的作用，通过定量分析与评价，明确长城遗产旅游活动及游客行为的类型、强度、时空分布对遗产保护的潜在影响，从而制定科学合理的应对措施，探索形成技术导则或者技术规范予以实施指导。

4. 研发满足长城遗产动态变化监测需要的系统。针对很多长城文化遗产资源分布于偏远、险峻的地域，保护监测不力的现状问题，集成应用高分航天遥感、无人机摄影测量、北斗导航定位、物联网、云GIS、智能终端等技术手段，研发集数据管理、监测分析、可视化展示、预警管理为一体的长城遗产监测系统，实现长城文化遗产的动态监测和预警，提高保护预警及科学决策能力。

第五节
长城国家文化公园建设生态保护

长城的历史太久远了，经过了那么长时间的风吹雨淋，加上暴晒、雷电、地震等破坏因素，造成很多的地方毁损，很多的地方濒危。万里长城正在变短，也变得更残破，这是现实。保护长城就是要把古老的长城，最大限度地留给我们的子孙后代。保护长城区域的生态环境，也是长城保护的重要内容。

长城国家文化公园建设，需要处理好文物保护和文化共生之间的矛盾，既保护好长城遗迹并做好长城建筑本体的修缮，又能让更多人走进长城历史文化，还要突出生态保护的理念。长城沿线的生态环境比较脆弱，历史上由于人口增加、农业开垦等各种原因使得森林锐减，长城周边生态环境持续恶化，水土流失等自然灾害十分严重，急需进行环境治理和植被恢复。

特别是在陕西、宁夏、甘肃长城沿线，水土流失和风沙危害严重的地区，长城国家文化公园建设要和生态保护工作紧密地结合起来。要采取保护水土与防治风沙相结合的措施，以生物措施为主。生物措施指以各种手段恢复和建设长城内外地表植被，以减少水蚀和风蚀的危害达到保护生态的目的。保护生态的生物措施应是林草结合，适合种树的地方种树，不适合种树的地方可以种草。

长城沿线至今仍保留着军事堡寨，今天的长城保护工作也要注意保护这些军事堡寨的周边环境。长城内外天然草生植被保存较好的地方，以天然封育和自然恢复为主。在退耕还林的坡耕地或天然植被破坏严重的退耕还草地区，应坚决实行退耕还林、退耕还草，开展大规模人工植树种草活动，通过恢复植被保护长城区域的生态。

长城国家文化公园的生态系统保护与管理，首先要做好长城国家文化公园区域生态资源现状调查。掌握各个地方的不同情况，对其生态脆弱性进行分析。针对造成中国长城沿线生态脆弱的自然因素和人为因素，做好保护工作的开展。自然因素包括地质地貌和气候两个方面，长城沿线的地质地貌条件属于过渡性地带，长城所在的山脉的山脊线多为分水岭，极易产生水土流失和泥石流。内蒙古高原、黄土高原及河西走廊地区，极易产生水土流失和土地沙化。

黄土高原是秦汉到明代长城的主要修建地区，长城内外千沟万壑的地貌则是长期流水侵蚀的结果。黄土高原处于我国的第二阶梯，处于黄河中上游。黄河为什么是黄色的？就是因为黄河裹挟着大量的黄土，一路狂奔流向了大海。流水对地貌的破坏不仅存在于黄土高原，流水对隔壁的影响也是很大的。我们去敦煌考察疏勒河流域的汉代长城，越野车跑在戈壁滩上也会遇到深浅不一的沟壑。有时候为了翻越流水的侵蚀作用形成的戈壁断崖，需要绕很远的路才能找到下去的地方。

走这样的路，需要司机很熟悉地形才行。原来可以通行的路，会因为一场暴雨造成沟壑加深而不能通行。沿着河流考察戈壁和黄土高原的长城，随时随地都能感受到水流对地貌的影响。

做好长城国家文化公园建设生态保护工作，要对长城沿线的生态脆弱性进行定量分析。中科院地理所、北京大学地理系、北京师范大学地理系等单位完成的《生态环境综合整治与恢复技术研究》，其中一个子专题为《我国脆弱生态环境类型划分、分布规律及其评价指标研究》，其研究成果就包括长城沿线的生态脆弱性的定量分析与评价，这项工作还需要继续加强。

当然，生态环境的变化以千万年为单位，我们也不能过于夸大人类社会活动对自然的改变的影响。自然环境的变化不是由于人类的干扰，更大的原因还是大自然本身。人类活动的影响引起的变化，或许只是使得自然的变化速度加快了一点而已。人类对自然环境的改造，或者对自然的变化有一些干扰，但其作用离不开自然环境本身的变化，这一点也要认识清楚并讲清楚。

第六章

长城文化精神传播和文旅融合发展

2021 年 12 月 23 日，首届长城文化发展论坛在辽宁省丹东市举办。论坛以“文明的脊梁”为主题，与会嘉宾围绕长城价值挖掘、文物遗产保护、弘扬长城精神、传播长城文化等话题建言献策，为共同推进长城国家文化公园建设贡献智慧、凝聚力量。《中国旅游报》以《弘扬长城文化　共铸文明脊梁——首届长城文化发展论坛综述》为题对论坛进行了深度报道。论坛上与会嘉宾分享了关于长城文化的独到见解，探讨了长城国家文化公园建设的重点难点，探索长城国家文化公园的建设路径。

国家文化公园建设工作领导小组办公室执行副主任白四座，首先讲了长城国家文化公园建设通过完善体制机制、编制相关规划、发挥重点建设区示范带动作用、实施一批标志性项目等，取得了阶段性成果。长城国家文化公园建设要坚持国家站位，突出国家标准，着力抓好规划落实，着力推动核心点段建设，着力探索可持续发展运营模式，使其成为传承中华文明的历史文化长廊、凝聚中国力量的共同精神家园、提升人民生活品质的文化和旅游体验空间。

论坛上来自长城沿线 15 个省（区、市）共同发布了“弘扬长城文化　共铸文明脊梁”倡议书，辽宁省文化和旅游厅厅长张克宇代表长城沿线 15 个省（区、市）宣读倡议书：“扛起责任，坚定目标；深入发掘，深化认识；建立机制，加强交流；联手宣传，联袂行动；以旅彰文，协同发展。长城沿线 15 个省（区、市）将以建设长城国家文化公园为纽带，共绘长城壮美画卷、共推长城文化发展、共铸中华文明脊梁、共享美好未来成果。”

来自拉脱维亚的北京大学新闻与传播学院博士生安泽通过主题演讲，分享了她参与长城文化体验的感受。她说对外国人讲好长城故事，需要以对方的母语为主体语言，并适时以中文为补充。此外，以外国人的视角去讲好长城故事也值得尝试。外国人在体验中国文化的过程中可以发现不同的兴趣点，也容易在外国受众心目中建立起信任，所以让外国人在中国朋友的带领下体验长城文化是一个不错的选择。

我在论坛上也强调了讲好新时代长城故事，对长城文化精神传播和文旅融合发展的重要性。长城国家文化公园要突出文化属性，让长城文化活起来，吸引更多人体验，这样文化的传播才有意义。此外，做好长城文化传播、讲好长城故事，还要让旅游有文化，推动文旅融合，让游客在游览长城中体验长城文化，更加热爱长城、更加热爱中华民族。

目前，国家文化和旅游部委托我的团队编制了长城国家文化公园《长城文化和旅游融合发展专项规划》。这部专项规划是长城国家文化公园文旅融合区建设工作的规范指导文件。我们在规划编制中进行了新的探索，提出的规划体系综合考量了长城文旅融合的文化产品、文化业态、文化主题、文化品牌、文化体验及文化情境。在长城资源的保护和利用上也需要机制体制创新，文旅融合发展是一项对于加强长城资源的整体保护和利用有益的探索。

第一节 长城文化阐释与展示

通过阐释与展示提升公众对文化遗产历史、文化价值的认知，增进公众对文化遗产的理解、欣赏，是现阶段长城国家文化公园建设的一项重要任务。

我们有必要对长城的文化价值和长城文旅融合发展的关系，做一个简单的梳理。长城作为大型的线性遗产具有多重的价值，这种价值需要弘扬，也需要开发利用。长城文旅融合是对长城保护利用的体现。选择什么样的方式发展长城文旅融合是目前需要认真考虑的问题。发展长城文旅融合，实际上也在解决如何保护长城，如何向公众展示和阐释长城文化的问题。

世界不同的国家，不同的文化区域内都有代表其文化的建筑。这些具有标志意义的建筑，对其国家或地区都产生过重大影响。长城在中国就是这样的建筑。不同的历史时期，不同的政权或不同的政治家，对长城的作用有不同的解释，这一种历史现象是很正常的。

我们今天选择什么样的认识态度，做出怎样的阐释与展示，则要看我们要达到什么目的、实现什么目标。长城文化遗产的保护和利用，需要提高公众对长城历史文化价值的理解。长城国家文化公园建设，要对长城文化遗产做出阐释与展示，必须要充分地考虑公众对长城有怎样的认识、公众接受长城文化传播的目标是什么，以及如何将此目标融入旅游的业态之中，使其成为大众文化消费的旅游项目。

一、为什么要强调文化阐释与展示

两办的国家文化公园建设方案明确要求：国家文化公园的总体定位，首先是具有全民公益性、开放性的重大国家化工程。长城保护和利用工作，我们已经喊了很多年，国家也做了很多的工作，但是还从来没有将长城历史文化的保护和利用工作，上升到重大的国家文化工程的高度来要求。所以，我们认为长城国家文化公园建设是开展长城保护和利用工作千载难逢的历史机遇。

长城国家文化公园建设要推动长城区域在各领域、多方位、全链条深度融合，实现资源共享、优势互补、协同并进，就需要做好顶层

设计。中央文件强调：国家文化公园建设要强化全球的视野，中国的高度，时代的眼光。既要着眼长远，又要立足其当前；既尽力而为，又要量力而行。务必要符合基层的实际，得到群众认可，经得起时间的检验。这些落实工作中怎么做才能做好，需要结合国家文化公园建设的目标，去发现问题、解决问题。

阐释到底是什么？这一点，在《世界文化遗产地闻释与展示宪章》中有明确的定义。《宪章》里面提到：阐释（Interpretation）是指有一切可能的、旨在提高公众意识、增进公众对文化遗产地理解的活动；展示（presentation）是指在文化遗产地通过对释信息的安排、直接的接触，以及展示设施等有计划的传播阐释内容。

由此可知，长城文化的阐释是一切旨在提高公众长城文化意识，增进公众对长城文化遗产地理解的活动。其中包括通过对长城历史文化的通俗的讲解，采取多种手段对长城遗址进行解说，帮助游人了解长城的历史文化。这种对长城历史文化的解说，不应该是导游的戏说，而是有历史依据的解说。

以文旅融合的方式，服务与彰显长城承载的中华民族坚韧自强和文化自信的精神价值是长城国家文化公园的建设内容。通过文旅融合，展现古代军事防御体系的建筑遗产价值，呈现人与自然融合互动的文化景观价值，需要将长城的文物和文化资源转化成优质旅游产品。我们要思考用什么样的技术方法和方式，做好长城这种特定的文化遗产的文旅融合发展。哪些旅游业态的标准和专业做法，有助于推动长城文旅融合发展。选择何种特定的形式和技术，通过旅游体验对长城文化遗产进行阐释与展示？说起来好像容易，其实做起来是很困难的。

做到这一点之所以困难，是因为文旅融合发展，一定会涉及文化旅游线路和产品的整合，还需要统筹规划各类文化和旅游设施，包括接待服务设施、基础设施建设项目建设等。长城文化阐释与展示要以与长城旅游整体的产品开发和文化旅游产品品牌建设紧密地结合起来，打造文化资源、旅游资源和产业要素的高度融合的发展路径。对长城文化遗产的阐释效果如何，很大程度取决于我们的阐释与展示和观众之间的互动做得好坏。

长城国家文化公园建设工作开展以来，各部门各地方都开展了各式各样的文化传播活动。2021 年 12 月 24 日启动的“弘扬长城精神　传承爱国情怀”网络主题活动就取得了很好的效果。这个网络主题活动由中央网信办网络传播局指导，北京市委网信办、天津市委网信办、河北省委网信办、山西省委网信办、辽宁省委网信办、吉林省委网信办、河南省委网信办、甘肃省委网信办、青海省委网信办及中国新闻网主办。活动旨在通过走近长城和触摸长城，使更多的人能读懂长城。长城沿线九省市有关部门将组织媒体进行实地采访，弘扬长城精神，传承爱国情怀，“以长城述中国”，让世界更好读懂中国、读懂中华民族。

二、出版物的阐释与展示

长城已经有了千百年的历史，发展长城文旅融合需要游人了解，需要游人欣赏长城。我们为什么要做好长城文化的阐释，就是为了帮助游人更好地了解长城，更好地欣赏长城。长期以来长城相关历史文化的出版物，一直是长城景区常用的阐释与展示的方法，每一处的长城景区都有各种各样的出版物，很多地方还做得很专业，面向儿童的有卡通型的。

印刷出版物是遗产的展示和阐释非常重要的方法。另外一种长城景区常见的阐释与展示的方法是导游的讲解，导游对游人进行长城文化的阐释，可以理解成是和游人的交流。要把长城文化传播出去，同时也要得到公众的响应。这里面甚至有一个情感的问题，交流包括讲

解也包括接收者的反馈。近两年，长城景区出版物的需求相对来说淡了很多。数字景区的电子解说的优势，不同于印刷品，也不同于电子出版物，甚至也不同于公共讲座。这一点虽然是发展趋势，但任何媒介都不可能取代纸质的出版物。

很多的地方都在做景区内和景区周边的“扫黄打非”，对景区及周边出版物市场进行专项整治。确实有很多的景区出版物没有公开的出版书号，但这些书的内容绝大多数是没有问题的。我 20 世纪 80 年代末在秦皇岛市政协工作，政协就出版了一本《山海揽胜》很受旅游景区和北戴河各疗养院的欢迎。我觉得在政策上应该给服务于景区内容的宣传出版物一定的空间。

游人去长城旅游是和长城的接触，我们去景区走在长城上面就是在和长城接触。这个时候，就有接受长城历史文化信息的需要。除了传统的纸质出版物之外，可以利用现代多媒体数字技术加强对长城历史文化的传播。通过多媒体和网站等技术，来实现展示内容的更大范围的传播。电子数字技术产品不只是让人看，更可以让人玩。在好玩的过程中景区传播了长城历史文化，游人接受了长城历史文化信息。

三、长城博物馆的阐释与展示

2021 年 12 月 6 日，长城国家文化公园河北段建设重大标志性项目——山海关中国长城文化博物馆正式开工建设。山海关中国长城文化博物馆位于山海关角山山麓、角山长城景区山门西侧，总规划用地面积约 106 亩，建筑面积约 3 万平方米，总投资 4.2 亿元。山海关中国长城文化博物馆为长城文化保护传承利用现代化综合性博物馆，计划建设中国长城文化陈列展厅、长城国家文化公园规划展厅、长城非物质文化遗产展厅、国际学术报告厅、长城研究室、长城志愿者活动室等。展示中国长城的建设和发展、长城建筑结构与布局、长城历史文化传说、重大战役，以及沿线15个省的文物保护利用、遗产保护传承、文化带建设发展、文化公园建设情况等。

长城题材的博物馆是阐释与展示长城历史文化和精神价值的重要场所。展览是非常重要的手段，通过长城遗址和博物馆的联动，可以较好地实现对长城文化的展示和阐释的目的。长城历史和文化的博物馆有非常重要的作用，现在各种展览展示的技术都很发达，可以提供给游人在长城遗址遗存现场不能看到的一些历史的情景。

以长城为内容的博物馆，不一定非要做成规模很大的场馆。2019年11月我们去英国考察哈德良长城，发现他们很多的博物馆都不大，不像我们动不动就是几千平方米甚至上万或几万平方米。他们就是利用长城遗址遗迹附近的旅游接待设施，比如酒店、游客中心、旅游纪念品销售店等地方，开辟出一定的空间来展示文化。这样的地方和游人有很好的亲和力，游人可以转一转，还可以喝一点冷热饮或吃些点心。

有的地方博物馆的密度很大，但你不觉得有什么问题。每个博物馆情况都不一样，陈列展示的内容和方法都有所区别。不同的博物馆虽然都在一条长城线上，但因为各自都很注意强调各自的特色，所以游人并不感觉重复。关键是里边的使用功能是否不一样，比如卖的东西是否不一样，有的地方能吃饭有的不能吃饭等。这样的博物馆与长城遗址遗迹展示连在一起，很自然地成为景区的一个部分。

现在的博物馆很多都采取了随身携带的电子语言解说，效果总体上还不错。这种自动感应导游系统，比较多见的是耳挂式自动感应导游系统，也有的地方使用的是胸挂式自动感应导游系统。当游人走到一个地方，发射器通过自动感应信号，电子导游器开始播报预先录制好的语音内容，游客可以体验到实时的优良语音讲解！这是一个比较经济，也比较好的方式，很受参观者的欢迎。这种方式也特别适合长

城这样的大型线性文化遗产，人们走到一个地方，可以听到与这个地方有关的故事。现在通过手机接收讲解信息，甚至可以省掉耳挂式或胸挂式接收器。

人们常说解说是一种艺术，既然是一种艺术就需要结合各种艺术形式。无论是关于科学的、历史的或者建筑的任何的艺术，都可以作为传播的手段。陕西榆林有一个"陕北民歌博物馆"给我留下了很深的印象。我在榆林时间非常紧，原来是不准备看这个博物馆的。

榆林市榆阳区文化旅游局的刘琎局长向我介绍："这座博物馆是国内唯一一座以陕北文化为元素、以陕北民间音乐为主体、反映陕北历史变迁、体现陕北历史人文精神，并集民歌研究创作、培训交流、演艺推广、产品研发于一体的专题博物馆，毫无疑问，陕北民歌博物馆已经成为黄土高原上一座新的文化地标。"这样我才答应，用40分钟参观这个博物馆。没想到进去后就不想出来了，甚至下决心取消了后面的行程，在博物馆参观了两个半小时。这座博物馆展陈做得好，讲解做得好。除此之外在每个节点都有陕北民歌代表作的演出，非常吸引人。参观完博物馆，等同于看了一场高品质的陕北民歌演出。长城沿线有很多的非物质文化遗产，这样的展出形式很有借鉴意义。

大同市长城文化旅游协会的志愿者们走进大同市美术馆"沧桑长城　形胜大同"展厅，开展志愿讲解服务也令我很感动。"沧桑长城　形胜大同"大同长城摄影展由大同市文化和旅游局、大同市长城文化旅游协会、大同市美术馆共同主办，是对大同长城沧桑巨变、雄阔壮丽和粗犷昂扬之美的集中展示，自开展以来，吸引了众多长城爱好者、摄影人和市民观展。其间，协会志愿者多次前往展厅为市民提供志愿讲解服务。志愿者在活动现场进行义务讲解，带领市民有序参观，欣赏长城美景、了解长城历史、体味长城风情、观看长城系列活动展板，并强调长城保护、长城环保以及长城野生动物保护等的重要性。

四、景区的解说系统的阐释与展示

景区的解说系统是游客景区体验的重要手段，我们现在的长城旅游景区对旅游解说系统的重视是不够的。包括八达岭这样在全国著名的旅游景区，我们在八达岭长城听到大喇叭里不停广播的都是景区管理的内容。解说系统是长城景区帮助游人认识长城，了解长城历史文化真实信息的重要途径。可以和长城文化遗产的展示非常好地融合起来。

长城景区的解说内容，可以做得非常丰富。其中包括对长城建筑的解说、对长城历史的解说、对长城文化的解说，当然也包括对长城所在环境的解说。目前，大一些的长城旅游景区主要由导游员做导游讲解。这种讲解是单向的讲解，形式上有单个导游对单个游客讲解，也有带团讲解等。普遍存在的问题是服务质量不够高，导游所提供的信息准确性不够高，满足不了游客的需要。有品质的解说，不是走到哪里说到哪里、看到了什么就说什么，而是要讲出背后的故事。

现在讲到解说，更多的是强调解说词。解说词固然很重要，但解说是一门艺术，并不是只说一个解说词。我们对长城历史文化相关信息的任何描述和解释，都应该能跟观众的体验和个性产生关联。我们的解说并不是在给公众讲课，而是要通过解说激发游人的情感。

这方面，国际上现在很流行的一种讲解，叫居民解说。祖祖辈辈生活在当地的居民，以遗产地主人的身份亲自给游人做解说，这种方法在长城国家文化公园建设中很好普及。这些农民和长城遗址有天然的联系。管理部门要做好管理工作，比如解说培训等，编辑好解说《指导手册》。农民可以在解说的过程中获得可持续收入，这种解说还可以做成网络的。游人走到这个地方，手机上自然会接到有关的推送。

我们现在的解说系统，不管是导游员还是电子解说器，其内容都较为单一，不够人性化。比如，长城解说都是面向成年人的，基本没有根据少年儿童的思维和兴趣来设计的解说内容。这些方面还有很大的改进和提升空间。

我们谈文旅融合视角下的长城文化阐释与展示，实际上不仅是服务于旅游，对提高全社会长城保护意识，推动长城保护工作也有很大的帮助。我们现在谈长城保护，只是强调政府对长城保护的要求还是不够的，我们要让公众更多地了解长城，让大家更加欣赏长城。人们能够了解长城的历史文化，欣赏长城文化遗产，便可以激发出公众保护长城的自觉意识。这样的一个逻辑关系，我们目前还重视得不够，这也是为什么需要思考在长城保护工作中做好长城历史文化价值的阐释。

五、长城重要节点的阐释与展示

长城国家文化公园展示的是真实的长城，但如果不对已经消失了的具有标志性的长城关隘和城堡进行复建就无法做出文化性的阐释和展示。所以，从这个意义上来说，我们不能全面否定长城关隘和城堡的复建，但一定要注意这样的做法不能泛滥，要有一定的程序，保证其科学性和准确性。

长城的保护修缮与重建完全不一样，长城消失的重要关隘，只有重建才让后人感受到长城曾经的辉煌。比如，大同市对大同古城的复建我就持支持的态度。如果没有复建，我们就无法感受大同古城厚重的历史和文化。

重建是一种很重要的方法，消失的文化遗产已经没有办法让公众了解相关的历史文化信息，由专业的人员专业的机构做出设计，由专业的施工单位施工恢复长城景观很有必要。在已经消失了的古建筑的场地，如果已经没有了建筑的存在，人们很难感受到曾经的历史。在这个空间重建建筑，让人能够真实感受曾经的建筑空间，这应该是满足对长城历史文化阐释与展示的需要。

比如，蓟镇总兵戚继光的三屯营总兵府现在只剩遗址了，我认为就应该复建。戚继光是抗倭民族英雄、长城戍边名将，曾经驻守长城16年，就生活在这个“蓟镇总兵府”。2010年10月20日—10月22日在河北省唐山市迁西县召开了明代“蓟镇文化”学术研讨会，会上专家提出了复建明代蓟镇总兵府。

包括国家文物局专家组组长、著名古建筑学家罗哲文在内的100多位与会专家学者都支持这项动议。罗哲文先生说，蓟镇是明代边防九大重镇中最重要的一个，蓟镇总兵府及其周边长城也是万里长城最为雄伟、壮观的一部分。复建蓟镇总兵府对于加强文物保护，推动文化大发展、大繁荣，推动文化产业和旅游业的发展意义不可低估。他预祝迁西县通过此项工程能够“重振蓟镇雄风，再现山城辉煌”。

我也公开表示“蓟镇总兵府”是明代蓟镇东西1000公里长城防线的军事指挥中枢，与宣府、大同共同构成拱卫京师的屏藩，明代先后有78位总兵驻守于此。戚继光亲自撰写的《重建三屯营镇府记》对蓟镇总兵府规制有较为详尽的描述。整个镇府雄伟壮观、装饰华丽，为明代典型的府衙建筑。在万里长城沿线，像迁西县这样东北西三面都有长城环抱的县域绝无仅有，是非常难得的文化与旅游资源，应当认真挖掘、整理、利用。“直到今天，迁西三屯营”的蓟镇总兵府也没有得到恢复，都是我感到非常遗憾的事情。

这并不是说，我主张大量地去重建长城景观。游人到古老的长城文化遗产地，要感受的是历史建筑、历史故事、历史文化，文化遗产的价值就是历史。过去留下来的历史遗迹遗址，哪怕是一些痕迹都有着不可替代的价值。今天重建的建筑往往注入了太多的现代人意志，包括现代人的理解和需求。所以，对文化遗产建筑的重建，国际上是

有着非常严格的要求，必须要有考古和历史记载作为依据。当然，重建一定会融入今天人的要求，有些是已经没有办法知道原来的样子，有些是需要有所改变。

但是，我认为还是应该要把新建与原有不同的地方，要把推测出来的设计和有考古依据的地方告诉观众，这一点我们做得不好。比如，中国长城学会设计的北京居庸关长城的复建，就做了大量的考古工作。四周墙体建筑都是依据考古来确定的建筑材料和墙体的宽度、高度。这一点没有问题，并不是就没有问题。居庸关南北两座城门的城楼的建筑体量做了放大，不论是开间还是高度都放大了。对这些，游人在参观的时候，并没有告知。即便是展示和说明牌上都没有介绍，把真实的情况告诉游人应该是一种责任，这样做可以让公众去批评我们做的是对还是错。

阐释与展示很重要，现在国际上做得好的对文化遗产阐释与展示已经在尝试对游人群体做出细分。这种文化细分是对来参观的公众做深入分析，然后针对不同的公众设计出展示和阐释的内容。不同的文化需求的人、不同性格类型的人对同样的场景的感受是不一样的，这一点我们所有博物馆基本上都还没有顾及。我们还比较粗放，还顾不上这样做。

我们在国外看到的步道基本上都是软路面，以自然的土路面为主。我们是大路小路都追求硬化，这一点与国外不太一样。自然的路面建设和管理成本都很低，生态环境效果又很好，能够让游人有亲近自然的感觉。长城国家文化公园建设，我们可以学习这一点。我们去参观英国的哈德良长城，发现他们很多的路都是铺草皮的路，人们可以踩着草走。这一点我们有些地方可以学，有些地方学不了。

哈德良长城的这种草皮的步道环境效果最佳，游人走着也非常舒服。但是，我们做不到，原因是我们的游人数量和哈德良长城差距太大，草皮承受不了我们如此多的游人。在哈德良长城参观他们最热的一个景点，我问陪同我们的负责人："你们这里一年有多少的游人?"他回答说："去年是最好的一年，全年达到了10万人。"他接着问我："中国长城呢?"我告诉他："10万人，你们全年的参观人数，是我们八达岭长城一天的游人数。"如果一天10万人都可以踩草皮，草地根本就没有自我修复的机会，一定会很快就被踩光了。

六、发挥高校智库作用，助力文化研究与传播

高校智库在长城文化研究与传播方面参与中潜力很大，可以在长城文化遗产保护、传承与利用中，充分利用自身的多学科优势，推动长城国家文化公园建设工作的开展。继2017年成立河北地质大学长城研究院之后，2020年10月燕山大学成立了中国长城文化研究与传播中心。这是一个集研究型智库、数字资源库、出版传播基地功能为一体的长城文化研究与传播的智库机构，以实现孵化成果、文化育人、传播长城文化影响力为预期目标。该中心成立以来，多维度深入开展长城文化研究与传播工作，助力长城国家文化公园建设。

1. 落实立德树人，弘扬长城文化

燕山大学秉承文化传承己任，成立"燕山大学长城文化研究社"，举办"文化自信中国人"出版大讲堂，邀请著名长城专家、史学家等开展讲座，与山海关长城博物馆联合开设"燕山大学来华留学生长城文化体验基地"，设置"长城文化"美育通识课程，在全英文课程"中国文化"中开辟长城文化章节，向新时代大学生讲述长城文化，培育爱国主义精神，树立文化自信。

燕山大学中国长城文化研究与传播中心组织开展了"庆祝建党百年 赓续长城精神"系列讲座活动，秦皇岛市的12所董耀会长城文化推广实验校的5000余名师生通过线下和线上结合的方式聆听讲座。讲座

后，实验校的2000余名学生在秦皇岛板厂峪景区开启长城研学实践课程，面向小学生宣传长城文化、红色文化，培育爱国主义精神。

2. 开展学术研究，多学科产出科研成果

燕山大学中国长城文化研究与传播中心充分利用学校多学科的综合优势，围绕长城国家文化公园建设开展区域经济、旅游管理、语言文学、对外翻译、艺术设计及出版传播等多个方向的基础性和应用型研究。自成立以来，该中心研究人员成功立项省市级相关课题14项，发表学术论文17篇，撰写的2篇咨政报告得到了省委、省政府相关领导的肯定性批示。创建空间信息技术在文化遗产保护中的应用研究国家文物局重点科研基地（清华大学）河北工作站（燕山大学），为空间信息技术在长城国家文化公园建设中提供数字技术支持。

3. 开展“长城学”研究，筑牢共同体意识

为了更广泛深入地在多学科交叉融合中深化长城的理论研究，提出符合历史实际的概念和术语，提炼长城的精神价值，解读长城在中华民族文明观、文化观形成中所发挥的独特作用，推进长城研究助力筑牢中华民族共同体意识、构建人类命运共同体的伟大事业，燕山大学中国长城文化研究与传播中心策划并出版了《长城学研究》系列书籍，开展“长城学”与其他学科的交叉和融合，从历史学、地理学、考古学、军事学、社会学、人类学、建筑学，以及文化遗产学等角度进行立体的多维度探索。

4. 出版长城书籍，传播长城文化

出版长城书籍，传播长城文化是燕山大学中国长城文化研究与传播中心的重要职能之一。近年来，该中心策划出版了《中华血脉——长城文学艺术》《长城：追问与共鸣》《长城文化经济带建设研究》《长城国家文化公园建设推动区域经济发展专题论坛论文集》《话说板厂峪长城》等系列出版物。在长城文化对外传播方面开展《长城：追问与共

鸣》等图书外译工作，在学术研究、文化外译以及课堂教学等方面积极开展长城文化对外推介工作，传播长城文化，树立文化自信。

5. 服务长城国家文化公园建设，助力文旅产业发展

长城研究与传播中心汇聚人才智力，形成高校与政府、企业的多方联合，与金融街（遵化）房地产开发公司签约，开展遵化长城国家文化公园建设具体项目合作，进行遵化金融街·古泉小镇文旅融合项目的长城文化植入，打造遵化长城国家文化公园文旅融合样板工程。受邀参与长城国家文化公园重点项目中国长城文化博物馆展陈大纲的编制工作，为地方长城国家文化公园建设提供智力支持。

6. 创新活动形式，宣传长城文化

中心参与举办线上“行走长城”绘画作品展及线下巡回展、“长城颂”吴建潮美术作品全国巡展·燕山大学站、“一带一路”长城国际民间文化艺术节“长城之美”摄影巡展·燕山大学站等美术摄影展。在燕山大学艺术与设计学院的设计专业毕业设计展中，中心研究员指导学生设计了多项以长城文化为主题的作品，其中有些作品获得第三届京津冀高校毕业设计联展的多项等级奖项，部分优秀作品已经实现市场转化。

第二节
长城文旅融合研究

文旅融合是文化功能与旅游价值深度融合。要围绕长城做好旅游功能开发，在文化审美、历史追忆、自然美欣赏、情操熏陶、美食享受、民俗体验等方面找准长城文化和旅游融合发展的最佳契合点，实现深度融合。

从空间上看，长城资源和丝绸之路具有一定的重合性，可以借助“一带一路”倡议的实施，在机场、高铁和公路等重大基础设施建设中，在中国文化旅游形象的推广中，对两个文化旅游带的资源保护和利用予以整合和布局。以“文化+旅游+生态+智慧+康养”为发展理念，激活长城沿线丰富的资源，积极推动全域旅游，通过“文化体验+经营商业+游客互动+生态环保+健康养生”的生态共生、人群共享，形成完整的产业链条，促进长城沿线文化旅游经济的全面发展，通过“旅游扶贫”带动沿线群众脱贫致富。

同时，在严格保护长城的前提下，结合国家扶贫战略的实施，不断完善经济欠发达地区长城沿线的停车场、通信、导引、厕所和营地等基础配套设施，使长城文化旅游逐步实现点线面的可喜局面。推动长城旅游发展，推动长城沿线省、市、县长城旅游合作，包括合作营销、线路共组、品牌推广等，推动长城观光旅游、度假旅游、生态旅游、乡村旅游的融合，构建以长城旅游为龙头，以生态旅游、乡村旅游、休闲度假等为多点支撑的旅游开发格局，形成长城景区、长城沿线、长城乡村区域相互依托、优势互补、各具特色的长城文旅融合发展带，提升长城文化旅游的综合效益。不仅为社会，也要为当地人民提升生活品质，增进民生福祉，助力地方文化与经济发展。

在中国经济发展中旅游业也已经逐渐成为支柱性产业，这是文旅融合概念提出的基础。但是，总体上来说长城区域作为相对贫困、较为落后的地区，文旅融合发展速度还是较慢的。如何利用国家文化公园建设的历史机遇，在国民经济以内循环为主的形势下，构建长城文旅发展新格局，提高发展速度和质量，推动长城区域的整体发展，形成以国内为主体、国内国际旅游发展相互促进的新局面，是长城文旅融合发展面临的重要课题。

《长城文化和旅游融合发展专项规划》作为长城国家文化公园文旅

融合区建设工作的规范指导文件，我们在规划编制中进行了新的探索，提出的规划体系综合考量了长城文旅融合的文化产品、文化业态、文化主题、文化品牌、文化体验及文化情境。人们谈起文旅融合，最常说的一句话是“旅游是文化的载体、文化是旅游的灵魂”。这句话虽然说明了文化与旅游之间的密切关系，但是认真思考长城文旅融合，会发现问题绝不是这么简单，否则也就不必讨论长城文化和旅游的融合问题了。

作为这项规划编制的负责人，我一直在思考长城文旅融合这样的一个系统化工程，文旅融合的聚集区怎么划分？业态和产品怎么融合？文旅融合路径与模式是怎样的？长城国家文化公园的公共服务体系和市场化服务体系应该是一体化的，但是其公共性和市场服务性如何融合？

还有长城的历史文化和旅游产品的融合问题。如何解决“文化项目不好玩，旅游项目没文化”的问题呢？不久前我参加河北省长城国家文化公园建设督导调研，在张家口了解到当地要把张库大道的故事做成石雕长廊，从设计来看，是非常高大上。我就提出来一个问题，有多少人会站到石雕前面，从头到尾把几十米石雕长廊全部看完并理解其中故事呢？我们不能再走这样的老路，要把文化传播做好，就要注重把文化转化为有形的可以体验的文化项目。要想让人们通过自觉的体验来感受长城文化的魅力，首先需要我们对长城文化体验项目的规划和安排做好创意，体验是长城文旅融合的主要形式。

一、长城文旅融合发展不能仅盯着长城遗址遗存

长城国家文化公园建设，核心吸引物应该是长城文化遗存和长城历史文化。中央的《方案》明确规定，长城国家文化公园“建设范围，包括战国、秦、汉长城，北魏、北齐、隋、唐、五代、宋、西夏、辽

具备长城特征的防御体系，金界壕，明长城。涉及北京、天津、河北、山西、内蒙古、辽宁、吉林、黑龙江、山东、河南、陕西、甘肃、青海、宁夏、新疆15个省区市”。是不是在这个地区建设的文旅融合项目，都可以算是长城国家文化公园建设项目呢？显然不应该是这样。

长城的文物价值不等于旅游价值，“绿水青山就是金山银山”是需要做转化的，否则长城沿线那么多的绿水青山，老百姓的生活为什么还如此贫困呢？长城文旅融合要重视长城遗址的文物价值与旅游价值不对等的问题。长城文物价值在于其历史、考古、艺术、学术等方面的价值，长城旅游价值关注的却是长城遗址遗存带给游客的情境体验，历史感悟的沉浸，在旅游各大要素中获得不同生活方式的体验。

历经千百年来的自然侵蚀和社会变化的长城，文物本体保存的程度不一，很多地方处于濒危的状态。即便是保存现状较好的明长城，绝大部分也是风雨飘摇。秦、汉、战国、金长城更因为历史久远、自然风化等因素影响，长城建筑只存在部分烽燧和城墙遗迹，其遗址遗迹的自然状态，很难进行展示、利用工作。也就是说，具备较高文物保护价值的长城遗址，不一定具有很高的旅游体验价值。另外，因为长城保护的需要，遗址旅游开发也受到很多法律法规的限制。如何能合理修订法律法规、创新机制政策，同时充分利用日新月异的数字技术，提高遗址旅游的可行性和吸引力？关于这一点，我们关注和强调得还远远不够。

长城国家文化公园建设，要采用不同的方式方法和技术手段，并与这些资源相融合。文旅融合的重点在于让长城沿线的游客目的地，都成为长城文化活动地，并通过长城文化的导入助力其发展。让这些旅游地成为长城文化的载体，让到这些地方来的游客都能够在旅游的过程中吸取到长城的文化价值乃至长城的精神内涵。

这方面山西省山阴县做得很好，他们在建设长城国家文化公园时在保护的前提下，实打实地抓文旅项目。山阴县在投资方面主要是抓两块，一块是基础设施类项目重点由政府资金来保障。文旅投资是更大的投资，或者说投资的主体应当是由市场和民间资本来完成。不能躺在国家政策的怀抱里，啥都向国家和省财政要。我去山阴县调研的时候，山阴县的领导说，“光靠政府的钱建长城国家文化公园，即使建成了也很可能是空的、死的、没有活力的”。在基础设施配套和环境建设方面，他们已经策划包装了长城遗址遗迹保护展示利用项目、旧广武历史文化名村建设项目、博物馆装修改造项目等一批项目，初步争取到上级投资和专项债券资金 3.7 亿元。另一块是他们积极调动民间资本热情，引入了总投资逾 10 亿元的滑雪场等一批辐射带动力强的文旅项目，国有资本与民间资本双线并行的良好格局已基本形成。未来，广武长城旅游景区将按照文旅 + 农业、文旅 + 体育、文旅 + 康养、文旅 + 文创等思路，从长城军事、榷（què）场商贸、边塞生活三个方面立体化再现边塞时空和家国情怀，布局一大批精品民宿酒店和五星级酒店、狩猎、牧场、露营、研学、骑射、蹴鞠、采摘、沉浸式戏剧、低空飞行、越野及自行车赛道等丰富多彩的业态。

二、提升长城区域城乡融合发展水平

长城文化和旅游融合发展对扶贫的意义十分重大，今天的大多数长城地区依然是农耕经济与畜牧经济的重要分界线。长城地区的经济类型一般是：长城以南地区以农耕经济为主，长城以北地区以畜牧经济为主，越是靠近长城的地区，越呈现出农牧经济交错混合区的经济形态。长城地区因为自然和社会条件的原因，经济发展相对滞后。今天大部分地方仍然是我国人口密度较低、经济欠发达区域。

长城沿线是我国城镇化水平较低的区域，大中城市数量少，乡村聚落人口少、密度低，村庄“空心化”现象较突出。这种“空心化”

村庄相当长一段时间内并不会消亡，之所以出现“空心化”村庄，是因为中青年农民已经进城打工。但是这些在城里务工的“农民工”，绝大多数人在城里扎不下根，早晚还要回农村养老。实际上现在生活在村里的六七十岁的老人，都是改革开放初期的农民工。第一代农民工回乡养老还能以种地为生，第二代以至后代的农民工回乡，很多人甚至连地都不会种了。通过长城文化和旅游融合发展，做好长城地区产业扶贫将是一条重要路径。

长城国家文化公园建设，选好长城文旅融合产业项目是关键。很多地方的产业扶贫之所以失败，选择项目时没有充分地考虑当地实际是一个重要的原因。国家通过一系列针对性强的政策支持，引导长城地区发挥当地资源优势，建设具备一定基础、有较好市场前景、有较高投入产出比的文旅融合产业项目是扶贫工作的关键举措。

2021 年 7 月我去天镇参加山西大同首届全域旅游季活动，深入体验了天镇县开通长城文化旅游直通车线路，受到亲子游客的青睐的情景。陪同我们参观的大同市长城文化旅游协会袁建琴会长向大家介绍说：“家长带着孩子乘坐直通车游李二口长城、守口堡、镇边堡等景区景点，感受大同长城风采的同时，引发了解长城历史文化的浓厚兴趣。”她还介绍了大同市图书馆特别为青少年举办了“长城保护从孩子教育开始”沙龙，邀请专家学者普及长城知识，阐述保护长城的意义。

三、发展长城地区文化和旅游产业规模

文化和旅游产业初具一定的基础，但规模不大、空间布局不平衡问题依然很严重。经过多年开发，长城沿线文化和旅游产业稳步发展，已经形成一定的产业规模。截至 2019 年年底，长城沿线 404 个县有 5A 级旅游景区 46 家，4A 级旅游景区 514 家，全国红色旅游经典景区 88 处，各类研学旅游基地 83 个，全国一级博物馆 6 个，国家森林康养度

假基地 10 个。但从文化和旅游产业空间布局看，长城沿线文化和旅游产业存在碎片化、区域发展不平衡等问题。

很多地方都在做长城重点文物保护单位。陕西神木制定了《神木市文化旅游产业发展规划（2020—2030）》，以“一山二水三城”为旅游框架体系，依托长城古遗址和古建筑，配套旅游服务设施，创建国家高 A 级景区。沿黄乡村民俗博物馆现为国家 3A 级景区。国家历史文化名镇和省级重点文物保护单位高家堡古镇现为国家 3A 级景区。省级重点文物保护单位二郎山现为国家 4A 级景区。石峁文化旅游区依托高家堡和国家级重点文物保护单位石峁遗址已创建为国家 4A 级景区，5A 景区创建方案已启动编制。省级历史文化街区神木武营街正积极开展旧城改造项目打造城市旅游综合体。

长城沿线文化和旅游发展目前呈现点状发展格局，主要以长城沿线旅游景区为主，局部热点区域如山海关片区都没有形成全面发展的格局。京津冀旅游基础设施水平和开发利用程度相对较高，旅游产品较成熟，已形成连片系统保护和开发态势。其他省市开发利用程度较低，缺乏成熟旅游产品，文化和旅游设施配套不完善，发展相对落后，以点状保护开发为主。根据不完全统计，京津冀长城景区数量占全国长城景区数量的近 50%。但从长城遗址分布看，京津冀长城墙体遗址长度仅占长城遗址的约 13%，内蒙古、甘肃两地墙体长度超一半，但景区数量约占 10%。之所以出现这种情况，是因为以前的旅游发展主要是观光旅游。能开发成长城景区的地方，早在观光旅游为主的年代就已经开发成了景区。西部地区当时都不具有开发条件的地方，今后就更不能走观光旅游发展的路子了。

四、长城文旅融合产品强化文化和旅游融合

长城沿线文化底蕴深厚，自然人文景观独特，但文化旅游产品开

发中对长城文化价值、精神价值挖掘不足；长城集中展示点段较少，长城文化整体展示体系尚未建立；旅游产品以长城景区观光产品为主，对长城沿线生活生产方式、传统风俗、非遗文化体验、节事活动等活化利用形式和途径较为单一，多元化产品体系尚未建立；文化与旅游、文化旅游与其他产业的融合大多停留在渗透融合阶段，缺乏深度融合。

总之，长城文化和长城旅游的概念虽然属于不同的层面，其价值体现和发展目标也不尽相同，但在文旅融合的时代，如果长城文旅融合做好了，一定会使长城文化遗产焕发出新活力。通过发展长城文旅融合及相关创新产业，吸引更多国人特别是年轻人，通过感受长城来了解中国文化的底蕴，坚定国人的文化自信。长城文旅融合的任务之一，是通过打造深度体验的文化旅游产品，更好地促进旅游事业的高品质发展。我们在做长城国家文化公园建设督导调研时，除了长城文旅融合的问题，管理机制及职能的问题也经常被各地问起。管理机制及职能的问题，也就是将来如何对长城国家文化公园进行功能化管理的问题，都还需要作进一步探讨。

长城文旅融合产品开发方面，基层已经有了很好的做法。2022 年 2 月 3 日《中国旅游报》记者王玮等报道《长城脚下品年俗，石峡村里贺新春》就是一个好例子。

一进入北京市延庆区石峡村，记者就看到了一派热闹景象。在长城精品民宿门前，在高高挂起的大红灯笼的掩映下，村民扮演的俊俏“毛驴”正与游客热情互动。“跑小驴儿”是石峡村一项独特的年俗活动，已经流传百年。在喧闹的锣鼓声中，远道而来的客人被“拉”进了石峡村的年俗里。

进入石峡村的很多客人手中都持有一个“通关文牒”。凭借“通关文牒”，游客可以换购“石峡通宝”，即村里的“通行货币”，拿着这些“银钱”便可在年货大集上购物了。石峡村是北京年俗味很浓的村子，游人一家一家的一起参加石峡村的做糖人、贴布偶、做花灯等活动。石光长城精品民宿创始人贺玉玲是“长城脚下过大年”活动的策划人，她说：“石峡村文化底蕴深厚，有多项非遗技艺保留至今，我们正努力将这些文化资源融入石峡村的乡村旅游中，春节是一个非常好的展示机会。”

每年的“长城脚下过大年”活动，都会有一个契合时下热点的新主题。2021 年的主题是“非遗贺岁迎冬奥”，非遗传承人现场教游客剪出北京冬奥会、冬残奥会的吉祥物“冰墩墩”和“雪容融”，做出带有滑雪元素的糖人、毛猴。

五、搭建长城文旅融合发展助力平台

长城国家文化公园建设需要社会各方面搭建平台，加快助力推动长城文化旅游业发展成为长城沿线战略性支柱产业。

1. 长城文化旅游全产业链条集成运营发展平台“长城文旅”

中国长城学会长城文化旅游工作委员会成立长城文旅平台，平台紧抓国家文化旅游产业机遇，坚定实施“长城 +”“文旅 +”“文创 +”战略，立足长城沿线 15 个省市 404 个县区，以中国长城视角放眼全球，构建了围绕长城沿线和长城文化旅游的全产业链条集成运营发展平台。长城文旅自成立以来，坚持以打造长城沿线文化旅游产业“旗舰”和国内外长城文旅市场“代表”为目标，以全产业链布局为导向，聚焦文旅主业发展，强化创新驱动，突出项目支撑，形成了“政企服务、智库合作、产业服务、金融投资、长城 IP 赋能、文旅标准、城市 IP 打造、项目开发、文创开发、研究保护”十个板块协同发展的产业格局。

2. 举办第一届中国长城文旅产业峰会

2021 年在构建国际国内双循环及建设长城国家文化公园的大背景下，中国长城学会长城文化旅游工作委员会历经一年筹备，由国家文物局备案批准，中国长城学会、中国旅游研究院指导，中国长城学会

长城文化旅游工作委员会、中信旅游集团、中国东方演艺集团主办的第一届中国长城文旅产业峰会定于2022年11月在北京举办。

峰会以“新时代，新百年，新长城，心长城”为主题，围绕以新时代长城精神为长城文旅赋能、长城文旅产业的发展与探索及长城沿线经济带招商新认知三大议题，并邀请主办地、长城沿线15省404县市政府，金融投资、长城、文旅专家，文旅产业链相关头部企业代表进行主旨演讲，帮助长城沿线打造特色文旅项目及产品。

大会将通过主题论坛、专题论坛、展览展示、商务对接、直播宣传等全方位和丰富多彩的方式，为长城沿线各县市政府、文旅局及各文旅、金融企业搭建提供一个高效、高端、开放的交流合作平台、招商引资平台、产品宣传平台。本次峰会也要发布《中国长城文旅产业发展报告》，结合“长城+”的核心理念，开设一大主论坛、四大分论坛。同期征集长城沿线代表产品参与“中国长城沿线地理标识博览会”特色展示展出。以长城沿线旅游文化资源为核心要素，通过政策解读、文旅行业发展分析、项目推介等方式，生动呈现长城文化的独特创造、价值理念和鲜明特色，达到促进长城沿线文物和文化资源的保护传承利用，打造首个以长城文旅为核心的行业、产业顶级盛会及平台，从而推动长城文化和旅游产业融合发展的目的。

3. 长城国家文化公园建设分论坛

2020年9月29日，在国家社科基金社科学术社团活动资助下，由中国长城学会、北京市文物局、《文明》杂志社、中共北京市延庆区委宣传部主办，由延庆区文化和旅游局、延庆区八达岭特区办事处、中国长城博物馆、清华大学建筑学院文旅研究中心共同承办的“长城国家文化公园建设推动区域经济发展论坛”在北京延庆世园会酒店成功举办。中国长城学会长城文化旅游工作委员会为服务于长城沿线区域文化旅游经济发展，助力长城国家文化公园和乡村振兴大战略，在第一届中国长城文旅产业峰会设立以“长城文旅融合助力长城国家文化公园建设发展”为主题的长城国家文化公园分论坛。论坛邀请首批 45 个长城国家文化公园重点项目负责人及金融资本、长城、文旅专家及文旅相关产业链头部企业负责人参加本次论坛。

六、开展长城文旅数字化建设

2021 年 10 月中国长城学会长城文化旅游工作委员会在北京歌华集团首发长城文化产业数字化项目。项目将长城有形、无形、物理、虚拟、人文、观念等形态打包作为整体长城文化知识产权（IP），通过各种经营载体采用云计算、大数据、数字智能、边缘计算、区块链技术、数字孪生、物联网、AR\VR 等数字技术与“元宇宙”、数字藏品、产业互联网等数字科技与文化产业结合的生态方式，实现长城文化相关产业的数字化、智能化，促进长城沿线经济社会发展，实现长城文化相关产业价值的多维释放。

2022 年初长城文旅与百度签订战略合作协议，联合打造长城元宇宙平台，以成为中国文化旅游联通国际的桥梁为目标，共同推动长城元宇宙的建设、文创文旅业务的协同拓展与商业化应用，共同助力长城在元宇宙时代与全球文化旅游行业及消费者建立连接、增进国家文化传播、文创互动体验和价值转化。长城文旅还与浙江省首个规范化数字藏品平台杭州国际数字交易中心签署合作协议，作为数字经济的崭新业态和区块链技术推广应用的重要探索，对于弘扬传统文化、保护知识产权、鼓励创新创造有着积极的意义。

2022 年 1 月，长城文旅首发中国长城文旅智慧地图平台，平台根据《长城国家文化公园建设保护规划》及分段规划，对长城沿线 15 个省区市文物和文化资源进行数据和信息梳理，对以“核心点段支撑、线性廊道牵引、区域连片整合、形象整体展示”为原则的空间格局进

行地图化表达与多功能拓展应用的数字创意产业交互平台。

该平台对长城沿线相关节点与合作地区开展定制化“文化测绘”，结合各地特色资源，与食、购、住、行、育、乐、康、游等文化产品、服务、体验开发相结合，是长城文化旅游相关数据生产要素管理的基础工具，是内容信息创建、表现、传播与知识资产管理的操作界面，是推进“保护传承工程”的展示平台、促进“研究发掘工程”的创新平台、开展“环境配套工程”的统筹平台、实施“文旅融合工程”的创意平台和部署“数字再现工程”的协作平台。

中国长城文旅产业峰会还将在北京举行中国长城沿线地理标识博览会，博览会以长城沿线文化旅游为脉络，宣扬民族自信，树立系列民族代表品牌，汇聚长城沿线特色农副产品、代表工艺品、经典文化演出演绎，打造长城沿线 404 县“一县多品”特色展示展出。特面向全国征集“中国长城沿线地理标识”，诚邀长城沿线区县政府、文旅局、招商局、知名企业积极参与，树立当地长城沿线地理标识。征集名单将在新华网、中国网等主流媒体，长城文旅官方媒体广为宣传，并将作为当地代表作参与中国长城沿线地理标识大型博览会。优秀品类所在地政府领导、企业领导更将获得新华社乡村振兴频道独家采访机会，并在新华社 App 乡村振兴频道上进行展示宣传，同时通过（长城文创商业运营生态、头部电商运营、视频带货等）多种方式协助其拓展销售渠道，赋能长城沿线经济与社会发展，助力国家乡村振兴的大战略方针。

中国长城沿线地理标识大型博览会将是一场聚合产业链资源、展示与招商并举的交流大会。届时将有线下千余家企业、线上数万人参与本届盛会，旨在树立长城品牌、建立民族自信，助力长城沿线经济腾飞。

第三节
长城主题国家级旅游路线

我们在编制《长城文化和旅游融合发展专项规划》期间，编制组做前期研究时曾经提出，以长城文化遗产廊道为骨干，以“万里长城”国家风景道为依托，对接并整合长城文化和旅游融合发展集聚区，选择集中体现长城精神和长城价值、长城优质文化和旅游资源分布密集、跨越多个省市、辐射带动作用强、未来交通通达性较好的长城精华段落，串联长城旅游景区、文化和旅游城市等重要节点，推出长城参观游览联程联运经典线路，使其成为产品项目成熟、文化和旅游业态高度融合、交通连接顺畅的国家级长城文化和旅游经典线路。

后来规划文本进行了压缩，没有收入这部分内容。2022 年 10 月，中央各大媒体报道了文化和旅游部发布 8 条长城主题国家级旅游线路这一消息。将国家已经正式发布的长城主题国家级旅游线路和对线路特色的阐释收录于此，以帮助长城沿线各地方长城国家文化公园建设。国家文旅部虽然向社会推荐了这些路线和节点，但真正要将其做成有足够吸引力的旅游目的地，还需要各地做出很好的努力。长城主题国家级旅游线路分别为：

1. 长城文化遗产探访之旅

线路组成：黑龙江（碾子山金界壕旅游区）—辽宁（虎山长城景区、九门口景区）—河北（山海关景区、角山长城景区、青山关景区、喜峰雄关大刀园景区）—天津（黄崖关长城景区）—河北（金山岭长城景区）—北京（八达岭长城景区、慕田峪长城景区、居庸关长城景区、水关长城景区、司马台长城景区）—河北（大境门景区）—山西（李二口长城景区、右玉生态旅游景区、娘子关景区、偏关老牛湾景区）—内蒙古（黄河大峡谷·老牛湾旅游区）—陕西（镇北台长城景区）—

宁夏（镇北堡西部影城、水洞沟旅游区）—甘肃（乌鞘岭风景区）—青海（大通娘娘山景区）—甘肃（嘉峪关景区）—新疆（唐代克孜尔尕哈烽燧）。

线路特色：长城是中华民族的代表性符号和中华文明的重要象征，是我国现存体量最大、分布最广的世界文化遗产，是人类历史上的伟大建筑奇迹。本线路以明长城为主干，串联起以明长城精华段落为核心的旅游景区，展示我国古代的建筑技术和军事防御思想，让人们在领略长城壮美雄姿的同时，了解长城沿线地区波澜壮阔的历史和丰富多彩的文化，增强文化自信和民族自豪感。

2. 长城红色精神传承之旅

线路组成：辽宁（葫芦岛市塔山阻击战纪念馆、东北抗日义勇军纪念馆等）—内蒙古（多伦县察哈尔抗战遗址、武川县大青山抗日游击根据地旧址、乌兰夫故居及乌兰夫纪念馆、百灵庙抗日武装暴动纪念碑等）—河北（喜峰口长城抗战遗址、罗文峪长城抗战遗址等）—北京（古北口长城抗战纪念馆等）—河北（涞水县野三坡平西抗日根据地、涞源县雁宿崖黄土岭战斗遗址、冷口关长城抗战纪念馆等）—河南（红二十五军鏖战独树镇纪念地等）—山东（莱芜战役纪念馆等）—山西（灵丘县平型关大捷遗址、平型关烈士陵园、代县雁门关伏击战遗址等）—陕西（吴起镇革命旧址、绥德县革命历史纪念馆、定边县三五九旅窑洞遗址等）—宁夏（固原市隆德县六盘山长征纪念馆、西吉县中国工农红军长征将台堡会师纪念碑、盐池县革命烈士纪念馆等）—甘肃（环县河连湾陕甘宁省委省政府旧址、华池县南梁革命纪念馆、会宁县红军长征会师旧址、古浪县红军西路军古浪战役遗址、高台县中国工农红军西路军纪念馆等）。

线路特色：“起来！不愿做奴隶的人们！把我们的血肉筑成我们新的长城！”长城和中华民族的命运息息相关，凝聚了自强不息的奋斗精神和众志成城、坚韧不屈的爱国情怀，见证了中华儿女保家卫国、开拓进取的英雄事迹。中国共产党领导中国人民，矢志不渝，接续奋斗，谱写出震撼人心的史诗。本线路依托平型关、雁门关等长城抗战纪念地以及甘肃会宁、宁夏六盘山等地的全国红色旅游经典景区，联动沿线抗战、长征纪念设施等红色遗存，让人们铭记红色历史，赓续红色血脉。

3. 长城冬奥冰雪运动之旅

线路组成：北京（居庸关长城、八达岭长城、国家高山滑雪中心）—河北（大境门景区、太子城考古遗址公园、崇礼长城、国家越野滑雪中心、国家冬季两项中心、国家跳台滑雪中心）。

线路特色：古老长城与奥运五环跨越时空紧紧相拥。2022年，长城文化与冬奥文化完美融合，实现了“长城脚下看冬奥、冬奥赛场看长城”。长城成为让世界感知中国魅力的绝佳窗口，向世界展示了中华民族开放交流的文化自信、开放包容，展示了世界文化遗产保护的“中国智慧”和“中国经验”。本线路让人们在冬奥会赛事核心区欣赏长城景观，体验运动乐趣，感受长城所凝聚的自强不息的民族精神与更快、更高、更强、更团结的奥林匹克格言交融。

4. 长城自然生态休闲之旅

线路组成：黑龙江（三道关国家森林公园等）—吉林（五女峰国家森林公园、吉林龙湾群国家森林公园等）—辽宁（天桥沟国家森林公园、医巫闾山风景区、三块石国家森林公园等）—内蒙古（清水河老牛湾国家地质公园、乌拉山国家森林公园、阿力奔草原天池生态旅游区、额济纳胡杨林旅游区、克什克腾世界地质公园等）—北京（延庆世界地质公园、黄花城水长城旅游区等）—天津（蓟州区国家地质公园、梨木台风景区、九山顶自然风景区、盘山风景名胜区等）—河北（山海关国家森林公园、迁安－迁西国家地质公园、白羊峪风景名胜区、青山关风景名胜区、河北塞罕坝国家森林公园、白石山国家森林公园等）—山东（沂山国家森林公园等）—河南（新密魏长城文旅融合区等）—陕西（红石峡生态公园、靖边丹霞自然风景区等）—宁夏（水洞沟国家地质公园、宁夏沙坡头国家级自然保护区等）—甘肃（七彩丹霞景区、山丹军马场等）—青海（贵德黄河清国家湿地公园、大通老爷山风景名胜区等）—新疆（和田大漠胡杨生态景区等）。

线路特色：跨沙漠，跃草原，登高山，傍黄河，横扫千里戈壁，饮渤海波涛，长城与沿线地区广袤的山岭、草原、森林、戈壁、沙漠、黄河等生态资源交相呼应。本线路依托长城沿线各类自然景观资源，阐释人类与自然和谐共生的价值理念，让人们感受人与自然和谐共生的雄浑壮丽景观，深刻领会“两山”理念的科学内涵，培育热爱祖国大好河山的情怀。

5. 长城多元文化体验之旅

线路组成：辽宁（广宁城、清河城等）—内蒙古（鸡鹿塞、光禄塞、居延遗址内蒙古部分、元上都遗址等）—河北（山海关、大境门、喜峰口、来远堡、倒马关等）—山西（得胜堡、杀虎口、雁门关等）—陕西（榆林款贡城等）—宁夏（镇北堡、清水营堡、花马池城等）—甘肃（汉长城玉门关及烽燧、汉长城阳关烽燧、敦煌悬泉置遗址、居延遗址甘肃部分等）—青海（贵德古城等）—新疆（北庭故城遗址、拉依苏烽燧等）。

线路特色：长城是安定与和平的保障，更是文明交融的丰碑。自秦汉至明清，长城守护着商业贸易路线的畅通无阻，留下茶马互市促进民族融合发展的浓墨重彩的一笔，也见证了游牧文化与农耕文化、中原文明与西域文明的交融发展，成为不同文明互通有无、交流互鉴的场所。本线路选取了丝绸之路、万里茶道、辽西文化走廊等商贸道路上的重要边关、古城，展现不同历史时期长城内外的多元文化。

6. 长城古城新貌发现之旅

线路组成：辽宁（北镇市、辽阳市等）—河北（秦皇岛市山海关区、迁西县等）—天津（蓟州区等）—北京（昌平区、怀柔区等）—河北（保定市、张家口市宣化区、正定县等）—山西（大同市、偏关县、宁武县等）—陕西（绥德县、榆林市等）—宁夏（银川市、固原市等）—甘肃（张掖市、临洮县等）。

线路特色：发现古城新貌，领略古城新韵。在波澜壮阔的历史长河中，长城沿线诞生了许多古城名镇。这些古城犹如珍珠点缀分布于万里长城巨龙之躯。曾经的边塞要地，现今已成为百姓宜居宜业的现代化城市。本线路主要选取明长城的九边十三镇以及国家历史文化名城，让人们探古揽胜，品读古城文化，感受长城的勃勃生机与活力。

7. 长城古村名镇寻访之旅

线路组成：辽宁（凤城市凤山区大梨树村、绥中县永安乡西沟村等）—北京（延庆区八达岭镇、怀柔区渤海镇、怀柔区九渡河镇西水峪村、怀柔区雁栖镇官地村、怀柔区渤海镇慕田峪村、密云区古北口镇司马台村、密云区冯家峪镇西白莲峪村、平谷区金海湖镇将军关村、昌平区流村镇长峪城村、昌平区南口镇居庸关村、门头沟区斋堂镇爨底下村等）—天津（蓟州区下营镇黄崖关村等）—山东（长清区万德街道长城村、莱芜区茶业口镇上王庄村、莱芜区一线五村、博山区和尚房村等）—河北（抚宁区驻操营镇板厂峪村、山海关区孟姜镇北营子村、滦平区巴克什营镇花楼沟村、迁安市大崔庄镇白羊峪村、涞水县九龙镇大龙门村、阜平县龙泉关镇龙泉关村、涞源县白石山镇白石口村等）—河南（新密市楼院村等）—山西（平定县娘子关镇、天镇县逯家湾镇李二口村、偏关县老牛湾镇老牛湾村、山阴县张庄乡旧广武村等）—内蒙古（清水河县北堡乡老牛坡村、北堡乡口子上村、老牛湾镇，丰镇市隆盛庄镇隆盛庄村等）—陕西（神木市高家堡镇、横

山区响水镇响水村、靖边县镇靖镇镇靖村、吴起县长城镇长城村等）—宁夏（大武口区长胜街道龙泉村、西夏区镇北堡镇镇北堡村、盐池县高沙窝镇兴武营村、彭阳县城阳乡长城村等）—甘肃（敦煌市阳关镇等）。

线路特色：长城脚下一幅画，那是我故乡。长城沿线村镇，或依山傍水、幽静秀美，或保存了大量古迹，或拥有独特的民俗风情，承载着铸就着万里长城的精神，有着无可替代的文化价值。它们是活着的长城，是中华文化传承的鲜活载体。长城国家文化公园建设的推进，让古村镇在文化和旅游融合发展中焕发生机与活力，开启了新时代乡村振兴的新篇章。

8. 长城多彩艺术感悟之旅

线路组成：内蒙古（阴山岩画等）—辽宁（万佛堂石窟等）—河北（山海关中国长城文化博物馆、大龙门摩崖石刻等）—天津（黄崖关长城博物馆等）—北京（中国长城博物馆、居庸关云台等）—山西（云冈石窟等）—陕西（榆林红石峡、钟山石窟历史博物馆等）—宁夏（固原博物馆、须弥山石窟、贺兰山岩画、宁夏长城博物馆等）—甘肃（莫高窟、麦积山石窟、嘉峪关长城博物馆等）—新疆（克孜尔石窟等）。

线路特色：源远文脉传古今。长城是一座稀世珍宝，沿线也聚集了一批有非凡艺术价值的文物古迹，石窟、岩画、雕刻、壁画等不胜枚举。同时，长城沿线还有众多展陈丰富的长城主题博物馆，记录着中华民族文化交融的辉煌。本线路通过对长城沿线的文物古迹以及主题博物馆进行串联，让人们一起打开长城文化宝库，感悟中华民族的多彩艺术，尽情体会闪烁其中的中华文明和智慧光彩。

第四节
长城文创产品研发

我们应该从长城世界文化遗产的保护、教育和创新三个方面重点发展文化产业，实现可持续发展。利用市场机制和政府的支持政策，联合长城世界遗产沿线省市、地区，动员一切关注长城保护的国际友好人士，共同围绕长城的保护、教育和创新，有序设计、开发长城文化创意产品，坚持系列化的文化创意产业发展之路，形成产品链条，打造和传播“长城文化”。公众接触文化遗产是整个社会关注文化遗产的前提，用兼具观赏性与实用性的文创产品积极推动“长城文化”的学习，引发思考和获取精神升华非常重要和必要。只有长城文化融入当代社会生活的方方面面，长城世界遗产才会“活起来”，并且这样“活起来”的长城世界遗产才能走可持续发展的道路。

一、鼓励长城文化艺术产品创新

鼓励长城文艺创作，讲好长城故事，传播长城价值。深入挖掘长城文化艺术资源，鼓励多种形式的长城文化艺术创作，以长城文化、长城价值、长城精神为核心，鼓励各文化及艺术团体、单位，开展重点文化艺术创作，推出一批展现长城文化的优秀文化艺术作品，讲好长城故事，传播长城文化，彰显长城价值，弘扬长城精神，塑造中国长城的品牌形象。

倡导多形式的长城文化艺术创作，促进长城文艺与旅游融合发展。鼓励各文化艺术团体、企事业单位及社会公众，以长城文化为主题，以文学、戏剧、音乐、舞蹈、曲艺、美术、摄影等艺术表现形式，推陈出新，百花齐放，推出集中展现长城历史与文化、价值与精神，形式新颖、内涵丰富的时代主题作品，全方位传播中国长城及长城文化，

为“讲好长城故事”“讲好中国故事”提供丰富而优秀的文化艺术作品，为弘扬中国传统文化和时代精神提供全面而深刻的素材。鼓励长城景区及沿线城镇举办各级各类长城文化艺术节，常态化地展演展览长城优秀文化艺术作品。积极引导长城景区与文艺院团、演出机构合作，推出以长城文化为主题的实景演出、驻场演出、定制类演出及旅游巡演项目，促进长城文化与旅游资源的融合发展。

建设文化艺术创作基地，培育长城文化艺术创作专业人才。实施长城文化艺术作品创作扶持工程，研究发布长城题材重点文艺创作名录，在国家级文艺创作工程和国家艺术基金资助项目中，加大对长城文艺作品的支持与扶持力度。依托大型长城景区和重点长城城镇，建设长城文化艺术创作基地，为文艺院团、艺术院校、艺术研究机构、剧场和演出院线搭建文化艺术作品创作、研讨、交流、合作及生产平台。鼓励长城景区与沿线具备条件的城镇设立“长城文化艺术创作人才培养计划项目”，培育长城文化艺术创作的专业人才。

在这里举一个例子，这就是山海关大型室内史诗演出《长城》。这个项目设在秦皇岛山海关“天下第一关”景区“长城第一秀”文创集群内，剧场占地约4000平方米，观众席800座。由秦皇岛第一秀长城演艺文化传媒有限公司出品，中国山水实景演出创始团队——山水盛典文化产业股份有限公司进行创作、制作。中国山水实景演出创始人、山水盛典董事长梅帅元担任演出总导演，边发吉担任总顾问，张福利担任出品人，韩磊演唱主题曲，我也参与了这个项目并担任总策划。

这台节目采用创新的环绕式多重影像系统，在50分钟的篇幅内塑造出秦皇岛宏大壮阔的“山海之怀，长城之魂”，用浓烈的笔墨展示了长城文化及生活在这片土地上人们深沉、细腻的“爱情故事”和“家国情怀”。该剧从秦皇岛长城原生文化提炼核心符号，从新时代历史视角来解读、阐释这座“山海之城”“天下第一关”的独特风情，进而化为国内外游客打开尘封千年的“历史雄关”的一把钥匙，在山海涌动的历史洪流中，读到“此山、此海、此人”，读懂“此城、此关、此魂”。

《长城》用“复活”“出征”“离乡”“筑城”“天下”“光明”六幕叙事，来阐述家国情怀的追求、民族大义，战争的壮怀激烈，和平的来之不易。从而展现演出的主题——“江山永固、长城不老”。根据室内剧场建筑自身的特点，该剧在有限的空间内，以“长城”为演出的主角，充分发挥了新型环绕式多重影像系统的优势，将有限的空间进行了“破壁”式的延伸。

除此之外，通过隐藏式机械装置、程控式多轨威亚、天候模拟系统、复合式工程投影体系等诸多创新舞台技术的综合应用，构筑空间、时间、天候等多维度的立体观赏感受，《长城》给予观众巨大的视觉冲撞和心灵震撼。大型室内史诗《长城》，已经成为在山海关脚下第一部展现中华民族文化自信、长城文化与精神的演出佳作，成为秦皇岛山海关文化旅游新地标。

二、开发非遗文化体验类旅游产品

加强长城沿线非物质文化遗产的保护、传承与合理利用。深入挖掘长城沿线非物质文化遗产资源，在有效保护的基础上，鼓励长城景区及依托城镇，开发非遗文化体验类旅游产品，促进长城沿线各类非物质文化遗产的传承与振兴发展。

积极开发多种形式的非遗体验类旅游产品，促进文化与旅游融合发展。鼓励长城景区及依托城镇，以长城沿线各类非物质文化遗产为主题，以非遗博物馆、非遗作品陈列馆、非遗体验作坊（工坊）、非遗展示中心、非遗文创基地、非遗主题乐园、长城非遗记忆馆等为载体，以传统歌舞及曲艺表演、传统体育赛事及游艺竞技表演、非遗民俗节事体验、传统工艺展示、民俗技艺体验、文创产品设计等表现形式，开发主题多元、类型多样的非遗体验旅游产品，提升非遗文化的附加值，促进非遗文化与旅游产业的融合发展。

建设长城非遗文化体验基地，打造非遗产品。鼓励部分有条件的长城景区或依托城镇，建设长城非遗文化体验基地，高标准配置非遗传承体验场馆及配套设施，保障非遗体验活动及项目的顺利开展。实施长城非物质文化遗产传承人制度，支持非遗传承展示空间的建立和发展。举办非遗传承人培训班、研讨会，促进和推动非物质文化遗产的交流、传播、传承、利用。以特殊节庆活动、演艺活动、非遗展示、文创产品为核心内容，打造“万里长城、中国风采”非遗文化体验产品品牌，彰显长城文化魅力，形成多彩的长城文化展示平台。

三、大力开发长城研学旅游产品

充分挖掘长城文化的历史和教育价值，深度挖掘长城文化价值，将长城研学旅游作为实施素质教育、国情教育、爱国主义和革命传统教育，培育和践行社会主义核心价值观的重要载体。推出长城历史文化研学旅游、长城军事文化研学旅游、长城红色文化研学旅游、长城文学艺术研学旅游、长城生态文化研学旅游等主题研学旅游产品，弘扬中华优秀文化，激发爱国主义情怀。

鼓励和扶持文化和旅游企业开发研学旅游产品。鼓励和扶持长城旅游景区、遗址公园、博物馆、文化展示园、文化陈列馆、非物质文化遗产展示中心开展研学旅游活动，鼓励旅游经营机构与教育机构合作设计和开发长城研学旅游产品，针对不同年龄段研发有丰富内涵的研学旅行产品，开展历史文化宣讲、长城遗产价值体验、长城国防安全及抗战精神弘扬、长城文物考古及科研培训、长城体能拓展训练等主题的系列研学旅游活动，组织系列研学项目和实践教育活动。

完善长城研学旅游设施和服务配套设施，建设研学旅游基地。依托长城景区和沿线城镇建设服务于研学旅游的交通、食宿服务设施，提升长城研学旅游的服务保障和安全保障水平。建设长城研学旅游基地，鼓励发展长城夏令营、冬令营等研学旅游项目，打造融素质教育、文化体验教育、自然生态教育、长城艺术教育多种业态于一体的长城研学旅游基地。依托研学旅游基地建设打造“长城研学人生必修课”旅游产品品牌，使得“长城研学”成为全国大中小学生的课外必修课。

在这方面秦皇岛做了很好的示范。2019 年暑假期间，河北省秦皇岛市海港区开展“趣山海火车·学长城文化”秦旅山海长城文化体验行活动。很多媒体都对此次活动做了报道，活动由“董耀会长城文化推广实验校”中的海港区教师发展中心附属实验学校、耀华小学、东港路小学、和安里小学四所小学共 600 余名学生担任长城公益小讲解员，参加活动的学生分批次在“秦旅山海号”旅游列车上以快板、拍手歌、跳舞等多种形式为游客讲解秦皇岛长城文化。基本做到了每个孩子都能上小火车，在向游人宣传长城精神、地域文化的同时，孩子们自身的认识也提高了。

学生的社会实践能力提高很重要，刚上小火车的时候，有的孩子紧张得腿都打战。接近一个小时的讲解之后，孩子们可以很自然地同游人进行交流了。“趣秦皇岛”城市文化符号，同时，面向市场推出一批趣旅游、趣民宿、趣活动、趣商品等旅游服务和产品，致力于打造一座有“趣”的城市。“趣山海火车·学长城文化”将文化底蕴深厚的长城与具有时代特征的城市符号相结合，让秦皇岛市民与游客能够更好地体验和感悟长城文化。

燕山大学长城文化研究与传播中心的“董耀会长城文化推广实验校”，目前已经发展为 23 所中小学，分别为秦皇岛市第十九中学、山海关桥梁小学、海港区和安里小学、耀华小学、教师发展中心附属实

验学校、东港路小学、北环路小学、文化里小学、交建里小学、青云里小学、东港镇第一小学、东港镇第二小学、东港镇第三小学、海阳镇鲤泮庄小学、海阳镇海阳小学、明珠学校、求实小学、驻操营学区义院口小学、新一路小学、石门寨小学、缪庄小学、白塔岭小学、七中集团玉龙湾校区。在10多年的长城文化推广和长城研学课程开发中团结协作，师生共同践行并弘扬团结统一、众志成城的爱国精神，坚韧不屈、自强不息的民族精神，守望和平、开放包容的时代精神。

四、有序开发长城乡村旅游产品

鼓励长城沿线村镇发展乡村旅游和休闲农业。依托长城沿线村落良好的自然生态环境和农业生产资源，以休闲农业示范县、乡村旅游示范村、国家历史文化名村为抓手，以旅游与农、林、牧、副、渔等产业的融合发展为方向，推动长城乡村旅游与长城边关风情、民族文化、边塞文化、非遗文化融合，培育多元乡村旅游业态，不断完善地方餐饮、特色民宿、特产购物、民俗体验、乡野休闲、主题娱乐等配套服务设施，促进农业提档升级、农民增收致富、农村提质增效。

深入挖掘乡村文化，建设长城乡村旅游基地。深度挖掘长城沿线农耕文化、牧游文化、渔猎文化及各类非物质文化遗产，以打造“长城人家”“长城社区”“非遗村落”为核心，建设长城乡村旅游基地，促进长城沿线文化和旅游产业的融合发展。扩大乡村旅游产品的品牌影响力，统一打造“长城人家、多彩风情”乡村旅游品牌，助力沿线乡村振兴。

完善长城沿线乡村旅游配套设施，提升乡村旅游品质及档次，改善长城与周边村落的交通衔接。结合长城沿线文化、生态及乡村资源优势，鼓励有条件的村镇因地制宜发展特色长城民宿，塑造“长城人家”“长城社区”旅游品牌。引导长城沿线村落开展多元业态经营，完善餐饮、购物、娱乐等多种设施。支持长城沿线乡村景观美化、绿化。推动长城沿线乡村旅游重点村扩容升级。加大乡村智慧化基础设施建设和信息高速公路建设。

五、推动长城文化 IP 创意商业化

国家统计局公布 2020 年中国文化及相关产业增加值为 44945 亿元，比上年增长 1.3%，中国文化产业以其独特的魅力和惊人的成长性吸引了全球的目光。时至今日，文化产业已经成为一项重要的支柱产业，不仅推动了经济的发展，也提升了国家参与世界竞争的“软实力”。

长城作为中国最亮眼的品牌，2019 年中国长城学会长城文化旅游工作委员会成立国内首个长城文化创意产业平台“长城文创”。平台以提出将长城文化打造成一个能够代表中华民族精神和文化高度的重要 IP 标志。并通过多元化创新深度挖掘开发长城文化，以长城沿线 15 个省市为文化脉络，打造以长城文化为核心要素，以创新、创意、创造为内核，从源头文化 IP 赋能、内容策划、创意设计，产品生产、商业运营等全产业链商业平台。

1. 打造新时代人文精神代表品牌“长城文创”

长城文创以长城 IP 为基础，依托于专业的策划、设计、运营、管理、服务等相关全产业链团队和资源整合优势，致力于为长城沿线优质文化 IP 和品牌提供多元化一站式 IP 增值解决方案。品牌立足文化核心，以文化实体为依托，以文化 IP 为内容，打造内外兼修、表里如一的精品文化创意全产业生态，让文化可见、可听、可触、可感知，形成长城 IP+ 故事 IP+ 形象 IP+ 产品 IP+ 企业 IP 的全生态 IP 产业链，铸就新时代中国人文精神代表品牌。长城文创平台整合多领域创新人才、资金、高新技术、供应链、商业生态系统等多项要素，将长城以往保

护和研究的原创性内容，进行文化创意规模化、产业化，助力长城文化社会影响及经济转化。

2. 举办中国长城文创大赛

2021年经国家文物局批准，中国长城学会指导，中国长城学会长城文化旅游工作委员会、中国东方演艺集团联合主办的每年一届“中国长城文创大赛”在北京举行首次新闻发布会暨启动仪式，大赛围绕长城文创开启文创中国为主题，以长城沿线15个省市404个县区为重点赛区。力求进一步激发全民长城文化创新创造活力，通过大赛更好地发挥作为长城文化创意产业的助推示范及带动长城文化产业发展，推动文化走出去和引进来，促进文化交流交融和互鉴。打造首个围绕长城文化IP具有代表性的权威、专业的文创盛事。2022年中国长城文创大赛与中国东方演艺集团联合发行建设文化艺术创作基地，做好“长城文化艺术创作人才培养计划项目”，培育长城文化艺术创作的专业人才。

3. 弘扬长城精神，助力乡村振兴

2022年3月，为积极配合推进建设长城国家文化公园，推进长城文化产业发展，充分发挥长城文创品牌作为中国文化创意产业发展作用，长城文创在新华社APP设立长城文创专栏，栏目以弘扬长城精神，宣传长城沿线城市文化及创意产业，助力长城沿线乡村振兴及经济发展为主旨；联合新华社APP乡村振兴频道、中信旅游集团在2022年9月举办首届中国长城地理标识博览会。博览会以一县多品联合长城文创商业生态系统线上线下多维度展示、赋能、销售长城沿线城市特色产品助力。同期开设《长城对话》栏目，书记面对面解说，让更多人了解长城沿线城市和乡村经济社会发展特色。

第五节
建设长城国家步道

改革开放以来，我国人均收入和消费水平不断提高，带动了国民的旅游热，国外游人对长城及长城沿线特有的自然和人文景观更是兴趣十足。随着长城国家文化公园建设工作的展开，长城文化和旅游融合发展是各地建设长城国家文化公园的重要思考和探索方向。这几年，我陆续参与了地方长城保护与开发相关工作。就目前长城沿线文化和旅游发展来看，主要还是以长城旅游景区为主，延续着老路子、老模式。而长城是线性、带状的文化遗产，景区式的文旅项目辐射带动效应较弱，没有发挥长城的长处。从投入产出效率来说，景区投入相对较大，回收周期长。而长城沿线，除北京外都是相对落后的地区，社会资本很难进入。这些地区如何利用国家文化公园建设的历史机遇，抓住疫情防控常态化下人们无法出国文旅消费只能在国内的机遇期和国家内循环战略窗口期，由政府引导推动，发展品牌文化突出、投入小、带动效应大的文旅融合项目，是各地文旅融合发展破题的关键。

自 2020 年以来，新冠疫情虽严重影响着文旅产业，但又催生了新的机遇——人们对健康前所未有的关注，更加热爱户外活动。户外运动休闲消费增加是必然的趋势，会催生出庞大的人群基数并孕育出巨大市场。户外开放场地模式与长城文旅产品的结合有人文底蕴特色、低参与门槛、低单价、大众化、高频次等优点。这有望成就未来文旅新趋势，开辟新航线，打破老路子、老模式，将长城文旅融合发展带上创新精彩之旅。

一、"十四五"全民健身国家战略发布，给长城文旅融合发展注入新的活力和发展机会

2021 年 8 月 3 日，国务院印发《全民健身计划（2021—2025 年）》（以下简称《计划》），就"十四五"时期促进全民健身更高水平发展，更好满足人民群众的健身和健康需求作出部署。《计划》指出，要以习近平新时代中国特色社会主义思想为指导，贯彻落实党的十九大和十九届二中、三中、四中、五中全会精神，坚持以人民为中心，坚持新发展理念，深入实施健康中国战略和全民健身国家战略，加快体育强国建设，构建更高水平的全民健身公共服务体系，充分发挥全民健身在提高人民健康水平、促进人的全面发展、推动经济社会发展、展示国家文化软实力等方面的作用。

为什么说"十四五"全民健身国家战略发布会给长城文旅融合发展注入新的活力呢？

首先，《计划》制定了详细的发展目标。《计划》要求到 2025 年，全民健身公共服务体系更加完善，人民群众体育健身更加便利，健身热情进一步提高，各运动项目参与人数持续提升，经常参加体育锻炼人数比例达到 38.5%，县（市、区）、乡镇（街道）、行政村（社区）三级公共健身设施和社区 15 分钟健身圈实现全覆盖，每千人拥有社会体育指导员 2.16 名，带动全国体育产业总规模达到 5 万亿元。

其次，《计划》提出了 8 个方面的主要任务。包括加大全民健身场地设施供给、广泛开展全民健身赛事活动、提升科学健身指导服务水平、激发体育社会组织活力、促进重点人群健身活动开展、推动体育产业高质量发展、推进全民健身融合发展、营造全民健身社会氛围等。

最后，是组织机制的保障。《计划》要求，加强党对全民健身工作的全面领导，发挥各级人民政府全民健身工作联席会议的作用，推动完善政府主导、社会协同、公众参与、法治保障的全民健身工作机制。县级以上地方人民政府应将全民健身事业纳入本级经济社会发展规划，制定出台本地区全民健身实施计划。

《计划》特别提到促进体旅融合，支持通过普及推广山地户外运动，打造一批有影响力的体育旅游精品线路、精品赛事和示范基地，引导国家体育旅游示范区建设，助力乡村振兴。

二、建设“长城国家文化步道”，打造长城文化和旅游融合发展的金名片

随着“十四五”《计划》发布，我国全民健身国家战略深入实施，人民群众通过运动健身促进健康的热情正日益高涨，运动消费人群将在未来呈现爆发式增长。在“健康中国”和“全民健身”双国家战略的叠加势能下，服务全民健身就是在服务未来发展。新冠疫情防控常态化的当下，亲近自然的户外运动呈爆发式增长，从发挥万里长城山水人文和线性带状优势出发，选择参加门槛低、运动人群基数大的徒步运动项目，在长城沿线建设“长城国家文化步道”，将是长城文化和旅游融合发展的金牌解决方案。意义如下：

一是从国家文化公园、健康中国和全民健身的国家战略实施层面来讲，“长城国家文化步道”项目的提出，是势能的集聚和复合资源的高效应用，更是要创立一个国家级品牌，打造一张“长城国家文化步道”的中国国家人文名片。这对中华文化的传播，对健康中国和全民健身建设，对长城区域的旅游开发与经济发展，都有不可估量的作用。

二是从地方社会经济发展的层面来讲，“长城国家文化步道”建设完全可以成为区域社会经济发展的突破口。“长城国家文化步道”践行“人员职业化、服务标准化、组织社群化、产品品牌化、内容差异化”的运营开发理念，通过独具人文魅力的长城户外体育运动引客导流，

以长城内外的吃、住、行、游、购、娱等旅游业态把体育产业价值转化出来，来实现“1 加 1 大于 2”的发展目标。

三是从加强我国国际传播能力建设的层面来讲，以国际通用语言“体育”为表现形式，以徒步运动为载体，以追求和平的长城精神为内核，线上线下结合讲好长城故事，传播和平合作声音，向世界展示长城所包含的中华人文精神和独特自然生态，将“长城国家文化步道”打造成为国家品牌，展示真实、立体、全面的中国。

三、“长城国家文化步道”怎么建设

“长城国家文化步道”是独具长城文化魅力，以徒步户外运动为特色的产业发展项目。依托长城区域的生态和文化资源，本着以服务徒步人群为中心，“长城国家文化步道”怎么建设，直接关乎其能否发挥行业效能与商业价值。

“长城国家文化步道”建设，核心吸引物是长城文化遗存和长城历史文化。要结合国土空间规划，严格按照《长城保护条例》《长城保护总体规划》、当地城乡总体规划、自然生态保护区规划、文化文物保护区和风景名胜区等规划开展工作。要始终坚持保护第一、传承优先、强化融合、全线统筹和因地制宜的建设原则。

（一）人员职业化

情感交流才是长城徒步旅游者的最大需求。怎样让前来徒步旅游的游客的情感得到满足，期待而来，满载而归，是“长城国家文化步道”建设考量的核心问题。长城是中国最有代表性的文化遗产，形成的长城文化生态是有情感、有知识、有趣味、有价值的。长城历史文化已经成为中国人的共同情感记忆，文化的交流互动和继承发展将成为“长城国家文化步道”建设中一道亮丽的风景线。

1. 长城属地的服务人员职业化探讨

走过国际上很多著名的徒步线路，会发现一个有趣也很流行的徒步文化现象，就是以当地居民为人文解说和领队向导。祖祖辈辈生活在当地的居民以遗产地主人的身份亲自给游人绘声绘色做解说，更能提高徒步者的文化体验和价值认同感。这种方法在“长城国家文化步道”的人力建设中可以很好普及。世代居住在长城内外的这些农民和长城遗址，包括长城的关隘和城堡之间，都有着深厚的情感联系。

因此，“长城国家文化步道”的建设，不要一上来就盯着长城的建筑，要用心关注居住、生活在长城附近的一代代人。通过这些年的走访调研，我发现长城沿线村庄的农民，目前大部分都是以出去做工为主，到了体能跟不上出去务工需要时，第一代农民工回乡养老还能以种地为生，第二代以至后代的农民工回乡，很多人甚至连地都不会种了。

国家体育总局已经形成了针对户外运动社会体育指导员的分级职业培训体系。现在活跃在市场上的户外运动从业人员已经通过实践证明，具有初中以上学历和学习欲望的人，经过一个月的培训学习，就能通过国家户外运动社会体育指导员职业资格考试，拿到证书。

通过发展“长城国家文化步道”，编辑好《徒步服务指导手册》，对有意愿进行户外运动的第二代以至后代的农民工或居民进行户外运动就业职业技能培训，就能形成当地导游群体，更能解决当地就业和可持续发展的问题。结合当下盛行的直播等网络工具，长城徒步领队和解说还可以网络化。游人走到这个地方，手机上自然会接到有关的推送，进行带货直播，还可以进一步带动当地农产品的销售。建设“长城国家文化步道”，是解决长城沿线农村农民生存与发展问题的有效手段。

2. 招才引智补齐品牌建设和营销人才短板的思考

体育是创意服务产业，长城沿线城市和乡镇的专业创意服务人才十分匮乏。引进专业创意服务人才，提升专业服务能力，决定着长城徒步户外运动产业的发展前景。

建设“长城国家文化步道”需要地方政府重视并引入大城市做过产品、服务过客户的职业化人才和团队，解决年度产品策划、品牌营销和渠道建设问题，和本地的落地团队形成协作，优势互补，打造徒步服务产品。同时，我们需要时刻了解客户需求，因时而异、因势而异地制定政策，打磨产品。

（二）步道自然化

长城区域有着深厚的历史，鲜明的地理、气候和自然景观。一直以来，长城沿线现实与历史、精神与文化、生态与自然、生产与生活的多种元素融合，形成了一条条步行线路和人行通道路径，可以观赏到长城建筑形态各异的关口、卫城、所城、墩台、烽燧等，满足全国摄影、徒步、越野爱好者们领略浓郁人文风情和优美自然环境的需求。

建设“长城国家文化步道”，要将这些路径经过细致的盘点，本着广阔的景观视野、保持起伏变化、总体保持线性（以便国家整个长城步道实现连接）局部创建环线，避开不稳定地质环境的原则，按照徒步户外运动项目和参与人群的需求，通过科学的梳理规划连接，建立统一系统。统一系统包括但不限于标识系统、安全保障系统、交通设施系统、食宿补给系统、休闲服务系统、环境保护系统，有条件的可以增加智慧服务系统。

自然生态和文化生态是“长城国家文化步道”建设的两个重要方面，“望得见山，看得见水，记得住乡愁”，既是自然生态，也是文化生态。长城沿线的古城、古镇、古村和相关的文化遗址、遗迹，都是长城的重要组成部分。长城沿线保存下来的各级非物质文化遗产，也都是需要保护和借助的文化生态。这里特别要强调的是：在建设过程中，原有路径的修整和各条路径的连接，不要搞扩宽、硬化、添设台阶和木栈道等手段，步道基本采取土路面、沙石软路面等自然路面为主，有条件的情况下尽量兼顾徒步、越野跑和山地车骑行的需要，做好路面排水和排险。自然路面建设和后期维护管理成本都很低，生态环境效果又很好，能够让游人有亲近自然的感觉。

（三）服务标准化

从步道建设到产品打造，从营销策划推广到落地执行监督，都需要重视服务标准化。“长城国家文化步道”建设的标准化应包含三个层面：一是“长城国家文化步道”相关从业人员的职业行为规范，二是“长城国家文化步道”相关从业人员所需要的职业技能与职业经验，三是在岗工作应该具备的职业操守和职业素养。

服务标准化是保证服务质量，未来打通与国内和国际各个徒步社群、旅行社等机构组织合作的重要工作。

（四）组织社群化

在这个移动设备普及、万物互联的时代，一群有共同兴趣、认知、价值观和消费习惯的用户容易被聚集在一起。以前单一消费个体，已经变成了消费群体。体育消费的群体属性尤其明显，他们聚焦体育行业媒体，聚集在项目运动精英周边，以俱乐部、协会组织和线上社区为平台，形成了自运转、自循环的体育项目社群系统。

社群化能力是“长城国家文化步道”建设和服务落地的重要环节。在每一段落地的“长城国家文化步道”，建议均以属地特色的长城名称成立徒步协会。在步道建成后，通过协会发展各乡镇俱乐部，建立户外领队和周边服务队伍。同时，制定行业管理标准，建立协作体系，统一规范产品和服务，向外沟通联络，实现“长城国家文化步道”的自我服务、自我协调、自我监督、自我保护，以核心圈子沉淀高价值

内容提升长城步道徒步社群的持续发酵能力，从共享中实现运营发展。

（五）产品品牌化

长城是精神和物质的复合体。体验是长城产品的主要形式。讲好长城故事，守住文化根脉，是“长城国家文化步道”产品品牌化建设的重要方面。

在长城沿线建设“长城国家文化步道”，需要深度挖掘属地长城文化资源，以文字、标记、符号、图案和颜色等要素，面向不同人群，找准需求、差异化定位，创造有态度的创意产品内容，引发与长城的互动效应，以品牌化思维打磨产品。

“长城国家文化步道”建设要深度挖掘长城的历史文化属性、美学特性、科学属性，将徒步穿越、户外露营、自驾休闲、摄影、户外写生、自然教育、研学旅行和家庭亲子等社群在“长城国家文化步道”上汇聚，发挥各类市场主体作用，形成多渠道互动参与机制，培育出针对不同社群的品牌主打产品，延伸长城生态文化旅游产业链条。

（六）内容差异化

线性路径或区域性旅游区，很容易在区域内形成同质化的产品服务。“长城国家文化步道”建设将协会组织作为标配，目的就是在后期运营中制定标准，组织、协调、改善区域内的服务生态。比如将美食民宿纳入“长城人家”计划，每家申请加入的店必须有各自的产品和内容特色，让每段“长城国家文化步道”服务系统里的产品形成差异。

在全国“长城国家文化步道”建设中，每一段都要挖掘不同文化内容。长城区域数千年来都是我国农耕文化和游牧文化的重要分界线，大跨度的历史延续和空间范围，形成鲜明的区域差异，沿线文化类型多样，有燕赵文化、黄河文化、太行山文化、草原文化、河西文化、戈壁文化、西域文化、齐鲁文化、楚文化等众多的文化形态。长城区域自西向东连接天山、祁连山、贺兰山、六盘山、阴山、太行山、燕山、大兴安岭，沿线地貌类型多样，自然景观类型丰富，巍峨的山地景观与人类建筑奇迹相互辉映，共同构成我国北方山地独有的景观特征。

在规划中，要站在打造“长城国家文化步道”名片的全局高度，对本区域长城生态文化旅游带展开深入的、科学化的研究，制定切实可行的整体规划。

四、“长城国家文化步道”助力地方发展的机遇与挑战

首先，是发展机遇。“长城国家文化步道”是现代服务业融合长城文化遗产发展的品牌项目，为长城文旅融合发展探索出了一个新的路径，构建了一个新业态。同时，在《长城、大运河、长征国家文化公园建设方案》和《全民健身计划（2021—2025 年）》中，都明确提出了建设文化旅游深度融合发展示范区和引导国家体育旅游示范区建设。“长城国家文化步道”建设打造一条、扮靓一串、提升一片。

其次，是项目发展的挑战。第一，“长城国家文化步道”无法像景区一样“守株待兔”收取门票，进入不了地方筛选项目的目录。第二，很多人认为，徒步就是走路，就是简单的活动，立项后完全按照地方自己的理解施工建设，没有产品思维和运营维护思维，品质不能支撑后期运营。

“长城国家文化步道”穿行在平原、山地、高原、戈壁、沙漠条件下，串联一系列构造地貌、重力地貌、岩溶地貌、流水地貌、海岸地貌的人文风情，将成为人类历史上自然生态与人文历史融合最为完美的经典步道。

第六节 八达岭长城少年使者项目

这是一个很好的长城文化阐释和展示项目，投入市场以来非常受游人的欢迎。项目是清华大学建筑学院文旅研究中心在给八达岭长城做遗产创新阐释与展示课题时，将遗产阐释研究成果转化为遗产解说教育内容，作为遗产地官方解说的一个教育项目，旨在让大家走近遗产，更能了解遗产、了解中国。做追逐遗产而行的少年，为遗产做更好的解说，是少年使者的责任与使命。

八达岭长城每年有1000多万游人，很多人游长城都是拍几张照片、出一身汗，缺少文化体验和感受。该项目通过在长城遗产地开展创新解说教育，让参观者透过长城遗址景观，了解长城遗产背后的文化和价值，提高公众对文化遗产的尊重和理解，推动公众长城保护意识的建立。

在这样的目标下，少年使者从可见的遗址本体中，解释长城的历史、文化和精神价值，并将这些内容转化为满足不同群体的自助探索工具；通过组织定时定点讲解服务，让更多人听到讲解，帮助探索者更好地理解；以少年使者身份晋级制度，创造参与者的荣誉感与使命感；最后用公益解说的模式广泛地传播长城文化。

项目团队制作了一套探索工具，包括一本给青少年的探索手册，一本给成年人使用的知识地图，一个长城保护员的草帽、一支笔和一个纸质望远镜，一个背带，最后将它们以手账的方式捆绑在一起使用。

探索手册：围绕探索、学习、保护3个主题，布置了10个有趣的探索任务和知识小提示，结合卡通贴纸能更好地吸引小孩子。

探索地图：地图正面和反面的长城知识插画，分别从微观和宏观两个尺度解释长城的建筑、地理、军事和建造的智慧。

长城保护员草帽：考古草帽给予参与者形象感，同时便于讲解员找到参与者，也起到宣传的作用。夏天还可防晒。

笔和望远镜：用笔来记录，望远镜可以帮助孩子观察远处无法达到的地方。

背带：让参与者可以在攀爬长城时释放双手，将所有工具像挎包一样背在身上，需要时随时拿起来使用。

如何做讲解？项目设计了在长城上找到适合讲解的空间，安排讲解人员在定点位置，定时进行讲解。人工讲解是解说教育的重要环节，通过讲解、交流互动更好地探索和理解。定时定点的讲解方式，节省人员和讲解成本。也可以让讲解员更容易上岗。更重要的是参与讲解活动的人，同时也服务没有参与活动的人，实现遗产解说教育的公共性。不参与探索活动的人也能听到讲解。

如何激发参加项目少年的荣誉感？通过颁发立体证书和勋章仪式，让大家获得荣誉感。

同时对讲解内容、讲解形式和勋章进行了分级。

木勋章：代表探索与启蒙，对长城有初步的认识和了解。铜勋章：代表学习与研究，能学习怎么修建长城和考古发现。金勋章：代表保护与宣传，能鼓励大家成为志愿者，参与宣传、讲解等志愿活动。

项目如何参与？公众可以在网上预约、购买门票的同时，预约、购买探索工具参加少年使者解说教育活动。探索工具以工本费成本计算方式定价，以便解决遗产解说教育的资金投入来源问题，并尽可能降低购买者的压力。

获取：参与者可以直接在检票的时候领取探索工具和聆听讲解，了解长城保护规定、探索工具的使用和探索过程的注意事项。成年人可直接使用探索工具，亲子家庭在使用探索工具时，地图会交给家长以便辅助小孩使用。

探索：带着探索工具登上长城，根据探索任务的指引来观察、探索、了解长城。

获得勋章：找到长城讲解员，听取讲解后，向讲解员展示探索手册，可获得木勋章；获得木勋章的少年使者，可以和长城保护员一起进行探索并学习对长城遗产的修复和考古，完成任务后，可获得铜勋章；获得木勋章和铜勋章的少年使者，在对长城有足够的了解之后，参与培训并参与长城志愿者活动，可获得金勋章。

孩子和家长在长城上完成这个项目需要 2 ~ 3 个小时，家长和学生都感觉收获极大。通过这样的旅游，能够真切地了解长城的历史和文化，对祖先建造长城有了更多的敬畏。

第七节 清华大学长城国家文化公园规划设计案例

高校科研机构参与长城国家文化公园建设可以做出很大的贡献，清华大学建筑学院文旅研究中心在这方面做得非常好。这个中心是经清华大学批准成立，直属于清华大学建筑学院的文旅研究平台。

这是一个很年轻的团队，中心主任邬东璠、副主任董瑾、总工程师陈美霞都是理论和实践功底很扎实的复合型人才。他们以文旅相关课题为纽带，集聚清华建筑学院规划、建筑（包括建筑史）、景观、技术等多学科资源，与北京清华同衡规划设计研究院、清华建筑设计研究院等实践机构联动，通过多学科合作、产学研一体，在推动长城国家文化公园建设中的文化旅游、文化景观遗产、旅游度假区、休闲景观等领域的研究突破和实践引领。

一、完成多项长城国家文化公园建设规划和设计

这个团队主持完成《旅游度假区等级划分（国家标准）》的编制及其修编工作，并进一步组织编制该国标的实施细则，主持完成《旅游规划通则》国家标准的修编，受国家文旅部要求主持完成《长城、大运河、长征国家文化公园建设方案》文件解读。主持完成长城沿线地区相关规划设计 9 项，分别为：唐山迁西长城文化产业带规划、张家口崇礼区全域旅游发展规划、张家口崇礼区草原天路总体规划、兰州市城关区文体旅产业规划、兰州市城关区全域旅游发展规划、秦皇岛抚宁区旅游发展规划、秦皇岛抚宁区五道沟景区总体规划、海港区温泉堡特色小镇规划、山海关区全域旅游发展规划。

组织实施长城研究实践项目 7 项，分别为：2015 年“山西偏关长城乡村旅游发展研究生社会实践项目”，2015 年“抚宁长城乡村旅游课题研究生社会实践项目”，2016 年“兰州市城关区长城自驾营地研究实践项目”，2017 年“张家口崇礼长城遗产廊道本科生研究实践项目”，2018 年“秦皇岛长城遗产廊道建设研究生社会实践项目”，2019 年“长城遗产廊道激活行动山海关古城微更新项目”，2019 年清华大学、加泰罗尼亚理工大学、西南交通大学风景园林设计联合工作营山海关古城保护与更新计划。

他们完成了 11 项国家文化公园相关项目，分别为：已完成的《长城国家文化公园（定西段）实施规划》《长征国家文化公园（定西段）规划》《长城国家文化公园（临洮段）实施方案》《迁西县喜峰口长城遗址公园总体规划》《长城国家文化公园（临洮段）核心展示园策划》《临洮战国秦长城保护利用设施建设工程设计》《长城国家文化公园（岷县段）规划》《长征国家文化公园（岷县段）规划》《山阴长城边塞文化旅游区概念规划》《八达岭长城国家文化公园实施方案》《长城国家文化公

园（山丹）实施方案》等，正在做《榆林镇北台长城文旅融合规划及实施方案》编制。

这是一个非常年轻的团队，研究项目组核心成员包括：邬东璠，清华大学建筑学院文旅研究中心主任、建筑学院景观系副主任、副教授，清华大学文化创意发展研究院副院长，清华大学校友基金会文创专委会理事，文旅部旅游度假区、5A 级景区、旅游规划专家，文旅部长城国家文化公园文旅融合规划专家库成员，中国风景园林学会理论与历史专委会秘书长、信息专委会副主任，国家一级注册建筑师；董瑾，清华大学建筑学院文旅研究中心副主任、清华大学建筑学院科研助理；陈美霞，清华大学建筑学院文旅研究中心规划师、清华大学建筑学院科研助理；刘杨，清华大学建筑学院文旅研究中心规划师。

长城国家文化公园建设开始以来的这几年，我见证了他们的工作和成绩。由于篇幅的限制，在这里仅以战国秦长城国家文化公园（临洮段）建设项目和山阴广武长城边塞文化旅游区项目，介绍一下他们的经验供各相关部门和机构参考借鉴。

二、战国秦长城国家文化公园（临洮段）建设项目

这个项目获得中央宣传部、甘肃省文旅厅等有关部门的充分肯定。《长城国家文化公园（临洮段）实施方案》《长城国家文化公园（临洮段）核心展示园策划》《临洮战国秦长城保护利用设施建设工程设计》都是清华大学建筑学院文旅研究中心编制的。他们的战国秦长城国家文化公园（临洮段）建设实施经验紧扣唯一性，对其他的早期长城遗址类长城国家文化公园建设提供了借鉴经验。

临洮战国秦长城是在自然地理环境险要之处，在技术不发达的农耕时代，依靠团结协作，砌筑而成为保卫国家安全的军事防线，展现的是中华民族自强不息的奋斗精神和众志成城、坚忍不拔的爱国情怀，

是长城文化和长城精神的重要起始点之一。临洮战国秦长城及沿线是中华史前文化聚集地，分布着马家窑文化、寺洼文化、辛店文化等史前遗址，共同组成了以长城文化为核心的大遗址文化圈。

他们依据长城保存现状及价值研判，筛选出6个重点的展示点段。分别是：（1）新添镇南坪村望儿咀，被称为“战国长城之源”，是战国秦长城的西端起点，其地理位置特殊，体现了因险制塞的长城营建特质。（2）新永村长城被称为“战国秦长城之魂”，新永村关是临洮境内唯一一处关堡遗址，新永村段长城集中体现了临洮战国秦长城的防御体系，包括墙体、敌台、关堡、烽火台、壕堑等长城遗存。（3）水泉湾段长城现状保存较好，长城遗迹剖面层次清晰，可以很直观地看出战国秦长城的内部夯土层结构，具有较好的观赏价值。（4）农盟村段长城是临洮战国秦长城现存壕堑、墙体相结合的典型段落。（5）杨家山段长城保存较好，夯土层明显，有秦汉遗物，长城与山形地势有机结合，显得非常雄伟壮观。（6）凡山村段（古树湾）是临洮境内战国秦长城烽燧保存最好的一段，墙体走向明显、夯层清晰，古树湾2号敌台高约30米，周围墙体占地约200平方米。

项目团队基于总体的价值研判和资源梳理以及全国对比，提出定位：

长城之源——中国早期长城传承利用创新领跑者。

临洮县作为早期长城——战国秦长城的西端起点，由境内长城以及洮河天险形成的防御体系共同拱卫了秦都咸阳，对保卫秦国西北边境发挥了重要作用，其边界含义映射了战国秦时期的军事、政治、经济、生产历史，也见证了农耕与游牧民族你进我退的交结关系，是研究民族史诗的重要论据。战国时期秦国的军事制度及农业生产技术发展为秦始皇统一六国奠定了坚实的基础。从时间范畴及空间范畴，临洮战国秦长城可称为“长城之源”。临洮县战国秦长城国家文化公园的建设保护规划应充分体现其作为“长城之源”的历史含义，不局限于西北区域的空间范畴，而应从全国角度及中国两千多年的历史维度加以审视。在当代长城国家文化公园建设中先行先试，勇于突破，为中国早期长城的展示利用起到示范及标杆作用。

应从三个方面体现“创新”二字：遗产展示与乡村旅游结合迸发新体验、创新传承利用手段与研学体验结合出新产品、乡村社区与生活更新结合出新场景，围绕“3个紧密结合”将定位落到实处。

主题展示区分为1个核心展示园——“长城之源”——战国秦长城西起首核心展示园，1条集中展示带——“战国秦长城与洮河融合”展示带，5个特色展示点：水泉湾段、农盟村段、新永关、古树湾、杨家山段特色展示点。以核心展示园为核心向临洮县城辐射，形成1个“临洮古今辉映”文旅融合区。依托5个特色展示点形成8个传统利用区。

临洮核心展示园选址在临洮县新添镇望儿咀长城段，为战国秦长城西端起点处。

作为战国秦长城西端的起首地，临洮战国秦长城是长城文化的重要发源地和培育地。为彰显临洮战国秦长城历史文化，打造“长城之源”这一具有突出意义、重大影响、重大文化主题意义的主体功能区。以建设“长城之源”长城国家文化公园核心展示园区品牌为规划建设目标，突出长城文化的系统呈现与园区游览深度体验功能，打造生动展示战国秦长城历史、文化、社会及其他特色拓展价值的开放空间。

核心展示园是当代文化遗产传承背景下的新产物，一方面应不局限于以往遗址类公园建设的内容和方式；另一方面应结合当代主题公园表达文化的方式，打造文化主题结合文化体验、文化展示的综合性园区。容纳主题鲜明的展示内容和体验游憩的产品，形成涵盖多个具有不同故事线的区域，充分表达战国秦长城多重价值内涵。同时考虑场地建设用地较少，在靠近文物本体地段以标识展示为主，其他结合村落可建设用地展开。

基于临洮县经济发展的现状，“临洮战国秦长城之源核心展示园”建设应考虑轻资产管理运营模式，兼顾本地市场（甘肃及兰州）及国内国际特色历史文化旅游市场，兼顾商业运营的市场性以及政府投入的公益特征。

核心展示园体现两大核心功能。一是展示功能：展示长城本体及长城河谷防御特征、长城及周边自然景观、农耕（洮河灌溉）与游牧生活生产的文化景观。二是文旅融合带动功能：带动周边乡村社区发展，发展长城人家民宿、当地特色餐饮等配套服务和体验式旅游产品。逐步通过扩大文化旅游吸引力，联动临洮县其他文旅项目，形成内容丰富、体验性强的文化主题性游线。

作为核心展示园一期启动工程，临洮战国秦长城保护利用展示工程已申请到首批专项资金。从临洮自身的资源来看，历史层丰厚，而实物遗存可观性不强，因此在一期设计中，一方面考虑长城本体文化阐释作为重点；另一方面将专项资金作为撬动市场资金的杠杆，而后形成一个综合的文化和旅游融合的产业发展带动。

望儿咀作为核心展示园的选址核心，是临洮县战国秦长城西端起点处，地处洮河东岸高地，西望洮河，东临深沟，北为大碧河，与其西南方大约1200米处的文昌阁“墩台”（又称杀王坡墩台）和洮河西岸的“大崖头”墩台遥相呼应。此处地形狭窄，沟壑纵横，地势险要，居高临下，视野开阔，洮河两岸方圆数十公里可尽收眼底。军事防御上具有显著的地理优势和重要的军事防御地位。第一次去到现场，选址地的视觉景观已足以给人震撼。其特色并非在于长城本体的壮观，而在于长城所处地理环境和空间环境所给予观者的视觉冲击，以及理解历史后，从广袤的黄土之下所见到的浮光掠影。这也恰是战国秦长城修建因地制宜特色的体现。

因此在一期设计中，以户外博物馆的理念阐释并展示临洮战国秦长城文化。整体设计的理念是返璞归真，显露场地本来的面貌，讲述遗址背后的故事。通过挖掘内容的牌示设计、艺术化的表达、互动性的景观设施、日常的体验，唤醒场地深处的潜力。整体阐释的主题包括：战国秦长城遗址（军事防御主题）、长城遗址与临洮黄土地貌地质关系（自然文化景观主题）、战国秦长城边的人（农耕与游牧生产生活主题）三个主要主题。

以一个面积约 1500 平方米的中小型游客中心（战国秦长城数字探索中心）作为体验起点，游客中心内提供室内的展陈与研学体验点，同时，着重室内室外联动。数字展示馆作为一个战国秦国家文化公园的探索中心，不简单建设博物馆，而是功能复合的访客服务中心，同时具备游客服务、研学教室、数字化展示（因缺少实物遗存，数字化是必要的手段）、文物管理办公等功能。战国秦长城展示板块就以下主题序列展开：临洮历史长卷——战国秦边境社会发展——战国秦长城防御体系——秦“万里长城”之奠基——战国秦长城与自然——探索与发现。

通过 5.2 千米长城主题步道串联战国秦长城西端起点（望儿咀）、杀王坡墩台及长城墙体 3 处重要的遗址本体。结合场地原本的农耕与黄土地貌，沿途增加长城与地质关系解说点 1 处（阐释就地取材特色），战国秦农业、牧业互动展示景观节点 3 处（阐释战国秦时期农耕与游牧生产生活特色）、沿洮河台塬观景台 2 处（阐释战国秦长城因险制塞、以河为塞特色）。

步道沿线的引导标识设施设计均与战国秦军事元素进行融合，以战国秦小兵形象作为遗址的解说 IP，增加历史解说的丰富性与生动性。所有的景观设计都融入场地环境，控制建设体量及造价，同时设计留有余地，作为可生长的展示空间，待战国秦长城的学术研究有更精细的进展后，可逐渐丰富展示内容。

核心展示园一期项目于2021年开始建设，2022年已完成游客服务中心（探索中心）、长城主题步道及沿线展示设施和环境提升工程建设。数字展示于2022年同步开展展陈设计，预计到2023年核心展示园将正式向游客开放。

三、山阴广武长城边塞文化旅游区项目

这是一个以长城景区为核心，导入多元度假业态的长城国家文化公园文旅融合区建设项目。

山阴县广武边塞长城文化旅游区非常有历史底蕴、文化价值与现代意义。历史底蕴深厚：见证了古代农耕民族与北方游牧民族的冲突与融合变迁。文化价值突出：凝聚三千年边塞文化，沉淀了民族文化，延续了农牧文明。现代意义重大：传承长城文化，传播中国统一多元的民族文化和国家形象。

传承长城文化，建设长城国家文化公园，是传播中国统一多元的民族文化和国家形象的重要文化工程。山阴县以自身独特的边塞文化、重要的广武明长城遗址资源，结合农牧产业发展基础，通过长城国家文化公园重点项目山阴边塞长城文化旅游区建设，成为传播和传承长城文化、长城精神与国家意识的中坚力量。

广武地区旅游资源丰富，汉墓群、长城、新旧广武城都有很高的旅游参观价值。特别是集合汉墓、长城、古城种种珍贵的历史遗存于如此集中的地带，人文景观非常丰厚；辅以南侧壮丽的翠微山景，北侧白草口、广武口外一马平川，自然景观秀丽壮观。新广武城墙关隘和两侧绵亘的长城体现出严密的明代边防体系。有着独特而丰富的旅游文化资源。但是由于缺乏合理的管理和组织，该处旅游事业尚未形

成规模。缺乏旅游线路、展示空间，对于散客也缺少必要的控制和引导措施。

项目团队依据规划定位，提出了规划策略并设计了“文化四核，产品四面”的产品体系。按照边塞军事文化、长城文化、民族融合与农牧文明、晋北乡村（本土特色）为山阴县长城国家文化公园建设四个主要文化内核，面向游客市场划分四大产品体系。空间上以因地制宜、结合现状、有效利用为原则布置。

广武边塞三千年：广武边塞军事主题产品体系。包括农牧交错的边塞风貌营造，以广袤的农田、林草地为主要空间载体，通过景观营造农牧交错的浩大边塞场景，再现“牧马群嘶边草绿”“风吹草低见牛羊”，以自然的游步道串联其间。广武边塞主题营地，配套围绕边塞生活、劳作、军事的主题无动力设施，打造以边塞文化为核心的主题消费场景，包括主题营地，打造“广武边塞市集”“广武边塞牧场”“广武农牧迷宫与大地艺术景观”等一系列满足购物、品尝美食、游憩的旅游产品和旅游配套的服务空间。广武边塞沉浸式体验演出：以营造的场景为空间载体，编写“广武边塞三千年”剧目，组建“爱山阴农民演出团”以实景的边塞场景为舞台，在游客游线设计中加入多个大中小不一的舞台空间，以多种形式多点演出。演艺“天子命我，城彼朔方”“朝暮驰猎黄河曲，烽火城西百尺楼”军旅生活，演艺“日暮云沙古战场，黄沙百战穿金甲”昔日战场，“雁行缘石径，鱼贯度飞梁”的旧日行军。每日演出多次。

广武长城，天下九塞其一：构建广武明长城户外徒步产品体系，打造广武明长城从新广武村到百草口段为广武长城4A级景区，提升现有长城步道标识、解说牌示、游憩设施。开发广武明长城手机游戏化游览小程序，长城步道阐释解说系统整体设计。包括VI形象、长城步道标识、解说牌示、游憩设施、互动解说装置等。材料选取与形象、

VI 设计要符合广武明长城的历史真实性，同时加入创新设计表达。解说内容包括针对全龄人群的深入浅出、不乏专业内涵的解说，增加针对孩子的故事性、互动性解说。

山阴民族之谱农牧之歌：打造山阴民族融合与农牧文化体验产品体系。旧广武城：文商旅融合样板。以旧广武城为核心，恢复特色建筑，以原真的建筑场景作为游客的第一印象；引导民间手工艺展示与体验；收集农、牧特色美食，与村落空置空间融合开发；打造边塞主题民宿；广武古城边塞牧场（与山阴古城乳业联动）；引入农耕研学基地。以一场让游客穿越 3000 年边塞广武的沉浸式戏剧作为引爆点。独特不是沉浸式方式，独特是戏剧所呈现的内容，边塞三千年是山阴广武独一无二的场地历史特色。一场沉浸式演艺，作为夜间吸引产品可吸引游客住下来。山阴广武，犹如一处边塞戏台，三千年历史影像栩栩如生，军事战场，商贾云集，使节频临，将军英雄、柔情公主（王昭君），波澜壮阔、哀婉缠绵的故事在此粉墨登场，通过沉浸式的戏剧体验，人们穿越 3000 年，与逝去的人物对话。戏剧完全靠打造大型场馆，重点在于以山阴广武现存的山脉、古村、古墓为场景，打造漂移式沉浸演艺，联动开发游客游戏式体验新场景。

长城故乡晋北山阴：山阴晋北文化乡村度假体验。新广武村民宿集群打造。新广武村，保留原汁原味的长城村堡风貌，体现山西晋文化乡村特色，利用 80% 的空置率，开展民宿、餐饮和民俗体验。对标国家级旅游度假区建设标准，与雁门关景区形成业态错位。在文旅产品引导上，建议山阴县导入多样业态：运动建设类、休闲娱乐类、康体疗养类、夜游类、常态化节庆演艺活动等。满足不同人群、不同时段、不同季节度假需求。主题产品体系化、精细化：利用主题资源打造的主题产品能够体系化、精细化，游客容量大、产品好。住宿设施类型多样：主题特色型、中档舒适型、环保低碳型、家庭型等。

新广武城遗址保护。原来的新广武城也有高10米的城墙，底宽5米，石条做基，通体包砖，是固若金汤的城池。古城内设东关、南关、大北关、小北关四道关门，大北关关楼上有石碑“三晋雄关”字样。城内由瓮城、中城、南瓮城三道防线组成，中城状如簸箕，南瓮城形似斗状，故有“金斗银簸箕”之称，意即城防坚固。新广武城由于民国时期毁于水灾保存现状较差，亟需整体保护。新广武城城墙遗址应成为整体文化场景。整个区域应强调其历史感与严肃性，强调遗址的真实性，强化其真实感。通过遗址展示，实现感官上的冲击，直接建立历史感认知。建设新广武城墙遗址微公园，作为保护与传承利用的载体。北大门门楼及南大门门楼应重点修缮、加固。数字化长城展示（与长城景区联动）修缮保护后，新广武门楼作为可利用的建筑空间，内部增加数字化的展示，结合真实遗址场景和虚拟场景，立体化地展示军事防御格局。通过摄影建模(photogrammetric modeling)、全景视频（panoramic video)、游戏引擎（game engine)、无人机（drone）以及虚拟现实（VR)、增强现实（AR）等技术，设计开发一个AR/VR App，来探索广武历史与建筑遗产保护的新可能性。

空间结构方面，规划范围位于山阴县张家庄乡，范围总面积约3528公顷。东至皂银洼，西临朔城区，北至广武汉墓群，南至忻州市代县白草口村。

山阴广武长城边塞文化旅游区以建设新广武—白草口段长城国家4A级旅游景区为近期重点，以打造长城边塞文化国家级旅游度假区为远期目标，链接广武汉墓群、六郎城遗址、旧广武村，联动山阴县特色农牧产业。通过趣味化、游戏化、产品化手段实现广武长城文化与旅游、山阴农牧业与旅游的融合共生，将广武长城边塞三千年家国文化凝练为沉浸式休闲体验产品，从长城军事、榷场商贸、边塞生活三个方面立体化地再现边塞时空，面向节假日家庭度假群体、青少年研学群体及夕阳红访古群体，以景区、营地、公园、休闲度假综合体等载体，创新形态、业态、文态，完成长城文化遗产生动传承的时代使命。

总体结构为一环四区，打造从“最美野长城”风景观光到“万里长城万里长，长城两侧是故乡”的一体化度假生活体验。一环：穿越广武，串联广武边塞文化的多个时空场景的步道环线，既可以放缓游客脚步，让更多人漫步在历史画卷中，重拾广武边塞古道沧桑·漫步长城文化史卷，也可以承担徒步、马拉松、越野等户外赛事。

四区分别为：广武明长城景区，登长城，春赏花，夏观星，秋观叶，冬沐雪，四季可游；伴边塞胡笳乐曲，持 AR 夜游烽火长城；新广武沉浸游，明朝风物再现；旧广武辽金度假村，提供一站式度假服务；品辽金边塞家国人物故事，体验农旅融合产品；广武汉苑户外营地，以汉上林苑为原型，还原古人郊游场景，骑马、射箭、无动力军事器械、露营、鹿苑、郊游、亲近自然；现代牧场与滑雪山地运动区，带动山阴牧业延长产业链，实现牧旅融合。利用山体天然优势，打造有趣惊险的户外运动与滑雪体验。

在实施上，山阴政府一方面积极对接省级国家各部委经费，集约统筹建设基础设施和示范引领项目，另一方面谋划“长城文创沙龙”，广招“内容转化商”和“运营服务商”，将运营前置；设立“山阴长城文化深度挖掘”研究课题，支持可利用的、可创造性转化的、创新的、有温度、有细节的文化内容的生产。截至 2022 年 3 月，山阴广武长城文化旅游区基础设施已开工建设。

第八节 博物馆展陈要突显民族文化根脉和精神价值

这部分内容主要讲，长城国家文化公园重点建设工程山海关中国长城文化博物馆。对其他地方的长城博物馆有很大的参考价值。山海关中国长城文化博物馆需要如期高质量地完成博物馆展陈设计，就要紧扣“呈现长城文化全貌”这条主线，全面把握长城精神价值、文化内涵，使之成为长城实体文物和非物质文化遗产的集大成者。只有这样才能将其建成长城国家文化公园的标志性工程。

一、力求一馆全览，展示长城文化全貌

体现“国家馆”和“国家文化”的高站位，必须全面而系统地将长城文化的全貌呈现在观众面前。山海关中国长城文化博物馆要兼顾大众化与学术性，总体展陈内容和叙事话语一般应做到通俗、平易，足以引发普通民众的兴趣，让大家能看得全、看得懂，同时在实体文物展陈中，可引入近年学术界的最新考古发现和运用空间信息技术开展的建筑复原、遗产观测等前沿成果，兼顾知识群体的参观深度。统筹地理上长城全线与局部点段，不仅纵横数万里的全线都要讲到，还要将具有重大历史文化意义的点段、关隘讲清楚。

体现长城第一馆的宏阔博大和厚重深沉，必须突破传统文物展品局限。前期，秦皇岛和山海关区政府、河北省文旅厅会同有关专家做了大量的工作。陈列内容上如果按照传统博物馆，仅通过展出的文物来讲解长城历史是不够的。中规中矩的文物展陈，不应该是中国长城文化博物馆的主要任务。长城本身就是体量巨大的不可移动文物，和一般文物相比有着特殊性，文物展陈应当体现“大文物”宏观思路。

不久前中国长城文化博物馆展陈申报过程中，我国著名的展陈设

计专家、清华美院洪麦恩教授关于如何拓宽长城文物的大视野，提出了很好的意见。他认为，长城文物可拓展到六大类：第一，长城与国土和生态有关的文物，体现国家概念和国土概念的生物、土壤、地理构成等；第二，长城建筑文物，即建筑构件、材料、营造模型以及建筑装饰等反映长城建筑史的文物；第三，长城防御体系中的武器阵列；第四，长城文化类的诗词、碑铭、书法、史料等文物遗存；第五，与长城有关的历史人物的遗物；第六，与长城有关的官制、民族、民俗、生活资料等大量政治、经济发展进程中的历史文物。这样打开思路，广收博采，加以场景化、集合化、阵列化、数字化，中国长城文化博物馆完全可以在文物展陈上做出优势来。

二、着力赋予灵魂，彰显长城文化精神价值

长城博物馆展陈设计的指导思想要全面理解和领会中央关于长城国家文化公园建设规划的基本精神。国家建设长城国家文化公园重大工程的目的和意义，即是国家层面的话语表达。博物馆建设和展陈是充分体现新时代中华优秀传统文化，社会主义先进文化传承发展的重要措施和手段。展陈的中心任务就是要充分挖掘长城的文化价值、景观价值和精神内涵，全面展示长城蕴含的伟大精神，推动长城精神与时代元素相结合。整个展陈应当紧扣长城文化精神这一主题，围绕长城价值这条主线安排内容和规划布局。

2021 年 11 月 12 日，清华大学美院和燕山大学中国长城文化研究与传播中心向河北省委常委、宣传部张政部长汇报他们的中国长城文化博物馆展陈设计方案，受到了张部长的充分肯定。这些关于长城文化和精神价值方面的内容，还是需要坚持的方向。中国长城文化博物馆是长城国家文化公园项目，其任务就是要向大众传播长城文化内涵，提高社会对于长城文化价值的认识。建议展陈设计从以下 5 个方面加

以阐释：

（1）长城承载中华民族坚韧自强民族精神的价值。一是长城凸显中国人勤劳顽强美德。数千年的长城修造史，彰显了中华民族的坚强与勤劳、传承与创造的伟大精神，长城融汇了古代中国人的智慧、意志、毅力和巨大的承受力。展陈要讲述长城古代修建者和戍守者付出血汗、前赴后继、承受苦难，为国家民族生息发展做出的不朽贡献，发挥的巨大作用。二是长城承载中华传统文化。展陈要运用长城的划界、保护功能及有序流通，反映出中华文明“和为贵”的行为准则，也强调“和而不同”的和谐理想境界，传递中国传统文化的核心理念。三是长城蕴含爱国主义观念。着重讲述戍边卫国、家国一体的故土情怀，突出展示长城抗战激发国人筑成“血肉长城”的命运共同体意识。

（2）长城坚定中华民族文化自信的历史文化价值。展陈设计要从政治、经济、民族融合三个角度，多侧面阐释长城与大一统中国的密切关系，历史上长城内外密不可分的治理理念；介绍长城内外不同经济形态形成的对立与依存体系，侧重阐述长城保障贸易有序往来的作用；综合历史考古资料，说明长城在民族融合过程中的纽带作用。

（3）展现长城作为古代军事防御体系的建筑遗产价值。展陈要从长城这一永备防御设施的战略意义，长城的戍防体系、烽火信息系统、驿传功能、屯田制度等多个角度，用历史事实雄辩地阐明长城“不战而屈人之兵”的军事威慑力，以及从避免战争的出发点维护边塞稳定的军事思想，贯穿古代中国维持和平秩序的治理之道。

（4）长城承载人与自然融合互动的文化景观价值。展陈内容和设计要使观众了解和体验到长城是世界遗产保护管理的示范案例，中国在长城保护方面采取了积极有效措施，使遗产突出的普遍价值得到了妥善保护。中国政府推进长城国家文化公园建设，颁布实施《长城保护总体规划》，以及在公众传播推介、遗产地能力建设、专项保护立法、现代科技应用、国际交流合作、缓解旅游压力等方面做出的努力取得了成效，着重引导国内外观众对长城这一人类文明的共同遗产加深理解。

（5）凸显长城作为中华文明重要象征在新时代的引申意义。展陈设计要以长城所集中体现的中华民族历史上形成的文明价值、治国理念为历史支撑，彰显中华民族文化自信一脉相承，着重设置“筑起我们新长城”内容板块，主要展现党的坚持“人民就是江山、江山就是人民”“以人民为中心”的发展理念，在新时代保护、传承长城文化遗产，弘扬长城文化精神，建设长城国家文化公园的历程和成果。阐释长城在铸牢中华民族共同体意识，推动实现中华民族伟大复兴，倡议建设“一带一路”，构建人类命运共同体中的精神与文化价值。

总之，博物馆应于文化中凸显其精神价值，采用实物展品与历史文献并重的方法，充分展示长城内外中华民族在两千多年共生共存的历史长河中，形成相互交汇、融合发展的生产、生活、文化等真实可信的历史史实，大量汇总、整理、选取文献资料，严谨缜密地讲述长城伴随统一的多民族中国形成而产生的融入血脉的文明价值观和思想体系，阐释长城作为中华文明标志符号的意义。

三、实现内容活化，打造文旅融合的现代体验

中国长城文化博物馆的展陈要服务于河北省文化强省战略，助力秦皇岛一流国际旅游城市建设，必须运用新兴技术手段，让似乎板着脸的“文化遗产”下到凡间，与现实生活结合起来，充分发挥博物馆的收藏研究、宣传展示和社会服务功能，才能大受观众欢迎，尤其是要让年轻人感到可亲可玩、流连忘返。

（1）“非遗”烟火气，让长城活起来。长城丰富的非物质文化遗产是文旅融合的好载体，博物馆应当专门设置非遗展厅，围绕“传承历

史文脉、保护文化遗产、融入生活方式、守望精神家园”的策展理念，将长城这个展厅做成一个动态的展厅，具有较高的观赏性和娱乐性，既成为非遗代表性传承人开展传习活动的荟萃交流之地，也是开展非遗传承教育实践的体验性、示范性基地，为地区民俗文化和旅游产业相结合，为参观者零距离接触长城沿线原生态民俗提供良好的平台。

该展厅可以互动体验消费街区的形式呈现，分为展示区、体验区、展销区、文化景观区和商业服务区五大功能区，完整展示长城沿线15个省市区的58种国家级非物质文化遗产、13种省级非物质文化遗产，特别是注重活态展示，强调互动体验和娱乐性，让长城非遗活起来，吸引年轻观众，打造网红产品。例如，通过“孟姜女传说”“八达岭长城传说”“长城剪纸”“固原长城砖雕”等长城特色非遗资源组群进行辐射，以展演结合的活态方式综合展示“蒙古族唐卡”“毛绣”“皮艺”“石雕”，演示“铜器制作技艺”“蒸馏酒传统酿造技艺”“黑茶制作技艺”“澄城尧头陶瓷烧制技艺”等非遗代表作项目的工艺流程和文化内涵。同时引领观众融入“元宵节”“妈祖祭典”“祭敖包”等民俗活动，品尝长城沿线美食，融入长城沿线的生活场景，借助展陈设计实现游客的互动体验。

（2）强调体验感，提高展陈设计的观众契合度。展陈设计要充分运用人工智能和大数据技术，综合智慧博物馆技术支撑体系、知识和虚拟体验技术，建设智慧博物馆云数据中心、公共服务支撑平台和业务管理支撑平台，形成智慧博物馆标准、安全和技术支撑体系。博物馆展陈设计要突出技术个性，突显文化和精神的同时，在展陈设计阶段就要充分考虑技术开发，例如：文博创意产品系列如何服务地方社会经济文化发展；基于长城故事提炼、价值挖掘的旅游产品开发，如何通过对文物丰富的色彩、纹饰、造型的利用，做好二次元文创产品；还要做好虚拟与现实结合类产品研发，在展陈设计阶段就采用AR、VR

等互动技术，使虚拟的长城文物活起来。

四、打造标志性工程，启用“天花板”级专业团队

中国长城文化博物馆要体现国家馆、综合馆、文化性、标识性特点，力争打造全国最具影响力的长城文化保护、传承、利用的现代化、综合性国家一级博物馆，建成长城国家文化公园的精品工程、标志性工程。展陈设计需要有国家级展陈经验和资质，这是中国长城文化博物馆的重要性和特殊性决定的。因此，必须重视展陈设计环节，展陈设计的成败关乎整个博物馆工程的成败。展陈设计是工程技术，不可等同于理论性的学术研究，需要丰富的实践经验和训练有素的队伍。建议博物馆展陈充分考虑设计队伍的国家级博物馆设计经验和专家队伍的水准。

综上，建设国家文化战略性工程长城国家文化公园的先行工程——山海关中国长城文化博物馆，是河北省和秦皇岛市重要的机遇和品牌建设的抓手，切实规划好、建设好这一重点工程，特别是做好博物馆展陈环节的把关工作，非常重要。这项工作委托天津大学建筑学院张玉坤教授的团队主持编制，张老师的团队十几年来专注长城研究，取得了很多重要成果，相信一定能做好这项工作。

第九节 长城沿线古村落文化保护与开发利用

河北是长城国家文化公园的重点先行建设区，在全国长城国家文化公园建设中具有标杆示范作用。长城沿线古村落是承载长城文化的活化石，是城镇化过程中留存的稀缺资源。为贯彻《河北省长城保护

条例》，加强长城文化保护，推动长城国家文化公园河北段建设，助力实施乡村振兴工程，河北省文史研究馆将“河北长城沿线古村落文化保护与开发利用研究”作为年度重点工作，成立由中国长城学会、河北地质大学长城研究院专家和部分官员参加的河北长城古村落文化调研组，重点选取15个长城沿线代表性文化村落开展调研。

一、长城沿线古村落文化特色

（1）古村落和长城关系紧密，长城历史文化特色显著。河北省长城文化资源丰富，在石家庄、邢台、邯郸、保定、张家口、承德、唐山和秦皇岛等8市均有长城遗址分布。主要类型有战国时期长城和明长城。长城沿线村落主要有长城关堡型、长城戍边型、特色文化资源型。例如石家庄井陉县杨庄村临近国内唯一的“地束火长城”。唐山迁西县三屯营镇和景忠山，现存镇府遗址和戚继光《重建三屯营镇府记》碑。景忠山是祭祀历代卫国将领，开展爱国教育的重要遗址。保定倒马关村保存有关城、阅兵楼、官署、兵器库等遗址，是明长城的内三关之一。张家口堡自明代修建之后从未失守，素有“武城”美誉。邢台的宋家庄堡有修建于明嘉靖年间的观察行台。秦皇岛的城子峪、董家口是戚继光部属义乌兵的后商村，是典型的明代长城军堡演变而来的古村落。

（2）文化风俗独特丰富，兼容多民族元素。保定倒马关村、插箭岭村流传有杨六郎守边的故事。秦皇岛长城脚下，由义乌兵后裔建立的村庄延续了具有南方特点的“逛楼”祭祀活动习俗。张家口元宝山村是张家口库伦（今乌兰巴托）大道中的商贸集散地，保存了张库文化和北方的“口文化”，被誉为“张库大道口外商贸第一村”。承德市金山岭脚下的古村落，保存有满族风俗文化。

（3）红色革命旧址众多，抗战文化与长城守边卫国军事文化共同涵养了优秀的爱国主义文化传统。石家庄井陉杨庄村是八路军井陉（路南）抗日县政府驻地。保定涞源的插箭岭村，是抗战初期八路军115师杨成武独立团的重点游击区，沙飞在此地拍摄了许多八路军战斗生活的珍贵照片。邯郸朝阳沟村是红色革命根据地，八路军129师385旅创建太行山抗日根据地时，在朝阳沟村修建白求恩医院三分院。邢台宋家庄村保存有青年抗日游击纵队旧址、军用仓库、军工厂等13项红色文化遗存，129师先遣支队和冀西游击队在此建立抗日区政府。

二、长城沿线古村落保护开发利用现状

长城沿线古村落具有巨大开发潜力和重要文化意义。近年来，沿线地区对文物保护利用重视程度普遍提高，对列入名录的古迹、古村进行保护性修缮，在管理开发机制方面做了大量有益尝试。一些资源禀赋较好的地区对长城沿线历史文化村落进行综合开发，打造了新的经济增长点，形成了一批好经验、好做法。例如打造传统村落集中连片保护区；建设山野缘道，串联长城沿线古村落，打造长城旅游风景道；依托长城及沿线村落资源，组织山地越野马拉松赛、长城风景道骑行游、观花节、美食节等文体活动；实行以工代赈，建造乡村农家乐，发展特色民宿，带动贫困人口就业；把村落保护写入村民公约；在央视投放宣传广告；编演传统村落情景剧、大型实景演出等。同时也有一部分长城古村落分布在太行山、燕山深处，部分村落位于国家确定的连片特困地区，开发程度较低。总体来看，长城沿线地区为促进文化保护、历史传承、经济发展，均谋划了结合长城国家文化公园建设和乡村振兴工程，依托古村落资源，开发文化旅游融合发展项目。

三、存在问题

（1）古村落保护力量有待提升。一是古村落保护相关法律法规和

规划编制空缺，对古村落认定、保护、开发缺少整体的规划指导。相关管理体制上存在职能边界不清、条块分割现象。二是缺少古村落保护修缮和开发管理专业人才，一些村落建筑和设施出现物质性老化和功能性衰退。一些地方出现拆旧建新、一味仿古、将遗产保护与居民生活割裂对待的现象。三是缺少古村落保护专项资金。经济基础较薄弱地区，对文物和古村的修缮保护过于依赖上级奖补资金开展基础性保护。未列入保护名录但有文化价值的村落，更加缺少开发保护资金。

（2）古村落开发利用存在瓶颈。长城文化古村落开发在宅基地流转、开发主体引进、项目审批等方面存在阻力，土地产权问题成为制约发展的重要因素。受土地指标限制，拥有房屋产权的村民搬出古民居后难以兴建新住宅，对原房屋修缮保护积极性低。部分招商成功的村居，受国土空间规划调整等因素制约，土地手续问题不能落地，导致资源闲置。

（3）古村落历史文化资源发掘利用不充分。长城沿线古村落开发方式较为粗放，以景观型项目居多，对长城文化内涵挖掘不深。

四、几点建议

（1）加强系统谋划，加大古村落保护开发力度。一是加强顶层设计，出台《古村落保护条例》，明确古村落概念，明确和充实古村落保护管理机构，明确各职能部门及相关人员权责界限，加强规范指导，避免无序开发。编制古村落整体发展规划，将长城沿线古村落开发利用列入长城国家文化公园建设、京张体育文化旅游带建设、乡村振兴工程和“空心村”治理工程等重点建设项目内容。二是成立长城沿线古村落调查研究联席组织，深层次、抢救性调查挖掘村落历史文化资源，丰富充实影像、录音、文字资料，建立村落档案，提升长城沿线古村落文化内涵，评估古村落文化旅游价值和开发利用潜质。三是成立长城古村落保护利用和旅游开发管理方面专家人才库，与各市开展结对指导。组织专家对各地相关人员开展培训，在方案设计、现场施工、质量监督等方面加强专业技术指导。四是提高长城沿线古村落文物保护等级，将长城沿线古村落政策性纳入公共文化服务设施建设重点支持对象。进一步加大传统村落评选推荐力度，让有一定历史渊源、联系紧密，需要整体开发的村庄一并入选保护名录。五是在国土空间利用方面强化政策支持，探索完善集体建设用地转变为经营性集体建设用地政策。把古村落开发利用项目优先列入国土空间规划，合理避让城镇开发边界、永久基本农田保护红线、生态保护红线三条控制线及相对应的空间。在维护好村民权益、不触碰三条控制线的前提下，对古村落宅基地流转，开发主体引进、项目审批等方面进行政策倾斜，优化审批程序，排除开发阻力，加强保护利用。六是在资金利用方面强化政策支持，通过设立长城沿线古村落保护专项资金，鼓励有条件的地区将长城沿线古村落开发利用建设资金列入国债支持项目，在项目融资政策和贷款利率等方面给予优惠吸引社会投资的方式补齐资金缺口。

（2）统筹规划交通网络，建设长城军旅文化生态小道。长城军旅文化生态小道简称长城小道，是实现长城旅游路网与长城遗产零距离对接的重要手段。建议把长城沿线古村落加入长城旅游步道网络工程规划，推动各市长城资源有效连接。结合长城山河地形环境，以明长城为主线，选择著名区段、重点关隘，分批次规划建设简便、安全、生态的长城小道网络。对接好邯郸、邢台、石家庄、保定等市的太行山国家森林步道系统和长城沿线交通主干道。在长城小道从乡村到山地的沿途，设置长城文化解说设施，弘扬长城文化，提升游览体验感。

（3）突出长城文化内涵，建设高质量长城文化教育基地。依托长城沿线古村落，建设高质量长城文化教育基地，形成一条长城文化旅

游金牌路线。一是编制长城文化名村认定标准，组织评定河北省“长城文化名村”。二是结合长城沿线红色文化元素，在“长城文化名村”名录的基础上综合评估，认定一批长城爱国主义教育基地、研学实践基地。

（4）拓宽长城古村落开发利用形式，建设长城市民农庄。在长城沿线古村落规划建设“长城市民农庄”。市民农庄是田园综合体类型的园区，在世界多国有成熟的运作经验。园区居民可将农田耕地分成小区块租给市民耕作，由农民提供耕作管理服务。河北长城文化资源丰厚，沿线风光独特，可以试点打造“三生”（生产、生活、生态）、“三产”（农业、加工业、服务业）有机结合关联共生的业态，建设集长城军屯文化体验、避暑度假、研学游学、康养等功能为一体的典型园区。经过调研考察，建议把石家庄的杨庄、乏驴岭，保定的插箭岭、乌龙沟，张家口的元宝山、独石口，承德的花楼沟、古城川，唐山的喜峰口、三屯营，秦皇岛的城子峪、董家口、界岭口，邢台的宋家庄、营里，邯郸的朝阳沟等基础条件较好的代表性长城文化村落列入第一批试点建设名单。在试点经验的基础上再适时推进下一批次，打造具有河北特色和全国示范价值的乡村振兴“河北样板”工程。

五、长城古村落精品民宿成功案例

在这一部分，我举三个例子。北京延庆区石峡村精品民宿“石光长城”、延庆火烧营村精品民宿“荷府”、怀柔区鹞子峪村文创民宿集群“一山间”。这是北京市，我去的最多的三家民宿。可以说我见证了它们发展的全过程。

1. 北京延庆区石峡村精品民宿“石光长城”

石峡峪堡紧邻长城，始建于明初，明隆庆年间进行过砖包，万历和崇祯年间都进行过修缮，为隶属居庸关路的战略要地。村中至今保存着石峡峪堡的南门“迎旭”门额。

2015 年，妫水人家餐饮创始人贺玉玲返乡创业，在石峡村租了 20 多个老院子，创建了延庆首家精品民宿——石光长城。长城国家文化公园建设要求建设“长城人家”，2020 年石光长城成为延庆首家挂牌的“长城人家”。2021 年石光长城入选首批国家级民宿，北京仅有两家获评这一等级的民宿。

目前，石光长城精品民宿年接待游客量为 7 万余人，现已改建院落 16 处，含 10 处住宿院落和 6 处公共区域，包括妫水人家餐厅、石光咖啡、石光长城文化书店、长城露天影院、村史博物馆、长城学堂。

这家位于石峡关长城脚下的民宿，在原有古村落的基础上，建设独立的住宿院落。自然环境优美、历史文化丰厚，四季皆宜居住。建筑继承了中国传统建筑的风格，充分利用了当地的毛石资源，一石一瓦，砌筑手艺尽显中国风韵。

揽星小院在保留了一部分原有老房子结构的基础上，以玻璃钢材建成了可以 270 度观景的星空房，这是石光长城民宿最受欢迎的院子。以春居小院为代表的新中式风格小院，以木石结构展现乡村特色的同时，以新中式的设计风格让室内典雅、时尚，给游客以星级酒店的住宿体验。逸树小院是一座三合院中式院落，室内有大炕，在还原乡村土炕的同时将时尚元素融入其中，让游客在回归淳朴、感受乡村的同时，还能享受高端配套设施与服务。

同时，在公共区域内设有非遗手工艺、汉服体验、古堡祈福、露天电影、精品下午茶等多种项目活动体验场所。在民宿运营中，融入长城文化、非遗文化、民俗文化，提供吃住行游购娱一体化服务，能够给家庭、亲子、情侣、旅游等人群提供休闲度假及生活体验，也是商务会议、中小型团队拓展的绝佳场所。石光咖啡，坐落于石峡村石光长城民宿院落群内，在这里你能够品尝到醇香的手工自磨咖啡，你

还可以与三五好友休闲聊天，透过落地窗既能一览乡村美景，也可以欣赏长城的巍峨庄严。这里还可以举办沙龙、生日宴、小型聚会等活动，同时也可以为小型团队提供会议服务。

石光长城文化书店是一栋现代风格的二层建筑，书店环境优美，内部设施齐备。凭窗远眺可见巍峨长城，信步院内，但闻鸟语花香。超大落地窗可一览山间美景。在保留原有书店功能的同时，石光长城文化书店还提供咖啡、茶饮、精品下午茶等服务，书籍全部可以借阅。藏书多为长城文化书籍，可以让更多人在长城脚下了解长城文化、知悉长城故事、感悟长城历史的博大精深。这里还可以举办小型沙龙、会议、酒会。

村史博物馆也是一座非遗手工艺体验馆，在馆内可以了解长城文化、村史文化、民俗文化。同时，石光长城组织了上百位手工艺匠人，能够提供数百种传统手工艺指导，可以让更多人能够体验中国手工艺的魅力。非遗手工艺制作项目包括布老虎、捏面人、编中国结、香皂、剪纸、葫芦画、衍纸画、毛猴、灯笼、糖画等多种项目。非遗手工艺老师现场指导，项目易学易会，制作成品可作为纪念品带走。这里还能够提供团体手工艺活动。

长城露天剧院每天都会上映一部经典影片，游客可以在此自由观影。石光长城茶坊也在建设之中，能够提供长城民俗演出、表演评书等活动，游客可以在此品茶听书。

石光长城餐饮项目非常有特色。“长城石烹宴”荣获北京市“游客心中最喜爱的京郊美食”最佳人气奖等奖项，并连续五年获延庆区乡村特色美食大赛金奖。主菜“贺氏酱猪脸”曾被中央电视台、北京电视台等多家媒体报道。2020 年贺氏酱猪脸被列入中国非物质文化遗产名录，在 2021 年北京乡村厨神大赛中获得一等奖。

石光长城建设之初就规划了村内设施，参与建设了村内府西街与学院街，并于2020年建成儿童游乐区、2021年建成海棠诗园等公共休闲区域，为村民及游客提供休闲娱乐的场所。此外，石光长城文化书店及石光咖啡也对村民开放。

石峡村的村民大多是上了年纪的老人，这也是现在民宿所在地区普遍存在的问题。石光长城从创建之初就给村内老人每天一个鸡蛋一袋牛奶，确保他们的早餐营养。这个做法一直坚持至今，即使疫情期间也没有间断。

石光长城民宿在盘活闲置房屋，增加村民收入的同时，还通过民宿、餐饮为村民提供了更多的就业机会，目前已带动村内20余人就业，主要从事餐厅服务、房间清洁、树木修剪、设备维修等工作。很多准备外出打工的村民留在了村里，在职村民月收入达到了4000元以上。

此外，通过民宿与线上平台，石光长城还帮助石峡地区村民销售海棠干、黄芩茶、土鸡蛋、野菜等农产品，年销售额达100万元以上。目前石光长城民宿已经辐射带动18户村民注册民俗户，有效推动了长城文化带沿线民宿集群品牌的建设。

2. 延庆区火烧营村精品民宿“荷府”

我们再介绍一下延庆的荷府民宿，这也是长城国家文化公园建设带动乡村振兴的一个新样板。2019年4月，伴随着世园会的开幕，北京延庆区火烧营村落成了第一家世园人家精品民宿——荷府。就此展开了以民宿为入口，以引进产业、搭建平台为先导的乡村振兴之路。

荷府民宿地处世园会腹地，紧邻京藏高速和京礼高速，交通网络四通八达，近拥荷塘密林，自然生态得天独厚。野鸭湖湿地公园、康西草原、龙庆峡、玉渡山、古崖居、八达岭滑雪场、石京龙滑雪场都在十五公里范围内，成为乐享妫川精品旅游线路的关键节点。

目前，荷府拥有各具特色的大小院落12座，客房50余间，书院、餐厅、棋牌室、禅室、咖啡吧、画廊、民俗陈列馆等综合配套设施齐全，同时配套建设的“荷府共享农庄”，开创了田园观光互动共享模式。

共享田园生活，分享人生快乐。走进火烧营村，你可以感受到时空的穿越，看到白墙、灰瓦、密林、小路，看到荷花盛开的池塘，感受到淳朴的民风。村庄建筑整体风格和谐统一。火烧营村共有 107 户人家，在荷府民宿的引领下，现已拥有民宿 16 个院落，客房 100 余间，餐厅 3 个，可供 200 人同时用餐，带动了本地乡村餐饮、住宿和农产品销售等的快速发展，特别是随着荷府农耕体验基地和青少年研学基地的逐步建设，打造出了“民宿 +（文旅、教育、艺术、农业、康养）”的田园体验复合型产业。仅 2021 年，全村经济总收入达到 580 万元，村民年人均可支配收入达到 2.6 万元。

荷府创始人袁野也是中国长城学会国家文化公园工作委员会主任，他作为全国乡村文化和旅游带头人在火烧营村以民宿产业为引领，文化艺术产业为促进，以高端康养产业为长期战略，不断完善相关产业配套及合作机制，并结合本村的整体规划和长远规划，将文化艺术植入旅游休闲、创客创意、农业观光等业态，实现了乡村特色化发展。

3. 怀柔区鹞子峪村文创民宿集群“一山间”

怀柔区也有一处利用长城古城堡村落，做得很好的民宿。2016 年北京漫宜创意旅游文化发展有限公司，在怀柔区鹞子峪村进行选址，规划了文创民宿集群项目“一山间”。这处民宿整体构思依托长城古堡以及传统长城历史文化，将郊区旅游与乡村生活体验相结合，通过各种长城空间与相关活动，逐步创造多种业态的长城脚下文创共生社区。

鹞子峪古城堡位于北京怀柔区黄花城乡鹞子峪村，始建于明万历二十年（1592），四方城池、城墙全部用方石块码砌而成，南城墙长 102 米，北城墙长 91 米，东西城墙均长 78 米。城堡内设一座拱券南城门，上刻“鹞子峪堡”四个字（字迹已模糊难辨），从拱券城门洞可以看出城墙厚度约有 4—5 米。

2017 年“一山间”第一个民宿院落开始对外营业，并获得多项国内外设计大奖。目前共有恬、愉、悦、怡、怀、慢、恰、憬、愫、悠等十余个风格各异的长城院落空间，基本都处在鹞子峪古堡。

通过这几年的运营摸索，在发展郊游民宿的基础上，“一水间”以古长城风光和乡村生活为背景，配套文化交流、图书阅读、展览展示、艺术工坊、户外露营等休闲度假服务，让前来的游客得到身体心灵一体的放松，获得大家一致好评。

第七章

长城国家文化公园管理体制

中央在《方案》中要求："长城国家文化公园是国家推进实施的重大文化工程，通过整合具有突出意义、重要影响、重大主题的文物和文化资源，实施公园化管理运营，实现保护传承利用、文化教育、公共服务、旅游观光、休闲娱乐、科学研究功能，形成具有特定开放空间的公共文化载体，集中打造中华文化重要标志，以进一步坚定文化自信，充分彰显中华优秀传统文化持久影响力、社会主义先进文化强大生命力。"长城国家文化公园管理体制，是为服务于这项工作的需要而制定。

国家文化公园发展的未来，一定会通过制度化而走向标准化。长城国家文化公园建设顶层体制设计，包括建立完善系统的制度体系、建立权责明晰的国家文化公园管理机构、建立国家文化公园资金机制。国家文化公园管理体制，从宏观意义上来讲包括组织系统内的各部分采用怎样的方法、手段来实现各个组成部分的顺畅管理，最终实现管理目的。具体而言，包括管理机构的设置、职权划分和相互关系。国家文化公园管理体制，即是管理机构对国家文化公园的具体管理，应如何进行权限划分以及如何协调机构间的关系。

目前，研究长城国家文化公园管理体制似乎为时尚早，但实际上已经不早了。已有专家学者开始做这方面的研究了，北京师范大学地理学部吴殿廷教授提出国家文化公园管理采取"段长制"的意见。他认为长城、大运河、长征、黄河国家文化公园都是线性空间，空间跨度大，涉及众多省份、上百个县市，建设、管理、运营十分复杂。建议参照我国河道管理中的"河长制"做法，采取"段长制"，以充分发挥各方积极性，既有助于把握大方向，又可结合实际灵活保护利用，提高效率，从而提高经济、社会效益。借鉴“河长制”经验，设立“段长制”，可以健全工作机制、强化绩效考核、加强社会监督。

为了加强国家文化公园建设管理，国家一定会通过颁布相应的管理办法来规范管理工作。2022 年 3 月 24 日国家林业和草原局自然保护地管理司，经过前期调研和征求意见起草了《国家公园管理暂行办法（征求意见稿）》，这个征求意见稿正在向社会公开征求意见。这些都对国家文化公园建设具有重要的参考价值和借鉴意义。

《国家公园管理暂行办法（征求意见稿）》规定国家林业和草原局（国家公园管理局）负责全国国家公园的监督管理工作。国家公园管理机构负责国家公园自然资源资产管理、生态保护修复、特许经营管理、社会参与管理、科研宣教等工作，并按照规定履行行政执法职责。

国家公园应当根据功能定位，划分为核心保护区和一般控制区，实行分区管控。国家公园核心保护区原则上禁止人为活动；国家公园一般控制区禁止开发性、生产性建设活动。国家公园管理机构应当按照依法、自愿、有偿的原则，探索通过租赁、置换、合作、设立保护地等方式对国家公园内集体所有的土地及其附属资源实施管理。

《国家公园管理暂行办法（征求意见稿）》还提出，国家公园管理机构依法履行自然资源、林业草原等领域相关执法职责，应当对破坏国家公园生态环境、自然资源和人文资源的违法违规行为予以制止。涉及重大违法违规活动的，由国家林业和草原局（国家公园管理局）有关森林资源监督派出机构进行督办；涉及其他部门职责的，应当将问题线索及时移交相关部门。

我们这里所说的管理，还是主要在讲长城国家文化公园建设之后的管理问题。其实作为长城国家文化公园建设，从项目遴选就已经涉及管理。好的建设项目一定是高标准、高要求的。一定要有遴选标准和遴选程序来保证高标准。我们目前尚处于缺少标准也缺少程序的阶段。加强长城国家文化公园建设管理，必须以最短的时间跨越这个较为盲目的阶段。

第一节 如何实施公园化管理运营

长城国家文化公园建设从何入手推动管理体制的制度完善？应该从长城国家文化公园管理系统和组成方式入手，形成一个合理的管理系统来完成管理任务，实现管理目的。上来就谈如何实施公园化管理运营显然是不合适的。只是在目前情况下，还谈不上管理制度和管理规范研究，故先从运营入手做些认识上的梳理，引出后面几节的思考。

长城国家文化公园建起来之后如何运营呢？国家文化公园将实施公园化管理运营模式，这是中央明确提出来的要求。管理与运营是两件事，管理是对长城国家文化公园进行有效的计划、组织、领导和控制，以便达成既定的组织目标。运营则主要是对长城国家文化公园的各项工作的组织实施。当然，运营也是一种管理，但是有别于政府部门对国家文化公园的管理。运营主要是对公园的产品和服务进行系统的设计、运行、评价和改进的管理。

什么是公园化管理运营呢？说到“管理运营”，不外乎机构设置、人员配备、经费投入三个方面的内容。长城国家文化公园管理涉及两个层面，一个是中央和各级政府层面的管理；二是长城国家文化公园具体项目的管理，这方面的管理也可以理解为运营管理。

中央和各级政府层面的管理具体包括设立专门的机构，配备专门的人员。长城国家文化公园建设没有专门的机构，没有专门的队伍肯定是不行的。目前，国家文旅部和长城沿线各省都是以临时性的“专班”形式在开展工作。这种形式短期行，长期肯定不行，即便是短期，也已经显现出人员不稳定等明显的问题。

目前，有一些地方在尝试做体制层面的安排，取得了一些好的经验。比如河北唐山市的迁安市就在全国率先成立了长城国家文化公园管理中心，同时加挂迁安市国家地质公园管理中心、迁安市文化旅游发展中心牌子，成为全国首家县（市）级长城国家文化公园建设保护机构。有了专门的管理机构、专门的管理团队，有利于对长城文化遗产进行保护与开发。各级政府设置国家文化公园管理机构，配备相应的管理人员是一件势在必行的事。

长城国家文化公园具体项目的管理应该在建设阶段就做出顶层设计，每个地方的长城国家文化公园都需要有管理。下面所涉及的管理问题，主要是谈这个层面的问题。目前，我国的公园运营管理模式主要有 3 种，分别为政府管理模式、委托管理经营模式、建立企业管理运营模式。

政府管理模式：长城国家文化公园的运营管理完全由政府包下来，这是最传统的公园管理模式。在政府主管部门的管理下成立专门的机构，经费由政府财政全额或差额拨款。政府成立专门的公园管理机构，负责公园日常经营。政府管理模式有较强的行政事业性，优点是能够体现公园的非营利性和公共服务性的功能。不足是市场化运作较差，经营目标不够明确，难以调动工作人员的主动性和积极性。另外，因其对财政补贴有较大的依赖，往往形成地方沉重的财政负担。

委托管理经营模式：公园所有权与经营权分离程度小于租赁或承包经营的一种模式，政府通过向社会招投标的形式或以政府委托的方式，将公园管理经营权交给具备一定条件的企业负责日常运营。

政府或支付或不支付一定的管理成本，视具体情况采取不同的方式。政府不支付费用，就要允许企业利用公园做某些盈利活动，否则企业无法生存。此运营模式，公园的所有权与经营权分离，管理者有较大的经营自主性和灵活性，政府也减少了财政支出。较大的问题是管理者往往在利益的驱动下对公园进行过度的开发，追求短期效益最大化的行为势必对公园基本设施造成破坏。有的地方仅是将公园的绿地养护管理、清洁保安管理、游乐设施管理等具体项目委托给企业运营，政府的公园管理部门不再配备绿化、清洁、保安人员及相应设备装备。

建立企业管理运营模式：这种方式由政府设置的公园管理机构主导，引入企业资本，建立起管理机构、引入企业组成公园经营管理公司，成为新的公园经营管理机构。政府通过公司化的企业运作方式，管理公园资产。企业管理运营模式可以减轻财政资金投入。同时，非公有资本的进入也提高了公园资产的运营效率。

长城国家文化公园的管理运营，一定会不同程度地融入市场机制。党的十九届四中全会再次重申按劳分配为主体、多种分配方式并存的社会主义市场经济体制是我国的基本经济制度。认为改革开放发展起来的这个体制，“既体现了社会主义制度优越性，又同我国社会主义初级阶段社会生产力发展水平相适应，是党和人民的伟大创造”。在对社会主义基本经济制度的认识不断深化的今天，建设国家文化公园一定要与中国特色社会主义基本经济制度的内涵相一致，形成中央政府、地方政府、社会资本相互联系、相互支撑、相互促进的发展局面。

第二节 统一事权、分级管理体制

国家文化公园建设是一个新事物，在管理体制方面尚无成熟案例。从国内外这类公园管理的实践来看，未来实行垂直管理或属地管理体制的可能都有。实行垂直管理体制便于统一管理机构，提高国家文化公园管理效率。实行属地管理体制则便于落实具体管理责任，明确各级属地管理范围和职责。

长城国家文化公园与其他国家文化公园相比，因具有特殊性，更便于建立全国统一的垂直管理机构。不论是采取垂直管理，还是属地管理体制，都会涉及众多部门，都会牵扯很广泛的利益。所以必须创新管理体制机制，在国家统筹管理、统一规划的框架下，支持和保障地方创新和社会参与的积极性。做好长城国家文化公园建设，不论是长城保护、文化传承，还是推动区域经济发展，都需要形成政府主导、群众支持、社会参与的局面。

建设长城国家文化公园是一项国家工程，必须由国家统筹领导、统一规划。此种管理体制解决了长城跨区域、跨部门的难题，有助于明确国家在政策制定和战略规划中的指导地位，有利于长城国家文化公园公益性、文化性和科学性目标的实现。其次，各省（区、市）成立专门机构统一行使管理权，可以有效避免实践中政出多门、条块管理现象，使《方案》中提出的“权责明确、运营高效、监督规范”的管理模式和“中央统筹、省负总责、分级管理、分段负责”的工作格局真正落到实处。最后，中央统筹能够保证公园建设的资金来源，避免过度依赖地方政府。

整合长城国家文化公园管理职能各方，结合长城保护和文旅发展管理目标，形成一个由职能部门统一行使管理职责的制度。整合组建统一的管理机构，履行文化遗产、生态保护，开展资源资产管理和特许经营管理工作，包括社会参与管理、宣传推介等方面。

要考虑国家文化公园系统功能，包括系统效应外溢性和协调跨省级行政区的管理问题。长城国家文化公园内的资源属于全民所有的，由中央政府直接行使管理权，其他的所有权委托省级政府代理行使。国家文化公园内全民所有的自然资源所有权，由中央政府直接行使。按照自然资源统一确权登记的办法，国家文化公园作为独立自然资源登记单元，依法对区域内的水流、森林、山岭、草原、荒地、滩涂等统一进行确权登记。做好这项工作可以划清全民所有和集体所有之间的边界，划清不同集体所有权人的边界。只有归属清晰、权责明确，管理工作的效率才能有较大的提高。

当然，统一管理需要构建协同管理机制和建立健全监管机制，处理好长城国家文化公园管理机构与地方行政管理机构的关系。长城国家文化公园建设是一项自上而下推动的工作，在管理体制机制方面也需要改革，涉及中央政府与地方政府的统与分、放与管、事与财、权与责等多个层面。

第三节
明晰央地关系事权界限

长城国家文化公园管理体制机制，涉及央地政府间事权配置问题。国家文化公园机构设置、职权配置以及地方协同等管理体制的问题，实际上是央地政府间事权划分的具体问题。央地关系中事权配置要明晰，权责交叉重叠的问题要得到妥善的处理。如果做不好长城国家文化公园管理体制机制的顶层设计，长城国家文化公园陆续建成之后混乱现象就会发生。

为什么提出明晰央地关系事权界限呢？这是加强中央对国家文化公园管理事权的需要，这方面目前没有成熟的经验。比如，国家层面相关标准应该由谁做，何时做？结合其他的国家公园项目的管理经验来看，长城国家文化公园建设包括公园设立、工作考核评估、监督评价、勘界立标等五方面的内容。

明晰央地关系事权界限，要充分贯彻国家宪法规定的“充分发挥中央与地方两个积极性”的规定。首先是认识和解决地方事权的“确定”，如果处理不好这个问题，加强国家文化公园中央事权或将引起某些地方政府产生消极态度。为了使国家文化公园管理运行更为顺畅，在加强中央事权的同时，对地方政府在园区经济社会发展、社会治安、公共服务方面的事权责任需要做出进一步的明确。

央地政府间事权配置的具体职能划分还需要搭建国家文化公园管理机构与地方各级政府间的工作协调机制，既要把握国家核心事权，又要尊重地方政府的利益诉求，还要有效发挥属地居民、属地社会经济生活方面的积极性。

明晰央地关系事权界限，要做好共享事权的“分级”。我国的政府管理体制的一个特征是中央与地方在诸多领域共享事权。共享事权的基础是做好分级承担责任。国家文化公园如何实施统一、分级的管理制度，如何落实中央政府对省级地方政府的分级授权，都需要从基础层面加强研究。

长城国家文化公园管理若以中央直管为原则，是否存在中央委托省级政府代管作为例外，也需要深入研究。强化落实中央直管模式，落实园区内资源产权所有权制度就会成为一个突出的问题。地方政府职能部门何时将资源产权确权、资源保护管理等职权移交公园管理机构需要做出尽早安排。

第四节 规范中央和地方机构设置

规范长城国家文化公园管理体制，需要全国统一设置机构。当前，中国实行事业单位和行政机关两种设置形式。国家文化公园管理机构是设置为事业单位性质机构还是具有行政管理职能的机构？显然，前者更符合机构改革的方向。长城国家文化公园管理机构，能否设置成为具有公益目的的非营利法人呢？这也是一个探索的方向。从大的方向来说，我不太主张将国家文化公园管理机构设置为行政管理机关。

将长城国家文化公园管理机构设置为行政机关，似乎有利于统合国家文化公园园区内各项职能，可以更好地实现中央的战略部署。但很容易将国家文化公园管理机构做成一个“新的衙门”，不符合机构改革去行政化的大方向，也不符合国家文化公园的实际需要。

国家文化公园涉及的省区很多，在不同的行政区域内有不同的文物，生活着很多民众，在进行国家文化公园管理机构设置时，这些因素都要充分考虑。关于国家文化公园机构设置通过什么法律途径解决也是一个问题。是以国家立法机关制定的相关法规为依据，还是以各省级地方立法机关制定的相关地方性法规为依据，目前还没有具体的规定。但是不管是全国统一设置机构，还是由地方政府管理机构设置都需要在法律法规的框架下开展工作。这就需要相关的法律法规进行相应补充，充分考虑国家文化公园管理事务的特殊性。

《国务院行政机构设置和编制管理条例》规定，国务院行政机构下设各司、处级机构的增设、撤销或者合并，分别由国务院或其所属国务院行政机构决定。设立全国统一的国家文化公园管理机构，依据这样的规定就可以设置。各省根据实际需要，在本行政系统内分级设置特殊机构也是一种解决途径。在实践中，后者似乎更为灵活。中央或地方设置国家文化公园管理机构，是要对相关事务做具体的管理。地方对工作中的具体难点更为了解，管理也更为直接、更具效率，所以我倾向认为，国家文化公园管理中地方政府的作用应该更突出。

第五节 确保中央和地方财权匹配

构建长城国家文化公园管理体制，还有一个重要的任务就是确保中央和地方财权匹配。这个问题不仅在将来管理方面是个突出的问题，就是在今天的建设时期也是一个非常突出的问题。只有解决好中央财政投入和地方财政投入的问题，长城国家文化公园建设工作才能落到实处。长城国家文化公园建设资金需求量巨大，要尽快形成政府引导、推动社会资本投入的机构。

长城国家文化公园建设是否应该确立中央财政投入为主的原则，需要有关方面进行深入的研究。我在很多场合，包括公开的论坛和闭门的会议上都多次强调，国家公园、国家文化、国家工程，中央财政不加大投入如何体现其国家属性？目前，财政投入不是一个很大的问题。

长城国家文化公园一定要突出全民公益性，公园内的营利性经营活动需要受到严格限制。当然，长城国家文化公园建成之后，会有一定的商业经营活动。其商业活动所获得的收入不应该是公园项目全部收入，甚至可以说不应该是主要收入。建设长城国家文化公园的投入，不论是以中央为主还是以地方为主，其向社会提供的都属于公共服务，所以国家文化公园的建设和管理费用，应该纳入中央财政本级预算。

建设长城国家文化公园的财政投入，中央财政投入应该占绝对大的比例。明确为地方负责的部分经费，地方各级政府也应当将其纳入本级财政预算。我们在中央和地方财政投入的基础上，再研究开展建立社会基金捐赠等多元化资金筹集渠道。总之，长城国家文化公园财政收入的主要来源不应该是商业经营，否则难以保障长城国家文化公园的公益属性。

完善地方财政投入机制也很重要。目前长城国家文化公园建设项目占地及移民搬迁补偿等支出，基本上由地方政府承担。这里有一个问题，就是长城沿线很多地方财政情况很差，压力很大。很多地方政府不得不采取“拆东墙补西墙”的办法，来应对这项工作，结果给本来就非常困难的地方财政造成更大的困难。当地方政府缺乏足够的财政支付能力，也没有很强的支付意愿时，长城国家文化公园建设工作肯定会受很大的影响。

长城国家文化公园建设项目涉及的原住民的利益也需要保障。要想获得当地居民的支持，就要加强中央财政的投入。要通过增加一般性转移支付力度、中央专项补偿等纵向财政手段，来做好这项工作的经费支撑。

长城国家文化公园建设会涉及“人”与“地”的关系问题。长城国家文化公园建设会涉及周边居民的搬迁及安置，这是一个必须要高度重视的事。不同功能分区的居民在搬迁方式及利益分配上要根据实际情况妥善安排，采取移民搬迁项目不仅要做到让搬迁的原住民“有所居”，还要使他们的生活得到较大的改善。特别是打造旅游项目区，要使居民享受长城国家文化公园建设带来的红利。让老百姓因为长城国家文化公园的建设而过上好日子，这是国家文化公园建设的一项重要目标，也是长城国家文化公园具有“全民公益性”的特点的体现。

第六节
国家文化公园考核问责机制

建立国家文化公园考核问责机制要增强管理机构的主体责任意识，明确细化管理机构的主体责任，从严监督管理机构，实行制度化、常态化的责任考核和责任追究的制度。当然，要做考核问责，就需要先有标准，还要分流程制度。否则怎么做对，怎么做错都不知道，如何进行奖惩？这就倒推出来首先要做标准，要做操作规程。

第一，将国家文化公园规划的制定和实施情况纳入考核问责机制。具体而言：在中央层级，应当把能否依法制定和执行相关国家文化公园规划纳入考核；在各国家文化公园层级，应当把规划的制定、实施、变更等情况纳入考核内容中。

第二，将规划的制定和实施情况纳入督察范围，主要是针对地方党委、政府及有关部门，本质上是基于“中央—地方”的纵向关系开展监督。在实践过程中，应将国务院的有关部门也纳为督察对象。基于国家文化公园的建设和管理具有国家代表性、全民公益性的特点，应当将其纳入督察范围。具体而言：在中央层面，应督察负责编制、审批、实施中央层级规划的主管部门——国家林业和草原局；在各国家文化公园层面，应督察各国家文化公园管理机构。通过自上而下的督察，及时发现并纠正具体过程中存在的违法违纪问题。

第三，完善国家文化公园责任追究制度。要强化国家文化公园管理机构的主体责任，明确当地政府和相关部门的相应责任。严厉打击长城区域违法违规开发矿产资源或其他破坏生态环境的行为，打击偷捕盗猎野生动物等各类环境违法犯罪行为。严格落实考核制度，建立自然生态系统保护成效考核评估制度，特别是对地方党政主要领导干部，实行自然资源资产离任审计和生态环境损害责任追究制。

对违背国家文化公园保护管理要求、造成生态系统和资源环境严重破坏的人员要记录在案，依法依规严肃问责、终身追责。建立以行政问责制度为主要框架的法律体系，从法律层面构建和完善行政问责制度，为地方政府重大决策终身责任追究制提供依据和指导。

当然，无论是行政问责制还是重大决策终身责任追究制，都是一种事后的追责和监督制度。更重要的还是要通过终身责任追究制的“顶层设计”，达到防患于未然的目的。这样一说，问题又回到了长城国家文化公园的建设标准、调度规定和考核流程的制度建设。很期待国家文化公园建设工作的研究机构和领导机构，抓紧研究制定标准、制度和流程问题。

第八章

长城国家文化公园IP建设

北京冬奥会期间，张家口赛区的国家跳台滑雪中心“雪如意”，因融入中国元素、与自然人文交相辉映的惊艳设计，一举成为冬奥赛区的网红建筑，吸引各国运动员纷纷打卡。

21岁的安娜·霍夫曼是美国跳台滑雪运动员，备战、比赛之余在TikTok（抖音国际版）上，分享了一段她在“雪如意”拍摄的视频。她一脸兴奋地说：“我要给大家看个很厉害的东西，在雪如意跳台旁边不远处，有一条亮着光带的山脊，那不是别的，就是万里长城！”并感叹“真是太酷了！”视频发布后，很快就获得20多万点赞。网友纷纷表示：“太棒了！”“谁能想到离那么近呢？”“你真是幸运的女孩！”而当安娜·霍夫曼表示自己还没有机会去长城玩时，有中国网友在评论区留言称：“欢迎你再来中国，去长城玩！”

这就是长城IP的感染力。前面已经讲了，文旅融合是长城国家文化公园建设的重要板块。文旅产业发展由流量经济转向IP经济已经成为一个大趋势，现在出现了一个新的口号“无IP不文旅，有IP则称王”。

在文旅行业，IP是主题文化公园的重要形象符号。随着国外知名主题公园的火爆，国内主题公园快速崛起，并呈现井喷式发展态势，虽然表面看起来主题公园形势一片大好，但是实际情况却不容乐观。打造具有高质量发展能力的主题公园，不能缺失核心IP的打造。创新性不足、同质化程度高等一系列问题也成为国内众多主题公园的通病。长城国家文化公园建设要未雨绸缪，避免出现这样的问题。

长城国家文化公园IP建设，主要是指打造长城国家文化公园自身的形象，包括项目的设计、服务等。一个好的IP能打破核心产品和周边领域的界限，形成小说、动漫、游戏、影视、音乐、玩具等产业链条，形成多平台共同发展的氛围。

IP能够引起游客情感共鸣，当IP应用于公园中时，不仅可以有效地调动人的情感，而且能够吸引人的关注，并产生传播效应。IP促使长城国家文化公园具有较强的辨识度，使长城文化公园真正区别于其他主题公园。IP能够带动游人在长城国家文化公园内的消费。

随着经济的快速发展，人的消费需求从物质需求向精神需求转变，而文化IP正是精神需要的核心内容。IP能够赋能长城国家文化公园内容创新，通过游客在游玩过程中的互动和体验增强吸引力。

第一节 长城国家文化公园IP特点

长城国家文化公园IP是什么？首先我们来了解一下IP是什么。最近几年，中国文化行业里几乎每个人都在说这个词，但是却很少有人真正了解这个词。究竟什么是IP呢？IP即“Intellectual Property”的缩写，直译为“知识产权”。随着文化产业的快速发展以及相关产业链的不断拓展，IP可以是一个概念，也可以是各类艺术作品、漫画、文学及原创短片等。从本质上来说，IP是情感符号，是一代人、一个群体共同的记忆，是具有较高价值可以转化或衍生为影视、游戏、音乐、动漫、文学等娱乐产品的内容。

长城是一个超级IP，承载着中华民族伟大精神。在历史文化的长河中，长城是一个不可磨灭的印记，在当代社会长城也是一个令中国人自豪的标志。我们要挖掘长城文化蕴含的时代价值，将“长城”这个代表中国文化的超级符号活化，讲好长城故事。打造长城国家文化公园 IP，主要是在长城文旅融合发展过程中建立具有独特价值的知识产权体系。让长城国家文化公园在国内形成持久影响力，在国际上放大中华文化的传播效应，将长城历史文化 IP 沉淀为品牌资产，构建长城文化旅游产业生态，促进地方文旅经济的融合发展。

长城国家文化公园 IP 和普通的 IP 在特性上既有相同的地方也有区别之处，长城国家文化公园 IP 更强调主题和文化特色。

一、独特性是每一个优秀 IP 的最基本特性，文旅 IP 创新性的核心在于“文”

独特性也是 IP 被大众认知和认可的基础，IP 的独特性就是在长城国家文化公园 IP 中植入新的主题元素，使得文化和精神主题与旅游融合，从而实现长城国家文化公园坚定文化自信，并向世界展示和传播长城文化的任务。

长城国家文化公园立足长城文化的大背景，依托文旅产业，其 IP 与其他概念完全不同，通过遵循差异化的原则，挖掘长城文化资源，形成独特的优势。

中华文明和中华优秀传统文化既需要继承又需要创新，建设长城国家文化公园是实现这种创造性转化和创新性发展的路径。如何让长城故事，让长城文化深入人心呢？长城国家文化公园要充分发挥自身优势，继承和创新我国优秀文化，增强广大人民群众的文化自信。

依托长城这一文化 IP，在传承与创新传统文化过程中对文旅发展进行深度融合，以不断创新的方式走出一条独特的文旅融合发展道路。

创新始终是社会发展的一种常态。长城国家文化公园 IP 的创新性决定了其主题、形象、活动、衍生体系等具有创新性，围绕其展开的各种运营服务，也同样具有创新性。

二、长城文化的国际性基础

每个国家都有自己独特的文化。做出有特色的IP产品，才能拥有良好的市场。万里长城是中国的代名词，2007年被评选为世界“新七大奇迹”之一，并且中国的万里长城排在首位，可见其在世界的影响力是非常巨大的。长城不仅是中华文明的标志，也是一个具有强大影响力的国际化IP。依托长城文化IP所创造出来的各类产品，充满了浓郁的中华民族风格。

长城国家文化公园IP就是要通过长城这张国家名片，在世界范围内提高国家文化软实力，从而提升中国在世界的影响力。做好长城国家文化公园IP建设，就要在国际交流活动中讲好中国故事，阐释好中国文化，展示中国形象。长城国家文化公园将充分利用长城文化独特的魅力，吸引更多的国内外游客。

说到长城文化的国际交流，有必要介绍一下中国长城学会国际部。他们一直致力于长城文化的宣传、国际交流与合作，推动长城文化走向世界。主要工作包括在世界文化遗产方面的国际合作与交流，策划并实施了长城与埃及金字塔、挪威松恩峡湾、阿根廷伊瓜苏瀑布国家公园、意大利五渔村、法国沃邦要塞、西班牙古城墙、秘鲁马丘比丘、希腊雅典卫城、苏格兰格莱梅斯城堡、法国埃菲尔铁塔、美国羚羊岛公园、美国大提顿公园等机构签署了世界遗产保护和可持续利用方面的友好合作备忘录。

2006年积极向联合国申请中国长城学会成为联合国经济与社会理事会特别咨商地位，2007年以后联合国召开相关会议中国长城学会都可以参加并且发出自己的声音。2007年年前后组织中国各界及高校学生积极推动长城入选世界新七大奇迹，并于2007年7月7日在葡萄牙里斯本举行的颁奖仪式上长城成为世界新七大奇迹之首，在全世界范围对长城文化做了一次大规模的传播。

2022北京冬奥会如期举行，长城作为世界文化遗产、首都北京的标志性文化符号再次赢得世界关注。北京市人民政府新闻办公室、光明网全媒体制作发布了《外国领导人登长城》系列微视频。从520余位登上长城的国家元首、政府首脑中，选取了包括印度、美国、英国、巴基斯坦、尼泊尔、波兰、希腊、意大利、俄罗斯、爱尔兰、拉脱维亚、古巴、科特迪瓦、乌拉圭等在内的14国15位在长城上发生有趣故事的外国领导人，搜集历史资料影像，以长城为创作灵感，抓住“中国长城”与“国家元首”两大IP，制作成包括《第一位登中国长城的外国领导人》《踏雪“破冰”首位登长城的美国总统》《中巴友谊在中国长城“落地生根”》等15集微视频。

北京市政府新闻办主任、2022北京新闻中心主任徐和建说：“长城是中国的，更是世界的，长城精神就是和平精神，和平与发展也正是当今全世界人民的渴望。”“通过微视频的形式，带着这些‘北京故事’‘长城故事’走向世界，展示北京‘双奥之城’的荣光与担当，也期待越来越多的人能够因此了解北京、爱上北京。”光明日报社副总编辑陆先高说：“北京冬奥会赛程正在火热进行中，全世界的目光都聚焦在中国，聚焦在北京。选择在这个时间发布《外国领导人登长城》系列微视频，可以说恰逢其时。相信该系列微视频能够让更多人了解长城魅力、领略北京‘双奥之城’的风采、感知积极推动构建人类命运共同体的中国形象。”

三、河北省在IP品牌影响力建设方面做出成绩

长城IP是文化的载体，能代表独特的历史文化。长城文化凝结成长城IP品牌，可以形成文化与品牌的有机结合。培育具有个性和内涵的长城IP品牌文化产品，可以保持长城国家文化公园IP经久不衰。

长城国家文化公园的IP建设，包括长城文化的衍生产品、服务、形象、知名度、认知度等。同时IP建设是长城国家文化公园与公众情感交流的纽带。随着长城IP影响力的扩大，长城国家文化公园的游客量也会增加，从而增强长城国家文化公园的知名度。

长城国家文化公园官网，在2022年2月25日以《河北省文化和旅游厅采取多措并举全面提升长城国家文化公园河北段品牌影响力》为题，报道了河北省在IP品牌影响力建设方面做出的成绩。

第一，通过创造“三个一批”文艺作品，开展讲好新时代长城故事的工作。深入挖掘长城河北段的历史价值、文化价值、景观价值和精神价值，创作了以“爱中华，颂长城”系列长城之歌、“行走长城”美术作品等为代表的一批文艺作品，推出了以《塞上风云记》《大河之北——长城》《一块砖都不能少》《筑城记》等为代表的一批影视作品，出版了以《中华血脉——长城文学艺术系列丛书》等为代表的10余部精品图书。

第二，通过“三大特色”品牌活动，全面提升长城河北段的知名度、美誉度。成功打造2021“‘一带一路’长城国际民间文化艺术节”，深入推动长城文化传播和文明交流互鉴，为此，习近平总书记发来贺信。推出以“长城脚下话非遗”为代表的标志性品牌活动，为沿线15省区市非遗保护成果展览搭建平台。圆满举办以“长城之约”“全国新媒体自驾游长城”为代表的中国长城旅游市场推广联盟宣传推广系列活动，营造了“爱长城　游长城”的浓厚社会氛围。

第三，推出“四大经典主题线路”，叫响“万里长城，雄冠河北”品牌形象。立足长城河北段丰富的文物文化生态资源，面向全球发布金色长城、红色长城、绿色长城、多彩长城等四大主题12条精品线路。以深度文化体验线路生动传承弘扬长城精神，“万里长城，雄冠河北”宣传推广活动获评国内旅游宣传推广典型案例。

第四，利用冬奥主题宣传，点亮“长城脚下冬奥盛会”。开展“从大境门到雪如意”全媒体系列报道，在北京西站、河北航空等载体开展长城河北段主题宣传。

第五，数字科技赋能，打造永不落幕的网上宣传空间。可阅读长城数字云平台将长城国家文化公园变身为可阅读、可体验、可感悟的公共文化线上空间。春节、元宵节期间全新推出“云游长城迎冬奥”“贴春联，点亮长城”等系列宣传推广活动，得到社会各界广泛好评。

第二节　长城国家文化公园 IP 建设措施

长城国家文化公园 IP 建设，要站在顶层设计的角度，以长城沿线文化挖掘及产业经济建设为建设方向。围绕国家战略，以文化建设为纽带，以经济繁荣为发展目标，来构建长城国家文化公园 IP 建设的基础。

一、打造长城文化 IP 形象

长城国家文化公园 IP 建设需充分挖掘长城沿线城市历史文化资源，以文化发展为基础，进一步丰富长城国家文化公园的文化内涵。

IP 被赋予独有的价值主张和话题性，给某些特定人群以好感，因此有显著的网络流量和粉丝群体。面对市场的不可替代性，IP 该如何赋能长城国家文化公园建设呢？

建设长城国家文化公园 IP，需要先明确 IP 体系。IP 体系并不是简单地设计一个图案，以及一些有趣的文化产品，IP 体系包含文化故事、

系列形象、衍生品、商业应用方式、授权赋能行为等几个大的内容，每个内容都需要深入的分析和打造。一个好的IP体系不能一蹴而就。

每个主题公园都需要IP，无论其是否著名，IP形象都是必不可少的。长城国家文化公园结合长城文化，遵循“长城文化产业创新”战略，打造自有IP品牌，有效延伸长城文化产业链，丰富并推广自主IP，延展IP衍生产品系列，挖掘长城沿线区域文化，结合地域元素、资源优势和文化精髓提炼长城文化的精神内涵和气质特征。目前长城只是文化符号，离热门IP还有距离。

长城国家文化公园的IP建设是一件任重而道远的事，在形象设计上要针对目标受众，塑造更符合本土审美的IP形象；在运营方面要增加与游客的双向互动，实现与人的情感连接。长城国家文化公园要想成为真正的IP，与后期能否展现出良好的传播力密切相关。这就需要做好衍生品和商业化收入模式的前期规划，保证长城能够在社交媒体、游戏、短视频等渠道中展现出强大的生命力。

二、强化长城IP故事内容

建设长城国家文化公园IP，首先就要意识到IP建设是一项长期而投入巨大的工作，需要投入大量精力，对长城文化进行深入挖掘，对内容进行反复打磨。在新市场形势下，如何讲好长城故事，将是长城文旅产业发展最重要的课题。一个好的IP拥有超大流量，需要一定的时间来实现从量变到质变的转化。量变到质变的转化过程就是创新的过程。来到长城国家文化公园的体验者可以从各个IP角色，感受到故事所传达的文化价值。

修建长城和戍守长城的历史故事，能在游客和长城之间建立紧密的情感连接。一个好的故事，可以做多方延伸，故事可以串起游客游玩的路线、娱乐体验项目。带有故事IP的文创产品能够激发游客的积极性以及参与性，使其在获得游玩快感的同时，了解故事传达出来的文化价值。

在内容为王的时代，优质的长城故事 IP 是吸引市场和游客的关键。通过美好的故事吸引人是 IP 故事成功的前提。故事是引发游客兴趣的重要支撑，同时也为长城国家文化公园赋予了文化内涵。打造长城国家文化公园 IP，故事 IP 是其“灵魂”所在。故事可以让长城文化变得有血有肉，抓住游客的好奇心。故事能够引起广泛传播，实现宣传推广长城文化、弘扬长城精神与价值观的目的。

长城国家文化公园中的故事从哪里来？其来源是长城历史文化故事。万里长城的有关历史故事和传说不胜枚举，我们需要挖掘长城文化，将地方特色、文化与旅游相结合，讲好长城故事。通过对长城沿线区域文化内容的提炼与再创造，以及运用科技、生活、媒体等数字化技术进行更加大胆的创新，将中国历史中的长城故事、长城文化融入长城国家文化公园建设。

三、打造长城文化创意产品

建设长城国家文化公园 IP 需要长城文化创意产品作为支撑。长城文化创意产品既可以拉动消费，又可以增加游客的情感黏性。目前，很多的机构都在做长城文化创意产品，力争将长城文化与时尚科技相结合。但是，目前的长城文化创意产品与长城文化属性匹配度并不高，并没有打造出真正的长城文化创意产品。

现在的长城文化创意产品故事性不强是一个普遍性问题。缺乏长城故事的文化创意产品，就不能形成吸引人的 IP。有好的故事支撑的文化创意产品，在满足游人旅游乐趣的同时，还会让游人有购买这些产品的欲望。自带流量的文化创意产品，是弘扬长城文化最好的载体。一个没有文化故事的文创产品，很难促使游客产生购买欲望。

好的文化创意产品通过文化创意能给游客带来愉悦的感觉。人们旅游的目的是使自己的心情愉悦，而长城文化创意产品能够让游客心情愉悦，甚至能够会心一笑。一个优秀的长城文化创意产品，不仅具有创意时尚的外观以及实用性，而且蕴含长城精神。

长城文化创意产品将逐步成为长城国家文化公园 IP 建设中最重要的载体。打造长城文化创意产品需要制造话题，即通过文化 + 设计创意的融合，形成一个良好的口碑传播。现在最厉害的传播渠道是互联网端的口碑传播，年轻人群构成了互联网上口碑传播的主要力量。最近几年，故宫文创产品一炮走红。故宫通过 IP 创意产品商业化运作，不仅创造了良好的经济效益，更在年轻人中形成了一股话题浪潮。目前长城还没有这样的文创产品。

长城国家文化公园 IP 建设，引入“新文创”核心理念的同时，还要运用数字化手段推动长城文化 IP 化。长城应该形成自己独特的思路和方式，探索以构建 IP 为核心的数字文化生产方式，通过网络文学、动画、影视剧、游戏等多种数字化手段，推动长城国家文化公园在文化产业链条中形成更受欢迎的文化符号，助力传统文化的传承和创新。

第三节
长城国家文化公园 IP 运营

在运营决定内容、内容融入业态、业态创造场景、场景引导消费的互联网时代，如果没有运营前置思维，将在实体运营中出现众多问题。长城国家文化公园 IP 要想得到很好的运营，其 IP 才是吸引游客的关键点。

当主题公园被赋予文化内涵，给游客带来难以忘却的体验价值时，也就形成了主题文化公园运营模式。游客需要什么体验感呢——让进入长城国家文化公园的游客能够通过愉悦的体验而获得长城历史文化的知识，在身临其境的体验中获得独特的感受。随着社会经济的发展，越来越多家长开始重视对孩子的教育和陪伴。长城国家文化公园不仅可以为孩子提供寓教于乐的场所，同时也将为游客提供家庭情感陪伴的空间。长城国家文化公园 IP 运营推广，将提升长城国家文化公园 IP 发展的持续性和吸引力。

长城国家文化公园 IP 的运营，需要专业的设计和运营团队参与前期策划工作，需要将故事讲得吸引人。拥有专业经验的团队，从环境设施、产品设计、服务理念到人员培训、营销手段，全方位提升长城国家文化公园 IP 的运营管理能力很重要。做好长城国家文化公园 IP 宣传推广工作也很重要。IP 形象推广要打造让人印象深刻的 LOGO，提高长城国家文化公园的辨识度。需要掌握自主创新的能力，需要不断对主题和品牌形象进行创新，需要延长其产业链并保护知识产权。

有特色的长城主题活动可以给游客们带来逼真的氛围体验感。长城国家文化公园的活动策划，要依托长城文化以及现有市场对主题活动的需求。活动内容的创意性与多样性，能够满足不同类型游人的精神需求。

长城国家文化公园 IP 的运营，要不断挖掘长城文化，并与时俱进地增加新元素。如八达岭长城这样的景区，不能仅满足游客单一的观光体验，也需要朝着休闲度假型方向发展，这是未来长城景区发展的方向。这将涉及更多产业，更需要依托长城文化 IP 打造“文旅 +IP”的综合旅游度假区。各区域既要有统一氛围又要有区域特色，根据 IP 配套相应的餐饮、酒店等多种特色附属消费功能。长城国家文化公园 IP 建设，需要不断与时俱进地以长城文化 IP 为核心，构建区域发展一体化的文化生态。

第四节 长城国家文化公园 IP 产业链

IP 的产业链属性，大致体现上游和下游两个方面，上游是无形的知识产权，下游则包括各种形态的产品。

长城国家文化公园建设需要 IP 产业链，其发展必须围绕长城文化 IP，构建多维盈利模式。长城国家文化公园本身就是以长城文化为脉络，包括以经济为手段，开展文化旅游。IP 产业链作为“文化—经济—旅游”的综合体，产业形态关联性大、综合性强。构建长城国家文化公园 IP 产业链要注重长城文化内涵构建任何产业链都需要大规模的资金，长城国家文化公园 IP 产业链除了资金之外，还需要更多长城文化底蕴与内涵。

展现长城精神，培育出世界级的长城国家文化公园 IP 产业链，要挖掘长城沿线历史文化内容，结合时代精神对长城文化 IP 进行创新。以“文化＋科技”为核心，推动长城国家文化公园 IP 与其他旅游相关企业协同发展。致力于打通 IP 产业链壁垒，通过文旅产品的影响力与前沿科技手段，扩宽长城文化 IP 线上线下渠道，孵化潜力 IP、转化优质 IP，打造全产业链的新生态环境。

以聚客力为特征的长城国家文化公园 IP 产业链，充分利用公园空间优势，引入餐饮、综艺、演艺等，联合打造长城国家文化公园的多重附加功能，放大场所价值。同时，需要做好产品与 IP 的融合，长城国家文化公园游客消费的是 IP，文创、娱乐、餐厅、酒店都要融入这个 IP，并结合当地特色进行创新融合。构建长城国家文化公园 IP，讲好长城故事，就是讲好中国故事，这些都需要政府加强政策引导。

作为推动新时代文化繁荣发展的重大文化工程，长城国家文化公园建设，以传承长城文化为目标，用 IP 产业为载体，搭建弘扬长城精神的平台。长城国家文化公园 IP 建设，突出文化内涵、弘扬文化精神，深入挖掘长城历史价值、文化价值、景观价值和精神内涵。

长城文化是团结统一、众志成城的文化，长城文化是坚韧不屈、自强不息的文化，长城文化是坚韧不屈、血荐轩辕的文化，长城文化是底蕴深厚、交流交融的文化，长城文化是守望和平、开放包容的文化。长城文化是中华优秀传统文化，我们要努力推动长城国家文化公园 IP 产业链建设，让古老长城焕发生机和活力。通过长城国家文化公园 IP 建设，挖掘长城文化中具有游乐价值、受众易于接受的题材和故事，将之进行形象化塑造和主题化传播，形成系列体验项目和衍生产品，建设具有长城文化精神主题的 IP 产业链。

第五节
长城文化 IP 建设的成功案例

中国长城在形体上是一个整体，却因分布广泛导致长城相关文化艺术资源也相对分散。如何形成有利于以集成模式对外表达和输出的文化艺术形象，需要更多文化特色属性强，且能顺应现代审美潮流的“网红”产品。做好这方面的工作不仅长城国家文化公园建设主体单位要做，也需要社会各方面的共同努力。

下面举长城文化 IP 建设的 4 个案例，分别为：长城人寿长城文化 IP 建设、黠意空間文化创意产业集团长城文化 IP 建设、深圳市凌砺文化创意有限公司长城文化 IP 建设、中北滑启体育用品有限公司长城文化 IP 建设。

一、长城人寿长城文化 IP 建设

在中宣部版权管理局的指导下，由国家版权交易中心联席会议主办的“2021 十大年度国家 IP 评选”中，我们发现有一个代表长城的 IP“长城侠”出现了。最终“长城侠 IP”获得金融赛道银牌，这个很受欢迎的 IP 形象的出现，对长城文化传播而言意义还是很大的。这将是长城 IP 赋能长城国家文化公园建设的有益尝试，“长城侠 IP”的官方评选词为：他是古老长城精神的缩影，也是长城历史英雄人物群像的聚合。作为一个具象与抽象兼备的 IP 形象，他是企业品牌 IP 将商业内涵深度融入社会价值的一次创新。

根据进一步的了解，我们得知“长城侠 IP”所阐述的是一个由万里长城幻化而来的少年“长城侠”和他的小伙伴——一条名叫“龙曦”的小龙，在古代和现代两个平行时空里守护中国老百姓的故事。“长城侠”代表着长城的神，小龙代表着长城的形，通过神与形的组合以及人物故事，进行长城文化和精神的传播。同时，“长城侠 IP”也是中国两千多年来修筑长城、驻守长城等所有与长城相关的历史英雄人物的精神缩影，是古今长城侠义人物的群像标识。这一点，可谓抓住了长城文化传播的重点，就是利用长城富有的历史文化资源和强大人文精神，作为 IP 传播的内核。

“长城侠 IP”的主体创作公司是长城人寿，我还专门去这家公司做了两次调研。公司负责人介绍说，他们深入研究长城文化后，找到长城文化与其所在行业文化的共性，认为以“保障生存、构建秩序、促进发展”为主的长城精神与保险行业精神一脉相承。作为军事防御工程的万里长城，在几千年的时间里对中原农耕文明和北方游牧文明在客观上均形成了保护，并构建起南北文明发展秩序，同时以关口互市功能促进了双方经济文化交流和发展。

当今保险业，从其社会功能来看，不仅为国计民生保驾护航，为全社会构建抵御风险的保障，又以金融属性促进社会和万千家庭发展，保险特有的经济补偿功能还能起到扶危济困的作用，与中国传统的侠义文化也相符，因此，这家机构创设出“长城侠 IP”。

“长城侠 IP”在传播的形式方面，虽然问世不到一年，但传播表现却可圈可点。以图文、条漫、短视频以及最新的数字虚拟人物技术等形式，将 IP 广泛应用于各个场景，因为“长城侠 IP”的人物形象设计精美，其高颜值、唯美国风和科技感快速赢得大批粉丝，且成功吸引各大主流媒体关注报道。

在应用方面，“长城侠 IP”体现出典型的长城特色。

第一，以“长城侠 IP”服务国家战略，积极参与长城国家文化公园建设，为传播长城文化的长城研学和沿线著名景点游客赠送旅游意外险，为景区规范运营提供保障，直接提升长城景区旅游获得感。

第二，该机构各类产品不仅均以长城关口命名，而且还结合每个关口的著名历史事件和英雄人物故事，创作出长城侠义传，在产品市场推广中深度植入长城文化和历史人文精神。

第三，两千多年来，很多人为长城的修建和戍守做出了贡献，其中有很多感人的故事。以互联网短视频创作风格拍摄制作长城侠义人物小剧场，挖掘并传播中国传统文化特有的家国情怀和侠义精神。

第四，为不断活化“长城侠 IP”的形象，还聘请长城侠这位数字人物为公司首席亲善官。以数字人物形象主持新闻发布会，成为保险行业首个数字高管，在网络直播中，数字人物长城侠与年轻人线上互动，通过有奖竞猜等趣味性活动，引领年轻人学习长城知识、探讨长城文化。

第五，将“长城侠 IP”向中国旅游协会长城分会以及部分长城景区进行授权，以 IP 结合景区特色开发个性化旅游周边产品，让 IP 参与

长城经济带建设工作，为长城文化经济发展做出贡献。

“长城侠 IP”的诞生以及实践，创造了一条以经典 IP 赋能长城国家文化公园建设的新途径，虽然相关经验还在摸索之中，成果还有待检验，但无论是机构创新的勇气，还是此 IP 的设计应用思维都值得鼓励。

回顾历史，长城的发展深刻体现出不同时代的特征，也告诉着我们，做好一件事的前提必须要把握住时代特征。当前，我们处于一个高度信息化的时代，科技日新月异，潮流奔涌向前，文化传播的事业更应该与时俱进。“长城侠 IP”虽然刚刚诞生，但已经显示出了很强的生命力。我希望以长城为公司名称或产品名称的企业，在用 IP 塑造品牌，打造成功的 IP 的过程能够像“长城侠 IP”这样传播长城的文化和精神。长城国家文化公园建设，需要更多的经典 IP 予以赋能。

二、黠意空間文化创意产业集团长城文化 IP 建设

长城文化走进“2020 迪拜世博会”是 2019 年中国长城学会年度任务。世界博览会，简称世博会，被誉为“经济、科技与文化界的奥林匹克盛会”，已成为展示新概念、新观念、新技术的全球大舞台。2020 阿联酋迪拜世博会以“沟通思想，创造未来”为主题，于 2021 年 10 月 1 日至 2022 年 3 月 31 日在阿联酋迪拜举办。

2020 迪拜世博会开幕以来便吸引众多目光，中国馆“华夏之光”是迪拜世博会最受欢迎的展馆之一，累计接待参观者超 176 万人次。其中，中国馆每晚上演的“华夏之光”大型主题灯光秀演，成为世博园最受欢迎的表演之一，引发众多游客排队打卡。

长城学会通过迪拜世博会中国馆“华夏之光”概念设计单位黠意空間文化创意产业集团，以迪拜世博会为平台，以光影艺术的形式，在为期 6 个月的世博会开幕期间，通过运用 150 架无人机配合 360° 的

中国馆外墙体红框矩阵、落地LED大屏，将长城文化元素植入于世博会中，向世界展示长城形象，向世界讲述中国故事。

黙意空間文化创意产业集团还直接承担了中国山阴长城文化博物馆项目。长城国家文化公园的建设第一步就是要对长城文化进行保护，长城文化资源非常丰富但未能善加利用的也不在少数，沿线规划建设长城博物馆，正是承载了对于重大事件、重要人物等文化资源的整合、保护、利用的作用。

山阴长城文化博物馆位于山西省朔州市山阴县。广武长城是万里长城的其中一段，它具有长城所具备民族精神、爱国精神、时代精神的广泛意义，但它更是独特的，它代表着广武地区长城内外文化的过去、现在和未来，它见证的是长城从军事防御到和平象征的演变。2020年，山阴县明长城新广武段被确定为第一批国家级长城重要点段。

山阴长城文化博物馆作为长城国家文化公园建设首个落地的长城博物馆项目，全馆以历史脉络为底，突出“广武”概念，以“广武人”的视角浸入历史、今日与未来，串联起长城文脉为这片土地所带来的人文肌理、文化沉淀和精神气质，让观众“观长城、知广武”。

黙意空間文化创意产业集团通过建筑、展示、演艺三个维度的策划与设计手段，表现中国山阴长城文化博物馆作为历史、文化的活化载体与叙事能力。结合展示内容，利用建筑投影、幕墙系统、声音触发装置和灯光效果，打造一座震撼的“会呼吸、能说话、有生命力的博物馆”，展现中国山阴的文化影响力，让中国山阴走向世界，让长城文化走向世界！

黙意空間文化创意产业集团还提出了长城图书馆项目建设方案。长城国家文化公园建设，不仅需要保护好长城本身，还要传承好长城文化。长城图书馆作为保存文化知识的主要场所，可以有效推动群众接触和学习传统文化，是实现优秀传统文化继承和发扬的主要平台。

长城图书馆从建筑设计到内部功能空间将以长城文化为核心，将长城图书馆打造成为长城文化的“城市客厅”。长城图书馆在设计理念上融入和呈现长城文化元素，展示长城沿线城市独特的城市文化内涵和长城文化底蕴。长城文化图书馆，作为一个集教育研学、生活方式于一体的城市文化综合体，以图书为主体，而其相关文化、艺术等领域都将以更具象的形式叠加其间，使长城文化能更自然地融于生活，为消费者提供一种全新的、时尚且精致的消费场景。

點意空間文化创意产业集团推动中国长城文化艺术展项目。为弘扬中华民族坚不可摧的长城精神，用艺术的方式讲好长城故事，加快推进长城国家文化公园建设，推动长城经济带文化发展与文化产业融合振兴，进一步坚定民族自信和文化自信。

中国长城文化艺术展计划将在中国美术馆举办，中国长城文化艺术展以长城主题作品展为呈现主体，在艺术家之间、青年画家与青少年间、艺术作品与大众间的交流互动中，利用不同艺术展现形式抓取不同维度的长城文化，展现长城的风采，深入打造长城文化 IP，对传播长城文化，促进长城文化带发展起到重要的推动作用。

中国长城文化艺术展将关注艺术家作品所呈现的长城文化精神，通过艺术作品诠释新时代艺术家对长城文化的现实意义思考，展现中国艺术家弘扬长城文化、讴歌长城精神的艺术创造，构建出长城主题的视觉史诗，彰显艺术家传承中华民族传统文化的责任和使命。

三、深圳市凌砺文化创意有限公司长城文化 IP 建设

我是 2019 年下半年认识的深圳市凌砺文化创意有限公司董事长梁勇，他是一位坚定用自身行业经验为中国长城这一民族 IP 的发展做出贡献的年轻企业家。他以自己多年的 IP 工作经验，深知年轻人群是 IP 业务中最重要的受众，因此加入长城后的首个项目，就是与 95 后和 00

后垂直内容平台Bilibili合作拍摄秦长城纪录片。2019年的12月，他带着制作组去到固阳秦长城遗址实地拍摄，纪录片一经播出，满屏弹幕都是孩子们对长城新的认知，当日突破100万的播放量，线上报名参加长城保护志愿者多达28万人。而后迅速参与灿星制作《了不起的长城》综艺节目的合作；同年12月，与国内最具影响力的潮流展Innersect合作推出“中国长城”服饰，并在展会现场搭建“水晶长城”，引发年轻人群争相排队打卡。

2020年6月30日，梁勇发起正式成立“中国长城学会长城IP文创工作委员会”，11月，在敦煌举办的中国长城论坛上，代表学会发表“让长城文化成为年轻一代的精神高地”这一主题演讲。2020年起推动“让长城文化走进千家万户”项目，至今两年与国内数十家优秀民族企业达成合作，用长城文化赋能产品新的设计，通过产品把长城文化带入千家万户，把长城文化渗透到寻常百姓的家中，通过产品附带的文化传播元素吸引年轻消费者关注长城，走近长城。

2021年与国际运动品牌阿迪达斯合作设计以长城文化为元素的户外运动服装，在产品中植入1984年我们徒步长城508天的壮举事件，并到金山岭实地拍摄“The Greatwallker”产品纪录片在全球播放，借助国际品牌的影响力推动长城文化中蕴含的体育精神。

青少年是长城文化继承的未来，2022年虎年春节，他们与顶级游戏公司SuperCell合作，把长城文化中的“和平和秩序”植入游戏，一起打造了全球游戏粉丝共祝中国春节，长城脚下吃年夜饭的动画视频《Year Of The Tiger Comes To Clash!》，该视频在Youtube全球播放量突破2548万次，将长城的文化内核传播到了世界各地。2022年4月，与知名游戏《迷你世界》发起“共筑长城”公益活动，通过数字化形式，弘扬长城文化，了解文物知识。8月与优酷少儿合作推出《蕃尼探长城》文化综艺节目，得到央视等主流媒体争相报道。

长城 IP 数字化也是 2022 年的工作重点，3 月份与蚂蚁鲸探合作发行大美河山《中国长城十三关》数字藏品，庆祝长城入册世界文化遗产 35 周年。并在 2022 年年底前推出“长城万象”数字文创平台。他们以长城为载体，以传播中华民族优秀的文化内容为己任的做法取得了很好的效果。

四、中北滑启体育用品有限公司长城文化 IP 建设

现在有越来越多的企业参与到长城历史文化的传播中来，我还要介绍我家乡秦皇岛的中北滑启体育用品有限公司传播长城文化的案例。这家成立于 2003 年的企业，是中国最早的冰轮（滑冰 / 轮滑）行业推动者与运营者之一。在全国范围内拥有经销商 400 余家，在广东建有自主工厂。旗下冰轮品牌——滑启，集研发、设计、生产、销售、培训、赛事于一体，拥有各项技术专利 30 余项，产品远销西班牙、荷兰、美国、挪威、韩国、印度及印度尼西亚等多个国家和地区，全世界约 40% 的国家级运动员均穿着滑启装备。

作为秦皇岛本土企业，滑启在二十年经营过程中，始终扎根家乡文化，不仅发起北戴河国际轮滑节，每年组织上万名来自世界各地的运动员和爱好者前来参与，更是多次带他们走上了秦皇岛的长城。他们曾组织数百名爱好者，在天下第一关广场滑出 66（溜溜，轮滑爱好者的别称）字样，被媒体争相报道。中北滑启体育用品有限公司董事长姜丰告诉我，一件让他印象深刻的事：2007 年轮滑节，有一支来自台湾的少年队第一次到内地参赛，他们到达时已是下午五点，领队下车第一句话就问：“现在可不可以去山海关？”他说小选手这次到秦皇岛比赛，最大的愿望就是能够亲眼看一看“天下第一关”是什么样子，看一看长城长什么样子。因为第二天有全天比赛，赛事结束后又得马上返程，所以希望能够先帮孩子们实现愿望。当时虽然天已近晚，组

委会直接带他们去往山海关，孩子们看到天下第一关城楼的那一刻，都兴奋的喊出声跑了起来，夕阳下一张张笑脸深深地印在了我们心里。那一刻，由长城蜿蜒而来民族情怀在每个人心中澎湃。

第九章

长城国家文化公园建设工作

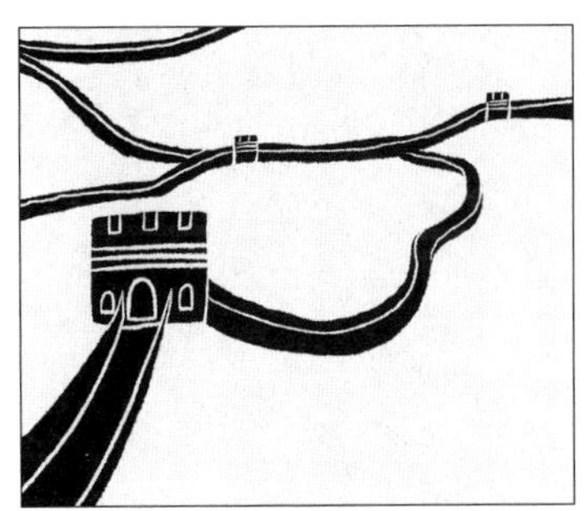

2020年受到新冠肺炎疫情的影响，长城国家文化公园建设的步伐放缓了。从2021年开始，长城国家文化公园建设工作已经全面铺开。长城沿线各地都在认真贯彻落实各省政府关于长城国家文化公园建设保护工作的要求，积极推动长城国家文化公园国家标志性项目和其他省级标志性项目的建设工作。

最后这一章结合我了解的一些情况，介绍一下长城沿线几个地方政府的工作。选择的地方以地级市为主，也选择了几个做得比较好的县。河北省是长城国家文化公园重点建设区之一，也是中央确定的长城国家文化公园建设试点省。我参加河北省文化和旅游厅组织的研讨论证和督导调研较多，所以介绍河北的情况相对要多一些。相关资料主要来源于各省、市、县政府有关部门。

从各地方反映的情况来看，缺乏专项资金支持是一个大问题。中国有句老话“工欲善其事，必先利其器”。没有专项资金支持的国家文化公园建设工程很难取得较好的建设成绩。实事求是地讲，长城国家文化公园建设无法依靠其他方面的专项资金，更不可能依靠社会资本的投入而取得突飞猛进的进展。社会资本有可能投入产生好的经济效益的文旅融合项目，不可能投入不产生经济回报的其他项目。

为了能够更好地解决这个问题，除了呼吁中央财政加大投入之外，我还建议各省财政厅将国家文化公园建设资金列入国债支持的重点项目，在项目计划、融资政策、贷款利率等方面，都要给予优惠和支持。另外，国家应尽快成立长城国家文化公园管理机构，统筹长城国家文化公园建设工作。涉及长城国家文化公园建设的沿线各市及县区，也要成立相应机构。

第一节 河北秦皇岛市长城国家文化公园建设

秦皇岛市为推进长城国家文化公园建设，成立了以市委、市政府主要领导为组长，相关市领导为副组长，有关部门、沿途县区领导为成员的长城国家文化公园建设工作领导小组。市委王曦书记多次就长城国家文化公园建设听取汇报，先后4次专题研究山海关中国长城文化博物馆建设和展陈工作。丁伟市长多次调度解决长城公园建设工作问题。刘学彬部长、樊海涛副市长多次深入现场并赴国家和省文旅、文物部门汇报工作，争取上级的支持。为高效推动长城国家文化公园建设，市委常委会提格研究2022年工作要点，建立工作台账，分解工作任务，推动任务项目化、目标节点化、节点责任化。

长城国家文化公园建设工作从长城保护抓起，初步形成保护长城本体的可借鉴经验。坚决遵守《文物保护法》等法律规定，开展长城“四有”工作，健全全市长城记录档案，建立科学规范长城资源基础数据库，设立秦皇岛市长城保护标识130处。全市聘请长城保护员93名，建立责权清晰的长城管理体系，机制运行已较为成熟。在全国率先制定《秦皇岛市长城保护条例》，与市公安局、检察院建立了联动机制，长城保护管理走上了法制化轨道。始终把长城抢险修缮作为工作基础，从亟须抢救的长城点段着手，每年分批分期、有序推进实施长城抢险加固工程。秦皇岛市26个项目列入省“十四五”文物保护利用项目库，先后实施了海港区板厂峪明长城维修（二期）、卢龙桃林口关城修缮、山海关长城保护修缮及展示等11项长城本体保护加固工程。在进一步开展长城抢险加固的同时，启动实施了秦皇岛长城保护与研究发掘项目，已完成71个敌台清理，为全国长城保护修缮提供可复制经验。

扎实有序实施一批重点项目建设，坚持项目为王，全力推进重点项目。秦皇岛市的4个国家级项目都已经开始运营。山海关中国长城文化博物馆已正式开工建设，主体施工、配套设施、布展大纲、展陈设计、文物征集、机构冠名等同步开展；海港区板厂峪长城遗址公园基础设施维护与展示方案正在编制；山海关长城风景道基础工程及长寿山旅游路和浅山区长城旅游路已经建成投用；10公里长城风景道示范样板项目可研报告已编制完成；山海关古城遗址保护项目完成镇远镖局二期修缮工程和古城四条大街、通天沟等提升改造工程，实施了主题景观、文化小品和可参与体验项目建设，增设仿古特色休闲座椅、跨街旗特色亮化设施。

在抓好国家级重点项目的同时，也积极建设11个省级项目。山海关八国联军营盘旧址保护利用、山海关角山长城文化产业园基础设施（一期）、山海关核心展示园综合提升、海港区车厂长城休闲小镇等项目都已经启动实施，完成投资3.48亿元。承办了“一带一路·长城国际民间文化艺术节”分会场活动，组织开展了长城交响音乐会、长城之美摄影展、“长城脚下话非遗”等活动，7天时间吸引119个旅行团，10余万名游客，带动旅游创收1亿余元。习近平总书记向2021年“一带一路·长城国际民间文化艺术节”致贺信，省委、省政府主要领导作出重要批示，对相关工作给予充分肯定。

建设长城国家文化公园的强大合力已经基本形成。全市各县区、各成员单位积极对标建设任务，充分发挥职能优势，积极推进项目落地落实。山海关区作为先试先行区，面对长城国家文化公园建设时间

紧、任务重和疫情带来的冲击，攻坚克难发挥了较好的引领作用，其他县区也想方设法谋划项目抓落实。各相关部门发挥职能优势，在长城国家文化公园建设项目立项、争取资金、开工实施、机构冠名、长城沿线环境整治、环境配套、传播长城文化等方面，积极对接，确保了五大工程项目的推进。

社会力量支持长城国家文化公园建设，实施的文旅融合项目，社会资本投入总金额达22.7亿元，抚宁区一家企业捐资235万元用于长城本体修缮。热心人士为长城国家文化公园建设出谋划策，人大代表、政协委员先后提交34个建议、提案，长城考古、历史文化、工程建筑、城乡规划、旅游经济、民俗研究、文化传媒等领域的专家学者，为长城文化公园建设工作提供了决策参考。

负责具体工作的秦皇岛市旅游文化局认为，秦皇岛市长城国家文化公园建设工作取得了积极进展，但对标国家、省建设要求仍存在一定差距。一是部分县区重视程度有待进一步提高。县区领导小组要在顶层设计上多下功夫，在建设过程中充分发挥统筹协调作用，加大落实力度。二是专班人员力量不足。长城国家文化公园建设工作专班普遍存在人员不稳定、人员力量不足的问题，一定程度影响了工作推进效率。三是部分项目进展缓慢。一些具有重大影响和示范意义的标志性项目建设进度较慢。国家级项目海港区板厂峪长城遗址公园、山海关长城风景道项目进展缓慢，省级项目长城社区参与工程（最美长城村落、长城民宿建设）等成效不大。

加强长城遗产保护。持续贯彻落实《文物保护法》《秦皇岛市长城保护条例》等法律规定，继续开展长城沿线文物和文化资源系统摸底调查工作，完善长城“四有”工作，强化长城执法督察和保护员常态巡查。按照《河北省长城遗址抢救性保护实施意见》稳步实施长城保护修缮工程，力争尽快完成山海关长城北翼城1号马面至4号马面段保护维修、海港区董家口城堡保护加固、卢龙桃林口关城3、8号敌楼修缮、永平府城墙西城门及西城门瓮城、西水门修缮工程。加快实施山海关长城北水关第一段墙体及9号马面保护展示、抚宁界岭口关城保护修缮、卢龙刘家口关城修缮等工程，推出一批长城保护修缮精品项目、样板工程。完成秦皇岛长城维护保养实践与研究课题，开展抚宁界岭口长城砖窑遗址考古勘探，推动展示利用。推动非遗活态传承，开展长城沿线非遗资源调查，以长城沿线非物质文化遗产为载体，结合乡村振兴，推进非遗传统手工产品进景区，开展长城沿线非遗展示展演展销活动。举办长城沿线非遗保护对话交流活动，拍摄完成非遗旅游线路宣传片，创建2～3个长城非遗传播基地。落实《长城河北段周边风貌控制导则》，加强长城文化景观与周边环境风貌、文化生态的整体性保护。制定生态环境准入清单，环境影响防治预案。加大长城沿线山体、森林、水体资源的保护、土地沙化防止和环境整治力度，实施造林绿化、退耕还林、湿地保护和矿山生态恢复等生态工程，建立完善长城沿线生态保护监测预警系统。

高质量推进项目建设。加强项目谋划申报，及时争取更多项目列入中央预算投资项目库，监督项目主体用好中央预算内投资、省级旅游发展专项资金、文保资金、文化产业引导资金和文艺创作等有关资金。高标准建成山海关中国长城文化博物馆，加快完成主体建筑、配套设施、展陈设计、藏品征集布展、机构设立、冠名审批等重点工作，力争2022年7月博物馆主体竣工，9月完成部分展陈，12月全面投入运营。打造一批标杆示范工程，加快推进板厂峪长城遗址公园展示与基础设施维护建设，完成板厂峪长城砖窑遗址数字化项目。完成山海关八国联军营盘旧址——日军营盘修缮工程，实施山海关八国联军营盘旧址——六国饭店、英军营盘消防工程。如期建成山海关长城风景道、山海关遗址保护提升、山海关长城文化产业园基础设施（一期）

等项目。搭建投融资平台，举办重点项目招商推介活动，拓宽重点项目资金渠道。

优化提升公共服务。完成《秦皇岛长城旅游公路专项规划》编制工作，以长城交通体系为纽带，实现长城沿线各主体功能区的通联。畅通长城旅游区外部连接道路，重点实施张庄—孟庄、河口长城—东胜寨、龙泉庄—黄土营等旅游公路。建设“秦皇岛长城”风景道体系，按照《长城旅游风景道建设指南》，提升长城旅游风景道规范化建设水平，重点建成山海关长城风景道等项目，建设特色慢行游览道路设施，加快游步道、自行车道、观景平台、房产营地、生态停车场等建设，完善长城沿线旅游集散咨询、导览、导游、休憩健身、旅游厕所、应急救援、商业、环卫、公益等公共服务设施建设和管理，构建集观光游览、文化体验于一体的长城文化和旅游景观通道。建设长城国家文化公园标志体系，在文化和旅游部指导下，修订完成《国家文化公园标志应用规范》，待规范出台后，在全国率先构建长城标志体系。完成长城秦皇岛段文物、文化及旅游资源数据采集及数字化转化，搭建秦皇岛长城资源特色库平台，依托可阅读长城数字平台，在长城重要点段设置扫码入口，推进数字资源共建共享。

深化文旅融合。实施山海关核心展示园综合提升工程，对天下第一关、老龙头、角山、孟姜女庙等核心景区进行综合提升，推动山海关景区开展世界级景区创建工作。推进海港区董家口长城戍边文化小镇项目，实施游客服务中心、停车场硬化及绿化、河道治理等工程。续建提升海港区董家口长城戍边文化小镇、中国冷口青龙湾康养旅游度假区温泉小镇，完善海港区车厂长城休闲小镇旅游功能，推进青龙花厂峪红色旅游康养小镇建设，努力打造成为文旅深度融合发展示范项目。激活文旅市场动力，培育市场主体，建设产学研合作基地、众创空间等。实施社区参与工程，因地制宜建设长城特色村落，重点打造北营子村、板厂峪村、河口村、桃林口村、花厂峪村等10个最美长城村落，带动长城沿线乡村文化旅游业发展，赋能乡村振兴工程。

扩大宣传推广。持续开展长城秦皇岛段主体宣传，编辑出版一批长城文化研究成果，办好"'一带一路'长城国际民间文化艺术节""长城脚下话非遗"品牌活动，促进国际交流与长城文化传播。提升山海关大型室内沉浸光影剧《长城》演出品质，完成"长城影像"工程，举办"长城之韵"交响音乐会、"长城之美"摄影展等活动，不断扩大秦皇岛长城的影响力。开展"双百"活动，推进长城文化进社区、进校园、进企业、进文旅等100家场所，开展社教、研学等活动100场。举办长城系列展，开展外国留学生行走大美长城等丰富多彩的实践体验活动，把长城国家文化公园主题作为重点题材，组织开展秦皇岛文创与旅游商品大赛，全力推进文创产品开发。举办"我眼中的文化遗产"摄影及短视频大赛、"秦皇岛文化遗产宣传季"等展示宣传活动。通过微信、微博、微电影、微视频和微图"五微"宣传，提高秦皇岛知名度和美誉度，讲好秦皇岛长城历史和当代故事。

第二节
河北张家口市长城国家文化公园建设

长城国家文化公园建设是张家口市承担的一项重大任务。山海关、金山岭、大境门、崇礼4个国家重点建设示范区段项目，张家口市就有2项。张家口市委、市政府高度重视长城国家文化公园建设，以长城国家文化公园大境门段、崇礼段建设示范区为引领，积极推动张家口市长城国家文化公园建设做出成效、形成示范。

一、长城国家文化公园建设情况

健全长城国家文化公园建设体制机制。为高质量推进长城国家文化公园建设，张家口市于2020年初成立了张家口市长城国家文化公园建设工作领导小组，市文旅局成立了长城国家文化公园建设工作专班，为长城国家文化公园建设提供了组织保障。

研究制定了长城国家文化公园工作方案。制定了《张家口市长城国家文化公园建设工程实施方案（2021—2023年）》，经市委常委会研究通过，2020年12月以市委办、市政府办名义印发。印发了《张家口市文化广电和旅游局2021年长城国家文化公园建设工作方案》，明确了2021年的工作重点和任务。

编制了重点区域的建设保护规划。2020年7月完成了长城国家文化公园大境门段和崇礼段建设保护规划编制，并通过了专家评审。

强力推进长城国家文化公园重点支撑项目建设。2021年按照省文旅厅统筹规划，确立崇礼长城景观展示及太子城遗址保护利用项目、大境门长城保护展示项目等10个项目为省级长城国家文化公园建设重点项目，其中崇礼太子城长城景观展示亮化工程和万全卫城文化园区为国家级规划项目。现大境门长城文化主题展示区项目、长城（清河）影视基地扩建工程、崇礼长城脚下森林音乐会、《塞上风云记》长城主题影视剧制作等4个项目已完成，其余6个项目正在全力推进。

1. 崇礼长城景观展示及太子城遗址保护利用项目

崇礼长城景观展示亮化工程项目目前已完成崇礼桦林东段长城景观展示亮化工程项目设计方案编制，设计方案已由省文物局批复通过，2021年6月份编制完成项目建议书和工程可行性研究报告并经崇礼区发改委立项审批通过，完成财政预算评审。7月份经发改项目审批核准挂网招标，7月上旬完成长城景观展示亮化工项目的招标工作。工程于

2021年12月初全部完工，12月上旬正式运行，让古老长城重新绽放光芒，体现了长城精神与冬奥精神的完美融合，实现了“长城脚下看冬奥、冬奥赛场看长城”全景盛况。

太子城遗址保护利用项目于2020年9月底全部完成建设任务，目前正在对遗址外部建设局部进行细节修正、植被种植养护等收尾工程。2021年6月份完成西院落太子城遗址展览方案并报省文物局批复，最终上报国家文物局备案，7月份开展展览布展、施工工程，2021年底前完成太子城遗址西院落保护性设施内遗址本体展示和金代相关文物布展展示，目前已实现全面对外开放。

2. 大境门长城保护展示项目

大境门长城保护展示项目，2020年已完成来远堡基础设施及环境整治建设项目，2020年9月起实现对外开放。2021年大境门长城保护展示项目主要实施大境门区域长城本体保护修缮工程。大境门长城1#敌台至2#敌台间墙体加固修缮项目已委托河北省古建所深化编制该项目修缮设计方案，现正完善初稿。协调组织桥西区文广旅局投入120万元在大境门广场开展大境门形象展示及视觉形象标识系统建设，开发张家口长城国家文化公园统一LOGO整套标识系统设计，设计开发了长城文化特色解说牌、长城特色标识系统及配套设施、长城文化信息图例图示、长城保护警示牌，现已基本完成。

3. 大境门长城文化博物馆

大境门长城文化博物馆是河北省较早启动的长城主题博物馆，长城博物馆A6展厅展陈布展工程，2021年8月至11月进展较快，基础装修装饰、消防、监控工程、地板、墙体、楼梯间、卫生间、装修工程已完成，沙盘、场景、雕塑、油画、多媒体设备和展柜安装、展品征集和鉴定已完成，彩色立面制作铺设完成，15项多媒体视频制作完成并已调试到位，4项互动游戏制作完成调试到位。A5展厅完成长城

沉浸式体验馆设备安装和调试，完成序厅造型工程和临展厅布展，完成文创展厅装修工程。长城博物馆展陈布展工程已基本完成。

4. 万全长城卫所博物馆

万全长城卫所博物馆是全国唯一以长城卫所文化为主题的博物馆，建筑面积6600平方米，总投资约8000万元。目前财政已投资金3500万元，完成了6600平方米的博物馆主体建设，2021年4月份综合竣工验收完成。南开大学考古研究所编制完成展陈大纲，2021年5月邀请清华大学清尚设计团队开展前期布展设计调研，启动博物馆资金落实工作。2021年6月布展设计方案初轮汇报完成，并得到中国长城学会领导及专家的指导。该项目2021年计划投资2500万元，部分资金争取上级扶持，目前正在争取国家农业发展银行3.6亿元的贷款，贷款已通过省行立项会，正在完善资料，预计2021年8月份贷款可落实。

5. 长城风景道赤城示范段项目

长城风景道赤城示范段项目，计划第一期起至赤城县后城镇河东村，连接北京市延庆区百里画廊风景道，终至赤城龙门所镇，全长约41.5千米。2021年计划选取长城文化元素突出、周边生态环境优美的京蒋线长伸地堡2000米段进行建设提升，建设内容包括雕塑节点1处、艺术观景台1处、旅游驿站1处、道路两侧整治2000米、水环境治理1处、旅游导示牌2块、长伸地3号烽火台（镇虏楼）抢险加固项目等。该项目2021年3月中旬启动，3月底市文广旅局产业科和公共服务科组织专家实地调研，4月初制定了长城风景道赤城示范段建设实施方案。2021年5月14日赤城县文广旅局赴省文旅厅进行了汇报，之后积极协调国土、交通、水务、环保等相关单位进行前期筹备，并由中建设计集团对该项目进行了规划设计。2021年6月22日完成了长伸地2000米路段的初步设计，赤城县政府出具了资金承诺函，由审批局立项批复。2021年上半年争取省文旅厅旅游高质量发展专项资金

380万元，下一步将对该项目初步设计进行论证，协调自然规划局调规，争取水务、环保等其他单位横向资金，确保早日挂标开工。

6. 长城主题纪录片《京畿雄关》制作项目

深入挖掘整理万全右卫城所荷载的重大事件、重要人物、重头故事，制作拍摄有关张家口长城、万全右卫城的主题纪录片《京畿雄关》项目，该项目在2021年4月7日国家文旅部、省文旅厅赴张家口调研长城国家文化公园建设工作进度时受到上级领导肯定。2021年6月份完成《京畿雄关》剧本修改完善，补充完善了相关史料，进行开机前各项准备工作。2021年7月份开机拍摄，预计2021年年底前拍摄完成并播出。

二、存在困难与问题

（1）仍未有专门的工作机构和人员。目前市县两级都没有成立长城国家文化公园管理机构，更无专业和专职人员。市级层面工作主要由市文旅局文物管理科和长城保护管理处兼任。相关县区人民政府作为长城国家文化公园建设的主体，也没有专门的机构和人员负责此项工作。

（2）长城文化研究不足。目前全市没有官方的长城文化研究机构，对长城文化的研究仅仅停留在民间爱好者中间，研究层次低、研究内容分散，无法有效提炼张家口的长城文化，主要无法满足长城国家文化公园建设中对长城文化内涵的深入研究、权威解读和大众宣传需要。

（3）文旅融合项目开发不够。对长城遗迹保护项目投入不足，对长城文化旅游项目开发不够，没有形成较为成型的长城文旅融合发展项目。近年来，即便在长城国家文化公园建设这一国家战略背景下，张家口市能够争取到的省级文物保护专项资金项目较少，诸如独石口长城、样边长城等极具旅游开发潜质的长城地段多年来未能实施长城保护修缮工程。长城国家文化公园建设工作启动以来，由于时间紧、任务重和其他制约因素，未能深入研究与长城文化内涵紧密贴切的支撑项目，长城文化与旅游开发项目融合度较低。

（4）建设资金不足。目前张家口长城国家文化公园的建设资金主要依靠国家省文物保护专项资金、省旅游高质量发展专项资金、省文化产业发展引导资金等，长城国家文化公园建设启动两年以来，尚未有省级长城国家文化公园专项建设资金支持，因市县财政困难，更无长城国家文化公园配套资金投入，大量项目因缺乏资金进展缓慢。

第三节 河北承德市金山岭长城国家文化公园建设

《长城国家文化公园（河北段）建设保护规划》，明确提出要在2021年底前完成秦皇岛山海关段、承德金山岭段、张家口大境门段和崇礼段4个重点区段的建设。金山岭长城段作为长城国家文化公园河北段文旅融合示范区，长城（金山岭）文旅融合示范区项目也被文化和旅游部列入长城国家文化公园国家层面重点项目。

承德滦平县承担着承德市长城国家文化公园建设的主要任务，滦平县委、县政府高度重视，成立了长城国家文化公园（滦平金山岭段）建设推进工作领导小组，积极编制了《长城国家文化公园（金山岭段）建设保护规划》，制定工作推进方案，全力推进滦平县长城国家文化公园建设。

按照国家、省市方案要求，滦平县立足京津水源涵养和生态支撑区、京北大花园的总定位，以长城国家文化公园为纲，以金山岭国际旅游度假区为基，统筹研究谋划“十四五”规划期间文化旅游产业发展计划，确定了建设长城国家文化公园金山岭文旅融合示范区的总目标，全力打造金山岭文化旅游深度融合的发展示范区。

一、坚持规划引领，六步展开工作

在具体工作中，坚持六步工作法。

坚持一个规划引领：以长城国家文化公园金山岭段建设保护规划为引领，全面保护金山岭长城文物和文化遗产及周边自然生态，深入挖掘金山岭长城文化价值、精神内涵，做好文旅融合示范区。

围绕两个目标：打造文旅融合的示范区，形成保护修缮的教科书。整合周边现有发展基础较好或资源开发潜力大的区域，打造文旅融合的示范标杆。以长城国家文化公园建设为契机，通过长城文物修缮、文化发掘，形成保护修缮的教科书。

强化三个保障：一是加强组织保障，成立领导小组和工作专班，做到分工明确、形成合力；二是多元投资保障，一方面争取专项资金，另一方面成立文旅集团，破解资金瓶颈；三是落实政策支持保障，制定民宿、交通等招商引资政策，推进产业落地。

划分四个功能区：一是管控保护区，面积约 8.688 平方千米，以长城墙基外缘为基线向两侧各扩 600 米（含保护范围 300 米和建设控制地带 300 米）划定区域。二是主题展示区，围绕金山岭长城景区建立核心展示园，面积约 20.19 平方千米，依托长城文化廊道建立集中展示带，在展示带内分散布局特色展示点，促进文化传承、推广教育传播、提升服务体验，全面展现金山岭长城及周边遗产的历史文化价值。三是文旅融合区，面积约 42 平方千米，东起三道沟村，西至营盘村，南起滦平县界，北至孙家沟村，是展示皇家御路文化、古驿道文化、山戎文化地域文化特色，培育燕山植物园、阿那亚小镇等一批文旅融合示范项目，构建立体化的金山岭山乡文旅融合区和涝洼文旅融合区。四是传统利用区，面积约 169.55 平方千米，以长城国家文化公园范围

内涉及城乡居民和企事业单位、社团组织的传统生活生产区域为主。包含营盘村、山神庙村、花楼沟村、古城川村、巴克什营村（上二寨村、下二寨村、龙峪口村、麻地南沟村）、缸房村、梁西三道沟村（三道沟村、五道梁村）、涝洼村、大古道村等9个行政村落。

实施五大工程:《方案》提出，建设国家文化公园的关键是集中实施一批标志性工程，要聚焦5个关键领域实施基础工程。一是保护传承工程。坚持保护优先，强化传承原则，自1983年至今，在金山岭长城持续开展文物保护工作，实施重大修缮保护项目，对濒危损毁文物进行抢救性保护，对重点文物进行预防性主动性保护，累计投入保护资金近2亿元，同时安装GNSS位移监测系统，建立遗产地文物保护监测系统平台，为管理及保护提供了科学有效的依据。建立长城保护员制度，每年评选“最美长城保护员”。二是研究发掘工程。严格落实保护为主、抢救第一、合理利用、加强管理的方针，本着“让文物说话、让历史说话、让文化说话、让生态说话”的理念，发掘长城文化，讲好长城故事，积极举办金山岭长城杏花节、摄影展等系列主题宣传活动，谋划长城文化数字演出，与各大网络平台互动合作，推动中华优秀传统文化走向世界，打造“长城的世界，世界的长城”。三是环境配套工程。建设景区标识系统、道路交通系统，积极推进金山岭长城复合廊道、金山岭高速互通等项目建设，打造金山岭长城国家文化公园交通网络，提升旅游公共服务能力。坚持生态优先原则，做好污水处理、生态修复、国土绿化等环境提升工程，打造国家级风景廊道。四是文旅融合工程。文化引领，彰显特色，深度发掘金山岭长城、皇家御路、山戎民俗文化，研究实施长城人家主题民宿、长城兵营度假小镇、山戎文化民宿村等乡村旅游项目，对阿那亚·金山岭、金山岭国际滑雪度假区、金山岭融和城、凤凰谷环津京生态农业庄园项目等优质文化旅游资源推进一体化开发，培育有竞争力的文旅企业，打造文旅融合示范区。五是数字再现工程。加强数字基础设施建设，逐步实现主题展示区无线网络和第五代移动通信网络全覆盖，建设长城国家文化公园官方网站和数字云平台、长城资源管理信息共享交流平台，对长城文物和文化资源进行数字化展示，打造“一部手机游长城”的智慧景区。

形成六个典范：一是风景廊道典范，通过文化景观长廊串联长城国家文化公园各个节点，建设长城国家风景廊道建设的滦平示范。二是国际交流典范，建设中国华侨国际文化交流基地，签约国际旅游，打造展示民族文化、弘扬传统文明、传播承德精神的名片和舞台，形成面向全球传播国家形象的滦平窗口。三是保护传承典范，坚持保护第一的原则，严格落实保护为主、抢救第一、合理利用、加强管理的文物工作方针，形成长城线性世界遗产保护的滦平经验。四是研学旅行典范，创建红色旅游基地、国歌国语研学科普基地，传承弘扬长城文化爱国主义精神，成为中华文化永续传承的滦平示范。五是乡村民宿典范，打造宜居文化旅游特色村，提升村落及周边环境，调整产业结构，带动乡村经济发展，与老百姓共建共治共享，践行乡村旅游结合乡村振兴的滦平实践。六是智慧互动典范，推进5G景区建设，连接长城国家文化公园官方网站、数字展馆、线上直播平台，营造线上线下交织互融的体验式场景，形成万物互联时代科技应用的滦平现象。

二、理清重点项目，稳步推进建设

金山岭长城国家文化公园建设，因地制宜谋划实施保护传承、研究发掘、文旅融合、环境配套、数字再现五大工程共计24个项目，其中，上报省级项目13项、县级重点实施项目8项、重点前期项目3项，计划总投资约46亿元，目前已完成29亿元，具体情况如下：

上报省级项目13项：（1）长城保护修缮工程，由金山岭长城文物管理处负责，国家级专项资金833万元已于2021年年初下拨，该工程于2021年6月12日开工，计划10月底前完工。（2）涝洼长城抢险加固工程，由金山岭长城文物管理处负责，省级专项资金211万元已于2021年年初下拨，该项目于2021年7月25日开工，计划10月底前完工。（3）长城（潮河）湿地公园项目，由国家林业和草原局负责，目前已完成潮河河道治理和湿地恢复，正在进行科普宣教区、监测设备、界碑界桩及标识系统建设。（4）金山岭长城复合廊道示范项目，由交通运输局负责，目前已完成道路桥梁外的道路铺设和绿化，计划年底前完工。（5）金山岭长城国家文化公园风景道项目。①长城风景二号线（巴沽线），由滦平县交通局负责，目前建成通车，2021年已完工；②长城风景三号线（涝北线改造提升工程），由金山岭文旅集团负责，目前完成方案设计和招投标工作；③长城风景道示范段（金山岭长城连接线），由滦平县交通局、金山岭文旅集团负责，目前建成通车。（6）长城国家文化公园金山岭段数字再现工程，由金山岭文旅集团负责，目前景区在线直播平台、央视5G高清直播平台、手机游览、智慧景区等数字工程建设已完成。（7）长城人家工程，由旅游和文广电局负责，计划在古城川村、二道梁子、二寨南沟村打造长城人家民宿30间。（8）长城（金山岭段）文旅融合示范区，由金山岭文旅集团负责，目前已完成酒店、栈道、步道、游客中心、停车场、旅游厕所建设并投入使用。（9）长城国家文化公园文旅融合金山岭国际滑雪场项目，由滦平旅游投资有限公司负责，目前已完成雪道平整和2条雪道试运行，计划年底完成5条雪道试运行，雪具大厅、酒店、山顶餐厅完成主体施工。（10）长城国家文化公园文旅融合燕山植物园项目，由河北省亿盛锦房地产开发有限公司负责，目前已完成珍稀植物观赏园、山地运动步道、水系等项目。（11）长城国家文化公园文旅融合阿那亚金山岭山间音乐厅项目，由天行九州控股有限公司负责，目前已完成主体结构施工。（12）金山岭长城文旅融合区长城国家步道，由教体局、金山岭文旅集团负责，目前已完成金山岭景区东、西、南门步道20千米，2021年年底前完成金山岭景区东、西、南门步道25千米。（13）金山岭长城国家文化公园集中污水净化工程，由滦平县水务局负责，目前已完成污水处理厂主体工程。

2021年县级重点实施项目8项：（1）县级建设保护规划编制，由金山岭经济区管理处负责，目前已完成初稿，正在征集意见，下一步修改完善后报省市征求意见。待省市级规划方案出台后，履行规划报批程序。（2）系列宣传活动，由金山岭长城文物管理处、金山岭文旅集团负责，目前已举办金山岭长城杏花节、国际马拉松、摄影展，正在研究创作长城组诗、长城组歌，组建长城文化研究中心，筹备网红直播、冬奥合作、建党百年等活动。（3）偏桥高速出口改造提升工程，由交通运输局负责，目前正在进行立项审批，计划9月份开工建设。（4）金山岭高速互通项目，由交通运输局负责，目前已完成省级方案审批，正在进行施工图审批、EPC招标工作。（5）长城国家文化公园道路指示和形象标识体系，由金山岭文旅集团负责，目前正在进行标识体系方案前期设计，待国家公布标识方案后参照设置。（6）国土绿化工程，由林业和草原局负责，目前已完成绿化方案设计，正在进行招投标。（7）水系示范项目，由水务局负责，目前已完成两间房川和花楼沟金山岭长城段生态补水工程、河道景观打造、生态水系环境修复、潮河干流及主要支流综合治理提升，下一步对长城国家文化公园区域内水系建设、河道景观、生态补水进行完善提升。（8）金山岭国际旅游度假区其他文旅项目，以长城国家文化公园为纲，以金山岭国际旅游度假区为基，统筹推进区域内文旅项目纲举目张，优化文旅产业布局，使阿那亚、滑雪场、凤凰谷、御龙谷、融和城、大地溪谷等项目与长城国家文化公园金山岭段建设形成资源互补、融合发展的空间格局。

重点前期项目3项：以长城文化小镇为统领，重点谋划长城文化主题酒店及商业街项目、金山岭长城景区西门建设项目、国际山地自行车赛道等前期项目，目前正在进行前期招商引资、规划设计。

三、下一步重点工作

（1）转变思想，结合实际推进。按照省市对长城国家文化公园建设的要求，滦平县对长城国家文化公园的建设理念、思路、方法进行了再认识、再梳理、再包装、再推敲，做到四个转变：一是要由争项目的理念向自己干转变；二是由长城周边的各类项目向融入四大区五大工程转变，参照上级对金山岭文旅融合示范区的定位，把项目清晰地体现在四大区域五大工程中；三是由平摆浮搁向系统联系转变，通过交通和旅游导视系统、智慧旅游平台系统将区域食住行游购娱联系起来；四是由想干什么向能干成什么转变，全力推进项目建设达到形象展示效果。

（2）加强组织领导，凝聚部门合力。长城国家文化公园（滦平段）建设工作领导小组，通过认真研究上位规划，调整工作方式方法，加强部门协作，形成推进合力，确保长城国家文化公园建设整体协调、推进、督导等工作顺利推进实施。

（3）加强政策研究，拓宽融资渠道。经过统筹谋划，将长城国家文化公园与乡村振兴、特色小镇等政策相结合，加大与省市各部门沟通对接，争取各专项资金补贴。研究市场运营机制，通过成立长城保护基金会、申请专项债券、进行招商引资等多种方式，拓宽融资渠道，稳固建设基础。

（4）提升交通系统，打破出游瓶颈。通过推进金山岭高速出口建设，推进区域公共交通和旅游专线建设，从根本上解决旅游出行不便、景区影响力受限等问题。同时，研究谋划区域旅游路线，开通滦平—金山岭景区—古北口站旅游公交专线，谋划对接北京 S5 铁路旅游线，打破交通瓶颈。

（5）创新工作机制，广泛宣传发动。建立“长城保护员”制度，加强金山岭长城国家 5A 级景区宣传营销力度，研究通过长城系列主题活动，通过报纸、广播电视、电台、网络等多种形式，加强长城国家文化公园建设宣传，深入解读中国特色长城国家文化公园理念，大力宣传长城国家文化公园建设的重要意义、丰富内涵和进展成效，营造浓厚舆论氛围。

第四节 河北唐山市长城国家文化公园建设

唐山市委、市政府十分重视长城国家文化公园建设工作，成立了唐山市长城国家文化公园建设工作领导小组，市文旅局成立了长城国家文化公园建设工作专班。按照中央统筹、省负总责、分级管理、分段负责的工作要求，唐山市积极推进相关工作。市委常委会、市政府常务会专题研究、部署，专门成立长城国家文化公园建设工作领导小组，统筹领导和协调全市长城国家文化公园建设，印发实施《建设工作推进方案》。根据河北省部署，结合唐山实际，探索适合长城文化特点的展示方式，明确了编制市级长城国家文化公园建设保护规划、实施文物和文化资源保护传承利用协调推进基础工程、打通长城旅游路等 11 项长城国家文化公园（唐山段）建设重点任务。

长城唐山段东西横贯迁安市、迁西县、遵化市北部山区，经过 16

个乡镇、83个行政村，总长228.4千米，除在迁安市有少量北齐长城（约0.5千米）之外，大部分为明代长城，共有长城墙体289段，敌台646座，烽火台96座，关堡47座以及相关遗存28处。1982年7月，唐山段长城被列为省级文物保护单位，其中喜峰口段2013年被确定为国家级文物保护单位。长城沿线共有古建筑、古遗址、古墓葬、石刻等国保、省保、市保单位22处，迁安皮影雕刻、迁西渔户寨闯灯、遵化蟠龙皇家金银细工制作等传统技艺、传统戏剧、传统美术等省、市非物质文化遗产项目46个。

一、长城保护和利用情况

唐山市坚持把长城保护工作放在第一位，认真落实长城保护“四有”机制。目前唐山段长城已全部划定了保护范围、建设控制地带，完善了长城保护记录档案，有明确的管理机构和责任人，树立起保护标志，进一步理顺和压实了长城保护管理机制和保护责任。积极开展长城巡查工作，迁西县、遵化市、迁安市均建立长城定期巡查报告制度，组建专职长城保护队伍，三地共有长城保护员86名，每周对管段长城开展专项执法巡查。按照长城的不同状况，分类施策、精准保护。2016年至今相继开展了白羊峪长城、榆木岭长城及罗文峪长城安防工程，青山关长城、大石峪长城修缮工程等7个项目，累计投资3000余万元。另外，组织拍摄长城保护宣传片，全面开展长城文化保护“进农村，进校园”活动，在全社会营造了保护长城的浓厚氛围。

目前，依托长城本体和长城沿线资源，该区域已经建成清东陵、青山关、白羊峪等A级景区22家（其中5A级景区1家、4A级景区5家）。长城步道、长城绿道旅游产品线路着手布局，“长城人家”主题民宿开始起步。2017年首届唐山市旅游产业发展大会召开，迁西、遵化、迁安联合打造和推出了“京东长城山水旅游度假区”旅游品牌，为游客提供长城文化背景下的生活体验和度假方式。

二、长城国家文化公园（唐山段）建设推进情况

唐山市政府制定印发《唐山市长城国家文化公园建设2021年重点工作任务及分工方案》，将2021年具体工作任务进一步细化分解、压实责任。以精准保护为基础，把长城文化资源转化为有形的、可体验的文化项目，实现长城高质量保护、高质量发展。

长城国家文化公园（唐山段）重点项目大力推进。依照《长城国家文化公园（唐山段）建设保护规划》，按照“1个管控保护区、5个主题展示园、10个文旅融合发展示范区、35个传统利用区的整体架构”，推进保护传承、研究发掘、环境配套、文旅融合和数字再现5大工程建设，构建“一轴四段五园十带十区多点”的唐山段总体布局。目前已经形成了包含33个重点项目的市级长城国家文化公园项目库，总投资39.67亿元，现已完成投资18.84亿元，26个项目已开工建设（其中7个已完工）。6个尚未开工的项目中，5个文保项目正在积极向上级部门申报，待审批完成后开工建设。1个文旅融合项目（遵化凤凰岭与北京山水景界文化科技集团洽谈合作事宜）已基本达成意向。在此基础上经过遴选、整合、包装并积极向省文旅厅推荐，有9个项目被列为省级规划重点项目，其中喜峰口长城保护利用项目被列为国家级规划重点项目。

积极申报各级资金支持。为发掘长城历史价值，唐山市积极推进长城保护工程，共申请国家文物保护专项资金2468万元，省级文物保护专项资金510万元，其中410万元用于白羊峪长城、榆木岭长城及罗文峪长城段落安装监控设备，其余用于迁西青山关长城、潘家口段长城、榆木岭段长城、遵化市大石峪长城、迁安神威楼和徐流口4号、21号敌楼等工程的修缮及抢险加固。喜峰口长城保护利用项目目前已

获得省级旅游补助资金1000万元，包括2021年省级旅游发展专项资金补助喜峰口长城保护利用项目120万元，2021年省级旅游产业高质量发展资金补助迁西喜峰口长城抗战纪念展示馆项目500万元、长城风景道迁西示范段项目380万元。同时正在积极推动长城国家文化公园重点项目申报中央预算内资金入库工作，目前迁西县喜峰口保护利用工程、遵化市长城旅游公路改建工程和长城风景道（迁安段）改造提升工程3个项目已经入库，另有几个项目正在积极推进审批和跑办，争取有更多的项目入库、得到上级资金支持。

三、下一步的重点工作

唐山市下一步将从五个方面抓好长城国家文化公园建设工作：

一是健全完善规划体系，《长城国家文化公园（唐山段）建设保护规划》已印发，积极推动遵化市、迁西县、迁安市3个县级长城国家文化公园建设保护《规划》及时出台。二是加快推进重点段落、片区建设，重点推进白羊峪、青山关、喜峰口3个核心展示园和喜峰口长城抗战文旅融合区、古汤泉文旅融合区等段落、片区建设，尽快形成长城国家文化公园（唐山段）的核心支撑区域。三是促进融合发展做好“长城+”文章，集中实施长城文化廊道、喜峰口长城遗址公园等一批长城文旅融合标志性工程，继续做好“长城人家”民宿建设，打造长城脚下的美丽乡村。四是深入挖掘长城优质文化资源，精心提炼唐山段长城抗战文化、建筑文化、军事文化等，挖掘释放长城文化蕴含的精神内涵，系统诠释建设长城国家文化公园的意义，增强文化自信，讲好长城故事。五是推动长城保护迈上新阶段，在丰富长城文化内涵、弘扬长城精神方面加大研究力度，着力推动长城保护理念、手段方法、体制机制创新，建设长城数字云平台，强化全社会的长城遗产保护意识，维护好人类共同的文化财富。

第五节
北京延庆区长城国家文化公园建设

北京市全面启动长城文化带建设和长城国家文化公园建设工作几年来，延庆区以长城遗产保护为重点，以信息技术手段为保障，不断提升全区文物保护水平。北京市委书记蔡奇两次来延庆调研长城文化带建设工作，强调延庆区“要争当长城文化带保护发展标杆”，对延庆区长城文化带建设给予肯定并进行了目标定位。

一、顶层设计，勾画长城文化带发展蓝图

全面落实《北京市长城文化带保护发展规划（2018—2035）》和《长城国家文化公园（北京段）建设保护规划》，编制《延庆区长城保护发展三年行动计划（2020—2022）》，与《延庆区全域旅游三年行动计划（2020—2022）》深度融合，推动“文化+”融合发展。配合编制《居庸路组团（延庆片区）》和《黄花路组团（延庆片区）》，为北京市重点长城文化组团建设在延庆的深入推进，进行系统研究和科学指导。加强文物古迹与文化遗产的保护利用，制定《延庆区关于全面加强文物保护工作的工作方案》，健全文物保护责任体系。

二、加强保护，抢险修缮取得重大进展

2018年到2021年，延庆共有54大项（66小项）重点任务列入北京市长城文化带建设工程，其中长城遗产保护重点任务23项，开展区级文物保护项目26项，开展科技保护项目11项，覆盖30余处文物单位以及全部长城本体。近年来，延庆区共争取文物保护专项资金2亿余元，累计修缮长城墙体19782千米、敌台91座、城堡15座。其中修缮砖石长城18974千米，占全区砖石长城的71.3%。首次争取国家文

物局专项资金 1300 余万元，对国保单位古崖居进行了危崖体抢险加固工程。争取香港黄庭方基金支持，先后两次投入专项资金 2000 万元，用于长城保护工作。

三、突出重点，国家级标志性项目有序推进

积极推进中国长城博物馆改造提升和北京长城文化节这两个国家级标志性项目。一是中国长城博物馆改造提升作为长城国家文化公园（北京段）一号工程，按照国家一级博物馆的标准进行改建，目前已形成《中国长城博物馆改造提升项目前期研究》，确定项目拟改造提升地块位置在《八达岭——十三陵风景名胜区（延庆部分）详细规划》的 C2—5（1）地块内，距离八达岭关城直线距离约 400 米，总用地面积约 2.7 万平方米，地上建筑规模控制在 1.6 万平方米左右。开展向世界遗产中心报告、制定《设计方案任务书》以及闭馆、地上物腾退等工作。二是连续两届作为北京长城文化节主会场，成功举办了开幕式、高峰论坛、长城文创大赛、非遗展示、长城音乐会等重点活动，长城文化品牌影响持续扩大。特别是 2021 年邀请了 9 个省市 17 个地区代表参加八达岭长城高峰论坛，并联合全国各地长城景区代表发起保护长城文化遗产倡议，发挥北京长城文化带建设的引领作用，提升了北京长城文化节在全国的影响力。

四、挖掘资源，促进长城文化传承发展

弘扬红色文化，成立延庆区红色文化建设联席会，推进长城沿线革命文物保护工作，修复大庄科后七村革命遗址，完成延庆区革命文物保护及红色文化弘扬工程，对全区 29 处文物单位进行统一修缮和环境整治，树立保护标志牌和展示说明牌，划定保护范围，为长城文化注入红色基因。

加强非物质文化遗产在长城文化带建设中的活化利用。开展非遗进校园、世园专题展、“长城脚下过大年”等主题活动，使长城沿线的民间传统文化得到充分挖掘与展示、利用。策划冬奥主题非遗作品征集活动和主题展览，推进永宁古城非遗小镇建设，实施石峡长城文化村建设，塑造长城文化带上的文化明珠。

加强文化传承，启动延庆区彩画源流探究项目，对全区重点精品古建彩绘进行现状影像留存、工艺分析、小样绘制、源流研究和素材提炼，为未来的彩画修复和文创衍生提供珍贵素材，使长城文化研究成果不断丰厚。

延庆区委宣传部、八达岭长城管理处与中国长城学会联合主办的专业性长城刊物《万里长城》，自创刊至今已出版 78 期，共计 10 多万册，在推动我国长城学术研究、长城保护、长城旅游和长城文化传播交流等方面，起到了巨大的作用，被国家图书馆录入文献数据库。

发起成立北京长城文化研究会，旨在立足北京丰厚的长城文化遗产，进一步深入研究、挖掘、保护和宣传长城文化资源。

启动八达岭长城景区商业街、八达岭饭店等业态升级改造工程，打造长城网红打卡点，提升八达岭核心区在长城文化带建设中的领头羊作用。

五、依托科技，不断夯实长城保护人防技防基础

一是利用无人机搭载专业设备，对长城本体及周边环境进行高精度勘察测绘，结合卫星拍摄、实地勘测等数据，生成数据精度达 2 厘米的长城三维模型数字档案，记录长城本体现状和周边环境等情况，实现长城精准勘测管控。二是启动延庆区文物管理数据平台建设工程，将文保单位的各类信息、建控地带等在手机端、PC 端进行全方位的数据管理，提高长城监测管理水平。三是针对文物古建筑多数处于自然

管理状态、缺乏消防设施及专门值守人员的隐患，启动延庆区文物古建消防预警建设工程，将全区重点文物古建在统一平台进行24小时监控防护，从根本上提升文物古建的安技防水平。四是对长城保护员进行培训。截至目前，长城保护员共计巡查长城8000余人次，上传照片20000余张，发现并报告长城险情8处，制止非法攀爬野长城行为300余次。

第六节
山西大同市长城国家文化公园建设

大同市根据长城国家文化公园国家规划，按照山西建设保护规划的基本要求、建设标准，结合本地实际，高起点规划、高质量推进，形成具有大同特色、凸显大同元素的建设思路和项目集群，着力打造“入晋体验长城文化第一地标”。

一、系统梳理资源，突出优势特点谋划空间布局

大同地处农耕文明和北方游牧民族的分割线，位于晋冀蒙三省区交界处、黄土高原东北边缘，自古就是三晋屏障、京西门户、九边重镇、“北方锁钥”，战略地位十分重要。大同是首批国家历史文化名城之一，曾是北魏首都，辽、金陪都，境内古迹众多，包括云冈石窟、华严寺、善化寺、恒山悬空寺、九龙壁等，其中大同长城是分布密集度最高、体量最大的历史文化遗存，是万里长城的重要组成部分。2000多年的长城建设史见证了历史上多民族融合的过程，在中华民族的形成发展史上占有十分重要的地位。

大同长城可以概括为四个特点：一是跨度大。开建时间早，分布

地域广，历经战国、秦汉、北魏、北齐、明朝，有两千年的历史；横贯东西，内外相连，遗存遍布各县区，境内共有内外长城493千米。应该说，大同是不同年代、不同地质的长城分布最广的地区，是一座天然的长城博物馆，是名副其实的“长城之乡”。二是形态美。不同于北京长城的砖石结构，大同境内的长城，基本上都是黄土夯筑，平地起墙，倚山造台，山墙一色，浑然一体。三是要素全。作为九边重镇，内外长城穿越大同，沿线烽、燧、关、城、堡、卫、皂等星罗棋布，拥有最为完整的古代军事防御体系。现存墙体302段、关堡120座、敌台632座、马面66座、烽火台749座。四是底蕴深。大同长城蕴含着浓厚的历史底蕴和文化内涵。胡服骑射、白登之战、太和改制、隆庆和议等重大历史事件就发生在这里。2021年，灵丘平型关、天镇李二口两大长城景区，升级为国家4A级景区。

大同市在全面分析长城文物和文化资源的地域空间分布特质、历史文化科学价值的基础上，按照“核心点段支撑、线性廊道牵引、区域连片整合、形象整体展示”的原则，以大同长城及其沿线一系列主题明确、内涵清晰、影响突出的文物和文化资源为主干，以大同明长城为主线，串联大同长城沿线各类文物和文化、自然生态资源点，力争做到特色发挥、差异化表达，全面展示大同长城的文化景观和文化生态价值，形成了“一龙两带十三景，一山一水一世界”的总体空间布局。“一龙”就是以云冈石窟、大同古城（明长城大同镇城）为龙头，“两带”就是内、外长城文化带，“十三景”就是李二口、新平堡、守口堡、镇边堡、得胜堡、助马堡、摩天岭、平型关、牛帮口、凌云口、高山堡、黄龙峪、许堡（详见附件）。“一山”就是北岳恒山，“一水”就是桑干河水，“一世界”就是集长城文化、北魏文化、军事文化、融合文化和影视、戏曲、曲艺、美术、音乐、特色餐饮、老字号文化遗产等于一体的大同艺术世界。

二、精心谋划四类主体功能区，形成层次清晰、重点突出的建设保护格局

按照《长城国家文化公园建设方案》，长城国家文化公园（大同段）主体功能区划分为管控保护、主题展示、文旅融合、传统利用4类。具体包括1个管控保护区，21个主题展示区（含3个核心展示园、6个集中展示带、12个核心展示点），5个文旅融合区，25个传统利用区村庄。

（一）管控保护区

根据《中国长城保护规划·山西省长城保护规划（2020—2040）》，位于大同市行政区划内的长城资源共计1869处，其中长城墙体302段，总长493.217千米，关堡120座，单体建筑1447座，相关遗存10处。其中，汉长城32段、北魏长城5段、北齐长城56段，长150.05千米；明长城209段，长343.167千米，全部列入管控保护区。

（二）主题展示区（21个）

核心展示园（3个）：得胜堡—大同镇核心展示园、新平堡—李二口核心展示园、云冈石窟—高山古城核心展示园。

集中展示带（6处）：新荣区明长城段、新平堡—李二口—白羊口—水磨口长城段、守口堡—镇边堡长城段、保安堡—威鲁堡—宁鲁堡—镇宁箭楼长城段、牛帮口—铜绿崖长城段、凌云口长城段。

特色展示点（12个）：云冈堡、新平堡、保平堡、镇边堡、守口堡、助马堡、保安堡、宁鲁堡、凌云口、黄龙峪、圣眷峪、牛帮口。

（三）文旅融合区（5个）

“长城+历史文化融合区”（3个）：大同历史文化名城、高山古城、浑源古城。“长城+生态文旅融合区”（1个）：大同长城文化生态旅游融合区。“长城+红色文化文旅融合区”（1个）：平型关红色军事博览区。

（四）传统利用区（25个村庄）

天镇县（4个）：新平堡村、水磨口村、白羊口村、瓦窑口村。阳高县（2个）：守口堡村、镇边堡村。新荣区（4个）：得胜堡村、助马堡村、拒门堡村、镇河堡村。云州区（2个）：许堡村、聚乐堡村。浑源县（2个）：西留村、神溪村。左云县（4个）：保安堡村、威鲁堡村、八台子村、徐达窑村。灵丘县（7个）：花塔村、小寨村、牛帮口村、柳科村、白崖台村、关沟村、跑池村。

三、大力实施五大工程，推进长城国家文化公园（大同段）建设保护任务落地见效

为高质量推进长城国家文化公园（大同段）建设，公园领导小组靠前指挥，工作专班通过实地调研、咨询专家、征求多方意见等多种形式，结合规划团队建议，系统谋划保护传承、研究发掘、环境配套、文旅融合、数字再现5大工程项目46个，总投资20.65亿元。

（1）保护传承工程。实施长城文物资源保护、长城遗产保护和监测预警工程以及提升长城文化传承活力等项目。建设项目16个，已完工项目5个，在建项目5个，谋划项目6个，总投资1.64亿元。重点推进大同市长城博物馆项目、李二口长城展示工程、李二口长城遗址保护利用项目、云林寺活化利用项目等。

（2）研究发掘工程。重点围绕长城文化系统性研究、长城文化艺术创作、长城精神主题宣传、长城非遗活化传承等方面开展研究发掘工程。谋划储备项目4个，总投资2400万元。重点实施长城文化旅游节庆、长城主题文艺作品创排提升、国家级非遗活化传承工程、长城系列文创产品提升等项目。

（3）环境配套工程。重点实施长城沿线生态涵养和景观风貌提升、建设长城风景道、完善文化旅游设施和服务体系以及长城国家文化公

园形象标识系统等项目。规划建设旅游风景道160千米，建设慢行道（步道、自行车道）110千米，配套建设驿站18个、房车营地13个、观景台25个等文旅基础设施。谋划储备项目3个，总投资1.35亿元。重点推进大同长城生态文化旅游风景道、长城国家文化公园基础配套工程。

（4）文旅融合工程。重点建设长城生态文化旅游廊道、打造标示性长城参观游览区、建设文化旅游融合示范区等。建设项目21个，已完工项目7个，在建项目11个，谋划项目3个，总投资17.32亿元。

（5）数字再现工程。加强数字基础设施建设，搭建数字长城云平台，“可阅读”长城建设工程等。谋划储备项目2个，总投资1100万元。重点建设大同市数字长城展示馆、大同市长城云平台两个项目。

大同市将立足对接京津冀的区位优势，本着“政策互通、资金互融、工作互促”的建设理念，统筹文旅、文物、农业农村、乡村振兴、交通运输等部门，坚持系统性、结构性、整体性的发展思路，按照“长城国家文化公园＋乡村振兴先行示范村＋新时代文明实践中心（所、站）”的发展架构，建立政策池、资金池，用足用活政策、厘清资金结构、形成工作合力，力争在全省成为长城国家文化公园建设的标杆，以实际成效挺起乡村文化振兴、产业振兴的脊梁，努力把“大同长城”建设成一条串联生产、生活、生态，融通文化、文明、文脉的文旅廊道。

四、推出长城国家文化公园（大同段）“十三景”

（1）天镇　李二龙蟠——李二口。站在李二口长城脚下仰望，在山峦间蜿蜒攀升的长城脉络宛若巨龙盘旋，亦有腾飞之势，恢宏雄壮尽显。同时，“龙”是一种精神的象征，长城本身也是中华民族精神的彰显，二者合一，有异曲同工之妙。

（2）天镇　新平鸡鸣——新平堡。取“鸡鸣一声闻三省”之意，主要突出新平堡位于山西省、河北省、内蒙古自治区交界处的特殊地理位置。此外，“鸡鸣”也是一种精气神的象征，亦为古堡增添了新的文化内涵。

（3）阳高　守口花语——守口堡。阳高守口堡杏花文化旅游节已成为叫响晋冀蒙的靓丽文化品牌，每年杏花节，驻足长城脚下，徜徉于杏林花海，是数不尽的诗意浪漫、道不完的花语花韵。

（4）阳高　镇边怀远——镇边堡。取人文荟萃、宽宏怀远之意，该名既包含了镇边堡丰富的历史内涵，又给人一种开阔辽远之感，吸引人们走进这座古堡，领略独具特色的边塞风光和人文古韵。

（5）新荣　得胜奏凯——得胜堡。作为明长城的重要军事边堡和蒙汉民族融合的一个重要节点，得胜堡集合了军事防御、边塞贸易以及民族融合文化，而“奏凯”并不一定指战争，而是为了把最初建堡之“得胜”决心和文化寓意进一步呼应、提升。

（6）新荣　助马银塞——助马堡。取“金得胜，银助马”之意，助马堡是长城脚下的古村落，堡内遗迹保存较好，文化气息浓厚，“银塞”一方面为了突出该堡边塞贸易繁荣的特点，另一方面也为了反映当时丰富的人文盛景。

（7）左云　摩岭合韵——摩天岭风景区。摩天岭风景区包含摩天岭长城、镇宁箭楼、八台子教堂、月华池等景点，“合韵”一方面是对各个长城景点的总结概括，另一方面是为了突出此段长城多元文化交融的特点，即东西方文化的融合、自然与山川的融合、历史与当下的融合，内涵丰富，底蕴深厚。

（8）灵丘　平型雄魂——平型关。平型关流淌着红色基因、传颂着英雄故事，即使枪声不再、硝烟散去，但所传达的精神一直鼓舞着人们团结一心、奋发进取。“雄魂”不仅体现了八路军壮士与日军殊死

搏杀的雄壮和威武，而且体现了一种光辉永驻的精神内涵。

（9）灵丘　牛帮极冲——牛帮口。牛帮口长城西通繁峙县神堂堡，南通阜平县吴王口，是灵丘县西南境的军事交通要隘，不仅是真保镇龙泉关与山西镇平型关在“二边”上的衔接点，同时又是沿太行山南下长城的起点，位置特殊、山势险峻，故以“极冲”为恰。

（10）浑源　凌云独步——凌云口。凌云口以古长城边塞风光而闻名，明代旅行家徐霞客曾踏足古道，发出“高峻而古雅”的赞叹，因此“独步”一方面为了突出徐霞客与此地的渊源，另一方面是为了吸引人们来到此地一探究竟，领略沿途古长城和边塞峪口的独特景致，一语双关。

（11）云冈　高山靖宁——高山堡。“靖宁”取自高山堡瓮城门匾留有之字，既为了突出古堡特色，又为了彰显文化情怀，古堡虽历岁月沧桑，但雄风犹在，漫步其中，从现存的一景一物中静心感受，犹如穿行时空，触摸远去历史的余温。

（12）广灵　黄龙潜行——黄龙峪。广灵黄龙峪地质景观奇特，峪两侧奇峰林立，峰峦叠幢，延绵不断，千姿百态，而有一段长城就处在这个险要之地，让人难窥其貌。“潜行”既契合此处地势特殊之意，又契合龙之潜行、隐而未显之意，从而激发人们的探索好奇心。

（13）云州　许堡迎恩——许堡。取自许堡东门城头镶嵌石铭“迎恩”之字，许堡乡许堡村以其保存较完好的古城堡而为人所熟识，是第四批中国传统村落，整个城堡苍劲雄浑，极具艺术性和观赏性。“迎恩”既有历史内涵，又有古堡依托旅游业、享受优惠政策、极具发展前景之意。

第七节
山西朔州市长城国家文化公园建设

朔州市在建设国家文化公园、推动新时代文化繁荣发展方面做了大量的工作。坚持保护优先，聚焦长城历史挖掘、长城文化弘扬、长城精神传承，在文化遗产保护、发展规划编制、深化文旅融合、旅游公路建设以及长城品牌宣传方面做了大量工作。

一、朔州长城概况

长城修筑历史悠久，远至战国时期，近至明代，历经2000余年。朔州位于内外长城之间，外长城自平鲁区北墩村起，经右玉，到左云、大同，约155公里；内长城由偏关县入境，经利民堡、南西沟、石湖岭、阳方口、广武城，沿山阴县境南、东部到平型关，接河北省的内长城，约172公里，内外长城共计327公里。全省长城遗存4276处，朔州市现存各类长城遗存1649处，占全省总量的38.5%。包括墙体137段长327291米、关堡118处、敌楼429座、马面152座、烽火台802座、城楼1座、壕沟9处、挡马墙1处，其中保存较完整的地段在新广武西至白草口的恒山山脉上，全长约5000米，有较完好的敌楼4座。

二、工作进展情况

2020年山西省长城国家文化公园建设工作领导小组会议召开后，朔州市也组织召开长城国家文化公园建设推进会议，传达学习中央、省关于长城国家文化公园建设相关文件精神，成立了由市委常委、宣传部长任组长的工作领导小组，印发了《朔州市长城国家文化公园建设重点任务方案》，对推进长城国家文化公园建设工作进行了全面安排部署。

一是强化统筹协调，建立高效的工作推进机制。塑州市成立工作领导小组，领导小组办公室设在市文化和旅游局。各县（市、区）均成立了长城国家文化公园领导小组。山阴县推动张家庄乡、后所乡撤乡并镇，设立了广武镇，配齐了镇领导班子，从领导体制层面为建设广武长城国家文化公园提供了保障。聘请著名长城专家为“山阴县文旅开发总顾问”，进一步强化对广武长城文化工作建设工作的指导。成立了朔州市长城学会，推动朔州市长城研究、宣传、保护、开发工作进入了一个崭新的历史阶段。

二是强化顶层设计，高起点高标准编制规划。深入学习贯彻中央《长城、大运河、长征国家文化公园建设方案》要求，将朔州长城资源保护利用纳入全省《长城国家文化公园（山西段）建设保护规划》，编制完成了《朔州长城旅游专项规划》，市级《长城国家文化公园（朔州段）建设保护规划》已完成初稿并进行意见征集，目前正在加紧修改完善。山阴县与清华大学建筑学院文旅研究中心等院校机构合作，编制完成了《山阴县广武长城保护规划》《广武边塞文化旅游区项目概念规划》《新广武3段长城保护展示项目工程设计方案》等规划。右玉县制定出台了《右玉县长城古堡保护管理办法》《关于进一步推进长城古堡文物保护利用改革的实施意见》，明确了长城古堡保护原则和开发利用原则以及保护管理措施等。

三是强化项目引领，推进长城国家文化公园建设。山阴县策划了长城遗址遗迹基础设施建设、旧广武村传统村落保护传承、博物馆改造等项目，争取到上级投资和专项资金3.2亿元。目前，各项目均完成可行性研究报告工作并通过评审。投资1.3亿元的旧广武村传统村落保护传承项目已完成前期规划，完成东西停车场的场地平整和碾压，道路改造已开挖；投资1.2亿元的长城遗址遗迹基础设施建设项目正在进行初设；投资3000万元的博物馆装修改造项目已完成停车场及周边环境整治，室内正在进行装修。同时，调动民间资本，引入北京南山滑雪场建设项目，目前已完成前期选址工作。右玉县对云石堡进行了防水修缮，对长城沿线及古堡内的500多户居民进行了移民搬迁。规划建设杀虎口村观景平台，马营河乡村驿站、汽车营地。在右玉县玉林西街，建设了一座国家级的西口文化主题博物馆，努力打造展示大西口历史文化和中国古代文明的艺术殿堂。推进长城旅游公路建设，长城旅游公路朔州市规划总里程1000公里，总投资40.05亿元。2018—2020年已实施420公里，投资21.56亿元，2021年全市实施长城旅游公路580公里，提质提速建成“市域全景通联、重点乡镇通达、特色园区延伸、美丽乡村串联”的长城旅游公路网。

四是强化宣传促销，全方位展示朔州长城文化。大力推进长城古堡非物质文化遗产产品化、产业化，深度挖掘长城历史文化和民俗文化，编写长城古堡人物和长城古堡故事。编印了《朔州长城》宣传画册，出版《平鲁长城》书刊、《广武长城文化专辑》系列丛书，拍摄了《穿越千年的龙脊》《广武长城》两部专题片，助力长城保护与旅游业融合发展。连续四年举办塞上朔州长城旅游节，全方位展示朔州长城的秀美风光。携手中国长城学会举办长城国家文化公园建设推动区域经济发展系列论坛——“广武长城·文创沙龙”。举办“守望长城”多媒体采风展播、“享塞上美食，品朔州味道”朔州美食推介等塞上朔州长城旅游系列活动。2021年国庆期间，朔州市传统工艺主题设计展亮相北京中华世纪坛，展出长城文化公园、城市更新与乡村振兴等三大板块特色展品14大类、300余件，累计接待观众55000多人次，极大地提升了朔州的知名度。依托古长城及其周边旅游资源，培育了29家“长城人家”。此外，利用国际、国内各类旅游交易会平台，开展长城旅游专题推介，进一步提升“长城博览在山西，精品揽要在朔州”的知名度和影响力。

三、2022年工作计划

2022年全市长城国家文化公园建设工作的指导思想：全面贯彻落实全省长城国家文化公园建设工作领导小组会议精神，坚持保护优先、文化引领，总体设计、彰显特色，依托广武长城、右玉二边段长城等重点点段，挖掘长城历史文化、推进项目建设、创新体制机制，建设管控保护、主题展示、文旅融合、传统利用4类主体功能区，力争沿线文物和文化资源保护传承利用协调推进局面初步形成。

一是加强系统研究，提升朔州长城文化影响力。深度挖掘整理朔州长城文化价值、遗产价值、景观价值。聚焦民族精神、右玉精神、改革开放精神，发掘长城沿线文物和文化资源所荷载的重大事件、重要人物、重头故事，进一步提高长城文化公园的文化吸引力，强化长城精神的教育功能。

二是加强科学规划，推动文旅融合发展。按照多规合一要求，结合国土空间规划、“十四五”文化旅游业发展规划，尽快完成《长城国家文化公园（朔州段）建设保护规划》。分期分批、因地制宜推动建设山阴广武长城核心展示园、右玉杀虎口核心展示园2个核心展示园、右玉二边段长城展示带等4个集中展示带和大河堡、北楼口等13个特色展示点。高质量设计推进保护传承、研究发掘、环境配套、文旅融合、数字再现等“五大工程”。推动建设长城+历史文化文旅融合、长城+生态文旅融合、长城+现代文旅融合。引导开发长城文化特色纪念品、手工艺品、创意美食等文创产品。

三是加强宣传营销，打造特色品牌。挖掘、提炼朔州市长城遗产文化，将其充分融入长城国家文化公园及周边区域的旅游标识体系中，例如将杀虎口、广武城、徐氏楼等遗迹提炼成文化符号，融入长城国家文化公园标识、交通指示牌、全景图、导览图及其他旅游服务设施标识中。组织开展中小学长城文化教育培训、旅行研学、社会实践等活动。持续举办塞上朔州长城旅游节、长城国家文化公园建设系列论坛。通过旅游公司、旅行社积极拓宽旅游线路，打造朔州长城旅游产品，宣传沿线景观景点。在社会上广泛传播长城壮丽美景，讲好朔州长城故事，增强保护长城的自觉意识。制作“塞上绿都，风情长城”系列视频，策划举办标识征集、文创产品设计、书画长城、艺术摄影旅拍等系列活动，通过“抖音”“快手”等新媒体广泛传播，不断提升朔州长城遗存知名度。

总之，到 2025 年底，使朔州长城沿线影响突出、主题明确的文物和文化资源得到科学保护、合理利用，保护、传承、利用协调推进局面初步形成。到 2030 年长城国家文化公园（朔州段）功能进一步完善，长城文化遗产的科学保护、传承展示和文旅融合发展模式全面建成，管理机制体制进一步优化，品牌知名度和吸引力进一步提升。到 2035 年长城国家文化公园（朔州段）全面融入区域社会经济发展全局和当地人民生活，长城精神得到广泛宣传，人与自然和谐共生，长城文化和文化遗产焕发新的生机与活力。

第八节
陕西榆林市长城国家文化公园建设

榆林市长城资源丰富，具有时代延续长、遗存体量大、文化内涵丰富的特点。根据长城资源调查结果显示，榆林市境内有战国秦长城、隋长城和明长城，分布于榆林市的府谷、神木、榆阳、横山、靖边、定边六县市区，总长度约 1500 公里，单体建筑 1734 座，营堡 41 座，相关遗存多处。榆林市立足实际，积极加快推动长城国家文化公园建设工作。

一、高质量推进长城国家文化公园建设

按照中央和省委、省政府安排部署，榆林市不断加大长城保护工作力度，积极推进长城国家文化公园建设。一是加强组织领导，2021年市委、市政府成立了由市长担任组长的国家文化公园建设工作领导小组，领导小组成员包括发改、财政、资源规划、住建、交通、水利、生态环境、农业农村、林草、文旅等16部门和12个县市区主要负责人，领导小组负责统筹指导和推进国家文化公园建设各项主要任务和重点工程。

榆林市积极推动重点工程项目实施。红石峡长城国家文化公园项目（一期工程），项目投资5995.25万元，申请中央预算内投资2000万元，市财政配套资金3995.25万元。项目用地预审、选址意见书、农用地转建设用地、可行性研究报告、涉及文保单位建设控制地带审批、项目初步设计及概算、水土保持方案报告表、环境影响报告表等相关批复已取得，招投标已完成。市资源规划局对项目设计方案提出修改意见，目前正在同市资源规划局进行对接，土地划拨、建设用地规划许可、建设工程规划许可等手续均未批复。2021年11月12日该项目已开工建设。

镇北台长城文旅融合区聘请清华大学建筑学院文旅研究中心编制镇北台长城文旅融合区规划及实施方案。定边盐场堡长城遗址公园总投资1.12亿元，取得2021年度国家发改委中央预算内资金补助8000万元。项目占地946亩，征地912亩，线路迁改工作正在进行中，稳评、环评、林评、文勘、编制规划选址论证报告等已完成，建设用土审批手续已经由陕西省自然资源厅批复，项目围栏工程已完成，生态停车场建设已经完成招标工作。镇靖堡至龙洲堡段长城保护修缮项目和龙洲堡至镇靖堡明长城风景道，靖边县正在积极推动落实前期有关工作。

增加项目储备开展保护修缮，长城沿线县市区先后编制《长城文化公园（建安堡）文物保护与旅游开发规划》《常乐堡至走马梁段明长城风景道规划设计方案》《神木长城国家文化公园高家堡核心展示区方案》等长城国家文化公园建设规划和设计方案，增加长城国家文化公园建设项目库储备。2021 年榆林市完成了镇北台保护修缮项目、榆林卫城东城墙抢险加固工程。

二、存在的问题

红石峡长城国家文化公园项目（一期工程）土地划拨、用地规划许可、工程规划许可、人防手续、施工许可等尚未办理完毕。主要原因是规划部门对建设方案提出修改意见后，因疫情，设计单位未能第一时间修改。目前，方案已修改，规划部门正在审查中。同时在办理土地划拨手续，划拨国有土地使用权公示已完毕，下一步办理土地划拨决定书、用地规划许可、工程规划许可。人防手续已对接，规划手续办理完毕后直接缴纳易地建设费用。最后到住建部门办理施工许可。部分县市区对长城国家文化公园建设不够重视，承担的重点项目推进落实缓慢。

三、下一步的工作计划

（1）提高政治站位。

建设长城国家文化公园，是深入贯彻落实习近平总书记关于发掘好、利用好文物和文化资源，让文物说话、让历史说话、让文化说话等一系列重要指示精神的重大举措，对于进一步坚定文化自信具有重要意义。

（2）加快推动重点项目。

红石峡长城国家文化公园项目已于 2021 年 12 月完成主体建设。

推动镇北台文旅融合区项目的实施，2022 年，完成总体规划、可行性研究报告编制等前期工作。定边盐场堡长城公园重点推进长城文化展馆、广场、生态停车场、游客服务中心、长城展示带等基本建设。

（3）进一步加大长城保护力度。

抓好《长城保护行动方案》的落实；编制榆林文物事业暨长城保护发展规划；实施长城保护围网工程；开展长城保护数字再现工程，完善长城数字基础设施建设，维护提升长城资源数字化管理平台，实施长城 36 营堡（41 堡 + 卫城南塔北台六楼）三维保护系统建设工程；加大长城保护宣传教育工作力度，出版手绘长城内外画册，举办普法宣传和长城摄影展。

第九节 甘肃武威市长城国家文化公园建设

长城国家文化公园建设工作开展以来，武威市立足长城文化资源优势，健全长城保护工作机制，开展长城保护专项行动，实施长城保护和展示利用建设项目，有序推进长城国家文化公园（武威段）建设。

一、长城资源基本情况

（1）长城文化遗产资源丰富。武威是甘肃省保存长城遗迹较为丰富的市州之一，境内现存长城的修筑时间主要集中在汉、明两个时期，长城全长 629 千米，单体建筑 385 座，关堡 26 座。其中，汉代长城全长 198 千米，单体建筑 87 座，关堡 7 座。明代长城全长共 431 千米，单体建筑 298 座，关堡 19 座，相关遗存 2 处。2006 年全市境内历代长城被国务院整体公布为全国重点文物保护单位。2016 年，省政府公布了全市590个长城点段的保护范围和建设控制地带。2020年武威境内凉古段、民勤段、天祝段长城，被列入第一批国家级长城重要点段名录，也被纳入长城国家文化公园（甘肃段）“338”规划布局的重点展示区段。

（2）长城遗存地域特色鲜明。武威境内长城以黄土夯筑为主，建筑形制囊括墙体、关堡、烽燧、壕堑、天险等全部长城类型。因地理环境因素影响，境内各县区长城遗存各具特点。位于天祝县境内的乌鞘岭长城和石洞沟梁长城，是现存海拔最高，地域特色鲜明的雪域高原长城，此段长城以蓝天白云和终年积雪的马牙雪山为背景，汉代壕堑和明代长城在山顶、谷底蜿蜒并行，蔚为壮观。民勤县长城周边环境恶劣，虽因几百年来的风雨剥蚀、流沙壅压，长城塞垣大部毁坏，许多地段形迹不清，但如此长的时间并没有让长城完全消失，仍有多处遗迹可觅，是环境恶劣长城遗址的代表。古浪县境内保存连续完整的三道明长城，修筑于三个不同历史时期，构成了明长城甘肃段修建简史。凉州区境内的长城，保存相对完整，具有汉代和明代两个时期长城叠加修筑的显著特征。

（3）长城文化内涵丰富深厚。武威是古代丝绸之路重镇，汉代和明代长城，不但抵御了北方匈奴和蒙古残余势力的南下侵扰，保障了中华民族西北边防的安定和经济的发展，还保证了丝绸之路的安全和东西方经济文化交流的畅通。武威境内汉、明长城修筑历史，可以说是一部中国古代西北边防历史。近年来，通过深入挖掘长城沿线的历史故事、民间传说，丰富了长城文化的内涵，我们应该讲好长城故事、弘扬民族精神，积极宣传武威长城深厚的文化内涵。

二、长城国家文化公园建设工作进展

（1）高度重视，全面加强长城保护工作。市委常委会会议、市政

府常务会会议专题研究长城保护工作，市委理论学习中心组学习《长城保护条例》《甘肃省长城保护条例》等法律法规，邀请长城保护专家就长城国家文化公园建设做专题辅导报告，市、县领导不定期实地调研长城保护工作。市政府办印发《关于进一步加强长城保护工作的通知》，对全市长城保护工作作出安排部署。设立武威市长城文化保护研究院和县区长城文化保护站，全面加强长城保护工作力量。市财政也将长城保护经费纳入财政预算，为长城保护提供经费保障。

（2）争取项目支撑，提升长城文化公园建设水平。结合武威长城凉古、民勤、天祝 3 个特色展示段的实际，积极推进长城本体保护维修项目落地实施。2016 年以来，累计争取项目资金 8000 多万元，相继完成凉州区长城墙体、烽燧遗址一期和二期抢险加固工程，明长城民勤段部分关堡修缮和长城墙体抢险加固工程，古浪县明长城本体保护维修加固和围栏保护工程，明长城天祝段松山新城修缮工程等长城本体保护维修工程 10 余项。围绕长城展示利用和旅游开发，古浪县在泗水镇圆墩段长城，建成管理展示用房、巡护道路和停车场，安装了围栏和游步道。天祝县在石洞沟梁长城修建了观景台，在乌鞘岭长城、安远驿长城安装了观光木栈道等设施。

（3）围绕风貌提升，开展长城保护专项行动。结合长城保护公益诉讼活动，各县区扎实开展长城保护专项行动，严格落实长城两侧 5 米范围内耕地腾退、拆临拆违、环境整治等工作要求，推动长城抢救性保护向预防性保护转变。自长城保护专项行动开展以来，三县一区共拆除违章建筑和养殖棚 52 处，流转腾退土地 667 亩，设置防护围栏 8.43 公里，更换维修长城保护牌、说明牌 60 多块。通过开展长城保护专项行动，消除了长城安全隐患，提高了全社会长城保护意识，市域内长城周边环境有了明显改善。

（4）谋划储备项目，推进长城国家文化公园建设。《长城国家文化公园（甘肃段）建设保护规划》出台后，武威市召开专题会议，讨论学习《规划》，在深刻理解和掌握长城国家文化公园（甘肃段）“338”规划布局重要内涵的基础上，组织起草《长城国家文化公园（武威段）建设方案》。同时，督促各县区抢抓政策机遇，无缝对接规划，积极谋划储备长城保护修复和展示利用项目。截至目前，谋划储备长城本体保护维修项目、长城抢险加固项目、长城保护基础设施建设项目、长城周边环境风貌提升改造项目、文旅融合建设项目等各类项目 25 项，估算投资 2.3 亿元。

（5）加强巡查检查，健全长城保护四级责任体系。印发《武威市长城巡查检查办法》，严格落实长城巡查检查制度，持续深入开展长城安全巡查检查。按照“属地管理”原则，各县区长城沿线乡镇实行长城保护段长制，充分发挥长城保护员作用，分点段开展长城安全日常巡查检查工作，全面提升长城保护管理水平。市、县区各级文物部门，长城沿线乡镇、村组，落实主体责任、监管责任，初步建立起市、县、乡、村四级长城保护责任体系。

（6）加强宣传引导，着力营造长城保护良好氛围。为进一步营造保护长城、传承文明的浓厚氛围，各县区结合实际，开展丰富多样的保护宣传活动，普及长城保护知识，增强长城沿线群众保护意识。编印《文物保护常识问答》，制作长城专题宣传展板，在长城沿线村庄或人流密集地区宣传长城保护知识，发放长城保护宣传彩页和法律法规宣传材料。利用文化遗产日、国际博物馆日等宣传节点，结合送文化下乡、帮扶入户等活动，入户宣讲长城保护法律法规、发放长城保护宣传资料和相关文创产品。今年以来，人民日报、新华社、中国文物报、检察日报等新闻媒体对长城保护工作进行了多方位的宣传报道，营造全社会重视长城、保护长城的良好氛围，切实提升了武威长城文化对外影响力。

三、存在的主要问题

长城保护机构专业人才匮乏，这是全国长城沿线普遍存在的问题。整体来说，长城保护工作人员专业能力和业务素质还有待提高。武威市境内部分长城段落急需开展保护维修，一些人为活动影响较大的区域还未实施围栏保护，存在安全隐患。群众保护意识有待提高，全社会共同保护长城的浓厚氛围尚未形成。长城文化研究、阐释水平不高，长城历史价值、文化价值、景观价值和精神内涵需要进一步开发和挖掘。长城保护经费缺乏，特别是基层长城保护经费投入严重不足。

四、下一步的工作打算

认真落实《长城国家文化公园（甘肃段）建设保护规划》，进一步加大长城保护工作力度，压实长城保护监管责任，积极争取项目资金支持，加大长城保护宣传力度，切实提升长城国家文化公园（武威段）建设水平。

一是引进、培养人才，提升长城保护研究能力和水平。加强长城保护研究队伍建设，持续引进文物保护、考古等专业人才，定期选派基层长城保护人员到敦煌研究院等文物保护机构和科研院所培训学习，提升长城保护研究整体水平。积极与周边省市长城保护研究单位开展学习交流，通过实地考察、座谈交流、经验分享等方式凝聚长城文化保护研究合力，打造武威长城文化旅游融合特色品牌。

二是积极争取项目，加快推进长城国家文化公园建设。抢抓长城国家文化公园建设机遇，多渠道争取资金，多层次储备申报项目，提高市域内长城整体保护水平，优化长城环境风貌设施，提升长城展示利用智慧化、智能化水平，打造市域内长城文化旅游融合发展新样板，助推长城国家文化公园建设高质量发展。

三是加大宣传力度，营造全社会保护长城的良好氛围。从讲政治的高度，清醒认识长城保护面临的紧迫形势，通过丰富宣传方式，拍摄武威长城点段系列宣传片，举办微视频大赛、摄影大赛、长城徒步行等宣传活动，让更多人了解长城，共同参与长城的保护与传承。鼓励和引导基层群众组织、社会组织、企事业单位和志愿者参与长城保护，营造全民共同保护长城的良好氛围。

四是挖掘长城内涵，弘扬长城精神，坚定文化自信。长城是中华民族的宝贵文化遗产，是中华民族精神的象征，保护好长城，就是保护好中华民族生生不息的精神根脉。加大长城文化价值和精神内涵的发掘研究，讲好长城故事，弘扬长城精神，创新长城旅游产品，推进文旅深度融合，切实让长城精神内涵深入人心，提振全社会的文化自信，让长城精神在社会主义精神文明建设中发扬光大。

第十节
甘肃嘉峪关市长城国家文化公园建设

2019 年 7 月 24 日，习近平总书记主持中央深改委会议，通过了国家文化公园建设方案，8 月 20 日视察嘉峪关并做出关于长城的重要指示。在省文旅厅和相关部门的关心支持下，在市委、市政府的高度重视下，嘉峪关市的长城国家文化公园建设各项工作稳步推进并纳入新一届市委、市政府的重点工作。

2020 年 2 月，经嘉峪关市委、市政府研究决定，成立了以市委书记、市长为双组长，35 个部门和单位为成员的长城国家公园建设领导小组，领导小组下设办公室，办公室下设综合协调组（市文旅局）、文物保护组（大景区管委会、丝路长城文化研究院）、项目建设组（文旅集团）三个工作组，负责长城国家文化公园前期筹备和后续相关工作。

（1）加快推进规划编制。2020 年 12 月，通过公开招标，由中国建筑设计研究院公司和中国遗产研究院组成联合体，共同承担《万里长城——嘉峪关文物保护规划》修编和《长城国家文化公园（嘉峪关段）详细规划》编制。该规划在文旅部、省文旅厅和省文物局的指导下，于 2021 年 8 月完成了初稿并广泛征求各相关部门意见，目前已完成第三轮修改，并正在结合刚下发的国家长城文化公园规划进行修改完善。

（2）加强沟通联系。嘉峪关市长城国家文化公园建设需要主动与国家和省级相关部门沟通。分别于 2020 年 5 月和 11 月，由市委宣传部带领文旅相关单位，两次前往国家、省级的发改、文旅、文物各部委、厅局进行多次衔接和沟通。文旅部、国家文物局对嘉峪关在国家长城文化公园建设中所处的地位给予高度认可和肯定。指出，尤其是嘉峪关作为“世界文化遗产——长城”的三个点（嘉峪关、山海关、八达岭）的重要组成部分，必须是国家长城文化公园建设的重点，强调全力支持嘉峪关长城国家文化公园建设。建议工作重点要以文旅融合区建设为主，做一些体验式、沉浸式项目；在博物馆的谋划布局方面，要创新展陈方式，做好弹性供给；谋划具体项目先要得到省发改委的支持，项目一定要充分考虑可行性和操作性。

（3）全力做好项目谋划。2021 年 6 月，省发改委、省文旅厅、省文物局按照项目的重要性和可行性，从嘉峪关市“十四五”长城国家文化公园重点项目库中，选取部分项目并整合为“嘉峪关核心区——关城景区展示利用提升工程”，上报国家发改委和国家文物局，审核后列入国家、省级长城国家文化公园建设保护规划，同时也纳入甘肃省“十四五”文化传承保护利用工程项目储备库。对遗产公园景观大道至关城西侧出口沿线展示利用设施进行整体提升，计划总投资 1.58 亿元，建设内容包括嘉峪关长城国家文化公园标识系统提升、长城博物馆新馆陈展、长城博物馆旧址功能改造、关城景区绿化环境整治、关城景区西侧环境整治、关城旅游公共卫生间建设等。

（4）积极向上争取资金。2020 年 10 月，嘉峪关市向省发改委争取到长城国家文化公园前期费 247.1 万元，地方配套 60 万元。在资金到位的情况下，嘉峪关市启动了《万里长城——嘉峪关文物保护规划》修编与《长城国家文化公园（嘉峪关段）详细规划》编制，总投资 307.1 万元。2021 年 3 月，国家文物局同意实施嘉峪关关城保护展示项目——解说标识系统提升工程，并安排专项补助资金。

（5）加快已批项目建设。嘉峪关关城保护展示项目——解说标识系统提升工程经国家文物局批准立项，2021 年 3 月完成设计方案编制并报省文物局审核，经多次修改完善，报省文物局审核。嘉峪关西长城标识系统提升工程经国家文物局批准立项，现完成设计方案编制。

在国家文物局和省文物局的大力支持下，嘉峪关市于 2012 年启动了总投资 2.678 亿元的嘉峪关长城本体保护项目和总投资 11.47 亿元的嘉峪关世界文化遗产保护与展示工程。2016 年，长城本体保护工程全面竣工验收，嘉峪关世界文化遗产保护与展示工程现已完成三大中心（长城博物馆、监测中心、游客中心）和规划设计中的屯田区、展示道路等内容建设。总体来看，世界文化遗产公园的相关建设基本达到了长城国家文化公园主题展示区建设的部分要求。

嘉峪关市汇报长城国家文化公园相关问题时，国家文物局明确指出“嘉峪关主题管控区的工作已全面完成，基础条件非常不错，嘉峪关市一定要抓住明长城西端起点的独特优势，要在主题展示区和文旅融合区多做文章”。下一步将世界文化遗产公园后续建设与嘉峪关长城国家文化公园建设结合起来，积极谋划和实施相关建设内容，力争把长城国家文化公园（甘肃段）中提出的“以明代雄关”为主要内容的核心展示园工作稳步向前推进，也为完成嘉峪关新一届市委、市政府提出的打造长城文化标志地，建成长城国家文化公园奠定良好的基础。2022 年，嘉峪关市计划重点做好以下几个方面的工作。

（1）尽快完成《万里长城——嘉峪关文物保护规划》修编，把境内所有的长城、关堡等纳入规划之中，划定更加合理的管控范围，严格管控措施，提出保护和展示的目标任务。尽快完成《长城文化公园（嘉峪关段）详细规划》的编制，力争早日获批并实施。通过两个规划，力争使嘉峪关长城国家文化公园建设走在全省、全国的前列。

（2）借助嘉峪关长城国家文化公园建设的良好契机，进一步完善文化遗产保护利用的体制机制，积极探索文物主管部门、保护机构、运营机构协调运作新模式，从而达到行业监管、遗产价值阐释和文旅融合高质量发展的目的。

（3）加快主题展示区设施建设。主要实施以下内容：将原规划设计中的世界文化遗产公园嘉峪关村一组全部搬迁，完成游客中心的装饰装修工作，打通嘉峪关关城景区、关城里景区、方特丝路神画的道路连接，增加充实三大景区内长城文化的参观内容，完善基础设施提升服务质量，力争完成主题展示区的相关建设任务。

（4）积极争取国拨省补资金，尽快实施长城国家文化公园——关城景区展示利用提升项目。鉴于目前市财力十分有限，国家和省上给予的扶持资金较少，希望省厅给予嘉峪关长城国家文化公园建设资金和政策支持，同时也争取国家发改委等部门的国拨省补资金，尽快实施列入国家文化公园项目库的重点项目。同时启动遗产公园的九眼泉湖、屯田农业、绿洲生态等展示功能区的建设。建立具有特色的长城文化统一标识系统，形成较完整的展示长城文化形象符号。开展长城数字化资源采集和三维数字化测绘，完成长城数字化档案建设，充分利用科技创新，实现长城文物和文化资源数字化再现和虚拟复原。

（5）积极探索和推进嘉峪关打造长城重要标志地。加大研究挖掘力度，努力打造长城文化研究高地；进一步健全完善监测体系建设，打造一支水平较高的监测队伍；积极引进和培养人才，打造一支集保护、研究、设计、施工为一体的专业技术队伍；创作一批反映长城历史文化的艺术作品，向公众积极展示长城历史文化。

（6）加大文化旅游融合发展。加强国内外长城文化合作交流，开展长城文化研究、保护、展示、交流活动，形成国内有一定影响力的长城文化学术品牌，带动长城旅游发展。推动以长城题材为主题的文艺精品力作，鼓励社会力量积极打造文化旅游精品剧目。开展“爱长城，护长城，颂长城”全民宣传行动，加强长城文化普及教育，办好长城文化品牌活动，推进长城文化数字化传播。

第十一节 内蒙古包头市固阳秦长城国家文化公园建设

包头市固阳县委、县政府高度重视长城国家文化公园建设工作，成立了长城国家文化公园建设领导小组，本着“早部署、早谋划、抓机遇、促成功”的工作方针，召开县委常委会专题部署，编制了《固阳秦长城国家文化公园总体规划》，积极争取项目和资金，全力推进四大功能区建设。

一、资源优势明显

固阳秦长城现状保存良好，墙体类型多样，体系完备，历史价值重大。固阳秦长城作为我国古代一项伟大的军事防御工程，不仅是中国万里长城的鼻祖，也是中国从多元到一体的重要实物见证，更是中华民族政治统一、文化多元的国家模式形成的标志。1996 年固阳秦长城被公布为第四批全国重点文物保护单位，2021 年，天盛成段列为第一批国家级长城重要点段，具备建设长城国家文化公园必备的基础条件。

二、高质量推进项目建设

一是坚持规划先行。在对固阳秦长城沿线文物和文化资源系统调查摸底的基础上，统筹考虑资源禀赋、人文历史、区位特点、公众需求，包头市编制完成了《固阳县秦长城国家文化公园建设保护规划》和《固阳县秦长城国家文化公园康图沟核心展示园修建性详细规划》，明确了区划范围和重点工作任务。固阳县秦长城国家文化公园规划占地面积 32 平方公里，核心区 3.72 平方公里，总体布局为“一带四区”（固阳秦长城分布带、管控保护区、主题展示区、文旅融合区、传统利用区），建设周期为 2021—2023 年。二是编制《建设方案》。结合固阳秦长城具有的重大历史文化价值和现状保存的实际状况，包头市组织编制了具有“弘扬长城历史文化，体现塞上地域风光”特色的《固阳秦长城国家文化公园的建设方案》，完成了项目“可研”“环评”“稳评”等前期准备。三是改造基础设施。固阳县政府自筹资金 1300 余万元，实施了公园主题展示区内（固阳秦长城康图沟段）南、北出入口原有大门的拆建、景区道路提升改造、河道疏浚、山体防护等基础工程，为项目成功落地奠定了基础。四是实施保护展示工程。在国家文物局和自治区文物局的大力支持下，包头市先后完成了固阳秦长城康图沟段和天盛成段石筑墙体的本体修缮保护工程。在天盛成段长城附近的天盛成村内，建成了长城保护工作站，为开展长城资源展示利用和保护培训、研究提供了站点。2021 年，组织编制了《固阳秦长城遗址康图沟段墙体保护修缮设计方案》，拟对主题展示区内 1800 米的长城本体坍塌部分和沿线部分烽燧进行抢救保护修缮，获得国家文物局批复同意，并拨付修缮补助资金 149 万余元。目前已启动招投标工作，预计年内竣工。

三、加强保护管控力度

文物安全是文物工作的底线、红线、生命线，一直以来，包头市高度重视文物安全工作。一是加大长城立法力度。2017 年包头市公布实施了《包头市长城保护条例》，为长城保护提供执法依据。二是健全机构设置。成立了固阳文物管理所（现更名为文物保护中心），承担着全县境内地上、地下文物的保护、利用、考古调查等业务工作。三是推行文物（长城）长制。县委、县政府主要领导担任县总文物（长城）长；县政府六位副县长担任县级副文物（长城）长，分别划片包联县辖六镇的文物和长城点段；镇、村两级领导分别担任镇文物（长城）长和村文物（长城）长。四是加大长城巡查力度。2020 年自治区文旅厅为全区 103 个旗县配备无人机，固阳县采取技防和人防相结合方式，加强长城安全巡查。五是落实安全责任。固阳县文旅局按照文物所在地的分布现状，指导各镇政府分别签署了境内各级文保单位的《文物安全承诺书》。做到了所有文物（长城）点全天候、全方位有人监管保护，使得县、镇、村三级文物保护体系真正落到了实处。

四、深入发掘阐释长城文化

下一步，包头市将认真贯彻落实《内蒙古自治区长城保护规划》《长城国家文化公园建设保护规划（内蒙古段）》有关要求，以“铸牢中华民族共同体意识”为主线，聚焦保护传承弘扬长城文化，持续举办固阳秦长城文化旅游节，召开固阳秦、汉长城文化论坛，组织秦长城摄影展、《印象固阳秦长城》实景演出等活动。要扎实做好秦长城文化传承保护工作，深入挖掘秦长城历史价值、文化价值和精神内涵，高标准推进固阳秦长城国家文化公园建设。特别是要围绕“两个打造”，加大长城价值阐释研究，讲好长城作为中华民族形象和中华文化符号的故事，做好固阳秦长城国家文化公园建设宣传工作。

第十二节 黑龙江齐齐哈尔市碾子山金长城国家文化公园建设

中央办公厅、国务院办公厅通过并下发《长城、大运河、长征国家文化公园建设方案》以来，碾子山区委、区政府抢抓政策机遇，高度重视金长城（碾子山段）国家文化公园项目谋划及建设工作，积极有序推进金长城（碾子山段）国家文化公园建设。

一、金长城资源基本情况

金长城始建于1121年，其规模宏大、防御体系先进，是当时东北部地区文化交融的见证，在研究中国古代北方民族关系史、中国古代北方疆域史、女真人社会发展史、金源文化发生与发展等诸多历史问题方面具有重要的史料价值。金长城起源于嫩江右岸，止于黄河后岸，途经三国（中国、俄罗斯、蒙古国）、8个省市，全长5500多公里。齐齐哈尔段是金长城保存最完整的段落，以土石为主要制作材料，建成主墙以及内外部防御工程，包含主墙、马面、关隘、水口、山险、烽燧、古城、戍堡等，形成综合性的防御体系。其中一段城墙最高处有8米，城基最宽处有10米。2001年6月25日，国务院将金长城全线列为第五批国家级重点文物保护单位。

碾子山区地处黑龙江省西部边陲，与内蒙古濒临，是金蒙时期军事门户重镇。金长城遗址·碾子山段全长 9.77 公里，有马面 54 个，其附属设施有 4 处（城堡一座，烽火台三座），分别为：丰荣古城遗址、青年屯烽火台遗址、丰荣一号烽火台遗址、丰荣二号烽火台遗址。丰荣古堡是金长城的组成部分，沿金长城每隔 10 里设一堡用于屯兵。丰荣古堡以山丘和平缓的坡地为背景与大自然融为一体。古堡北高南低，呈边长 160 米的正方形，面积 25600 平方米，土围护城墙高 4 米，有角楼、护城壕、瓮门。曾出土金代陶片、铜器、铁器、箭镞和石杵等文物。

二、金长城（碾子山段）国家文化公园建设工作进展

1. 高站位领导工作

成立由区委书记和区长任双组长的金长城（碾子山段）国家文化公园建设领导小组，负责整体把握公园规划、建设的思路和方向；成立由区委常委宣传部部长和主管旅游的副区长任双领导，由区文体广电和旅游局、区林业和草原局，自然资源局、区农业农村局、富强办事处、征收办和民政局等部门组成的项目推进专班，合力负责项目前期手续、项目工程建设等具体工作的协调推进；成立由人大常委会主任亲自牵头，区内辽金史专家和文化专家共 7 人组成的文化研究专班，负责为项目文旅融合发展提供强大的文化支撑和创意服务。

2. 高频次学习贯彻中央文件和会议精神

碾子山区委、区政府抢抓政策机遇，高度重视金长城（碾子山段）国家文化公园项目谋划及建设工作。2021 年 7 月 12 日，区文体广电和旅游局前往甘肃省嘉峪关参加长城国家文化公园专题培训班；2021 年 8 月 30 日，区文体广电和旅游局经省文化和旅游厅组织赴河北省学习长城国家文化公园建设经验。2021 年 11 月 16 日，区委书记、区长、区

委宣传部部长、区文体广电和旅游局参加“黑龙江省长城国家文化公园建设视频会议”。

碾子山区高频次定期组织金长城工作专班召开专题工作会议，传达先进经验及上级会议精神，并组织认真学习《长城、大运河、长征国家文化公园建设方案》《长城国家文化公园建设实施方案》《文化保护传承利用工程实施方案》《长城保护总体规划》《长城国家文化国家公园建设保护规划》《长城文化和旅游融合发展专项规划》《长城沿线交通与文旅融合发展规划》等相关文件精神，并在会议中结合实际情况对整体规划、项目建设、项目进程等工作进行研讨。

3. 高标准规划定位

2019 年 11 月邀请北京大学博雅方略旅游景观规划设计院规划编制团队与省文旅厅资源开发处，对项目进行了现场勘查和座谈，编制项目规划，通过充分讨论研究明晰了项目的总体定位、建设运营思路和建设规模及内容，规划初稿经广泛征求意见于 2020 年初修改完成。聘请中瑞华建工程项目管理（北京）有限公司编制金长城（碾子山段）国家文化公园整体工程项目建设计划，同时为项目决策、实施、运营全过程提供咨询和品控服务。

碾子山通过长城国家文化公园建设，力争将金长城（碾子山段）国家文化公园打造集遗址保护、文化研究、活态体验于一体的中国金长城文旅创新展示基地、大东北区域金长城文化旅游目的地、齐齐哈尔生态与文化综合旅游示范区、黑龙江省长城国家文化公园核心展示园区。

通过项目建设实施，持续基础设施及配套设施的建设工作，以增加体验感强、参与度高的项目为主，营造独立于现实世界的平行时空，在场景设计、道具细节、互动感和故事线等方面打造穿越千年的沉浸式体验文化园区，增强整体金长城（碾子山段）国家文化公园的核心吸引力。

促进金长城（碾子山段）国家文化公园全面融入碾子山社会经济发展全局和本地人民生活，使金长城历史文化遗产焕发新的生机与活力，让长城所承载的历史文化实现创造性转化、创新性发展，进而带动碾子山周边地区乡村旅游、民俗旅游、冰雪旅游、研学旅游、休闲度假等产品与项目，着力打造碾子山区特色引爆点，培育旅游产业发展增长极，力争全面提升碾子山区旅游文化品质和区域旅游综合效益。

4. 高强度推动进程

齐齐哈尔市委宣传部和齐齐哈尔市文广旅游局高度重视金长城工作，相关领导多次来碾实地踏查，催办、督办项目前期手续和工程进度。为解决项目用地问题，市区两级自然资源局高度支持，将金长城项目选址拟建地块 33.48 公顷调整用地性质列入第三次国土空间规划，以便于项目进一步推进。林地方面，区林草局将公园项目涉及林地 75 公顷整体上报省林草局“十四五”期间占用林地定额编制工作。

5. 高效率推动项目建设

以 G232 国道和婆卢火广场为中心，分别实施基础配套设施建设项目、历史文化博物馆、慢行步道及附属工程项目、汽车营地等项目，利用未来牙四高速国道的交通便利性，建设打造交旅融合重要节点。

金长城（碾子山段）国家文化公园基础配套设施建设项目的项目可研、评审已完成，2020 年 11 月 7 日，取得了可研批复；2020 年 12 月 5 日取得了《土地、规划选址初步意见》；项目土地控详已完成；2021 年 6 月 30 日，中央预算内投资 2000 万元计划已下达；林草局林地组卷报批工作已完成；2021 年 9 月一评审两复核联合调查组已进行实地踏查，并完成前期调查及土地征收成本评审工作；2022 年 4 月 11 日取得该项目地块土地划拨决定书。目前该项目地勘已完成，前期电

力工程已完成，施工围挡已设立完成，招投标已完成，正在进行开工前准备。

金长城（碾子山段）历史文化博物馆建设项目的项目可研与评审已完成，2021 年 11 月 2 日，取得了可研批复，目前已申报 2022 年中央预算内资金，正在进行前期征地手续。

6. 高规范推进文物安全工作

加大文物保护法律、法规的宣传力度。制定了详细的法律、法规宣传教育计划，组织丰富多彩的宣传教育活动，利用线上线下相结合的方式，广泛宣传《文物保护法》《长城保护条例》等法律法规，使文物保护观念逐步深入人心，成为全社会的自觉行动。认真做好金长城的管理和保护工作，按要求开展巡视检查工作，并做好巡查记录，做到有巡视、有责任、有保护，确保金长城的完好不被破坏。建立巡查清单，对发现问题及时上报整改，确保文物安全。以实际行动开展工作为群众营造良好的安全环境。积极联动区公安局、住建局、自然资源局、生态环境局开展联合检查，对于在检查中发现的问题当场能整改的及时进行了整改，并对安全隐患的整改情况实施跟踪监管。努力做好安全宣传教育工作，切实提高安全意识。

四、下一步的工作打算

认真落实《长城国家文化公园（黑龙江段）建设保护规划》，进一步加大长城保护工作力度，积极争取项目资金支持，加大长城保护宣传力度，切实提升金长城（碾子山段）国家文化公园建设水平。

进一步强化文化自信，把金长城国家文化公园打造成全省文化项目“一号”工程，协调各部门给予政策资金支持，争取在项目审批、土地使用等手续办理方面建立绿色通道，推动金长城文化公园项目建设尽快建成。

积极促进在齐齐哈尔和牡丹江设立金长城文化公园管委会，级格参照其他国家园区，推动金长城文化公园建设，并负责建成后管理工作。

积极争取对金长城（碾子山段）国家文化公园项目建设的政策和资金支持，进一步促进金长城（碾子山段）国家文化公园建成落地。

第十三节 河南叶县楚长城国家文化公园建设

长城国家文化公园建设启动以来，平顶山市叶县抢抓机遇谋发展，发挥优势抓重点，有力有序推动楚长城国家文化公园项目建设。楚长城始建于春秋战国时期，距今已有 2600 余年的历史，是我国修筑最早的长城，被相关专家誉为“长城之父”。

楚长城叶县段分布在南部山岭之上，东起辛店镇刘文祥村转山一带，西止于常村镇双山垭西，绵延 60 余公里，有烽火台 1 处、墙体遗址 19 段，是目前河南境内保存最为完整的楚长城遗址，其主要特点是人工墙体和自然山险相结合。2013 年 7 月，叶县楚长城遗址被河南省颁布为第六批文物保护单位。2015 年 5 月，河南省考古研究院对楚长城叶县段部分墙体和兵营遗址进行了抢救性考古发掘。根据解剖情况看，楚长城叶县段人工墙体上窄下宽，底部铺有土掺碎石的基础，地势较低处，底部还铺垫有大量的木炭，上部为内外包砌大石块，中间填充土掺碎石；兵营遗址较浅，曾出土了大量的陶片、石器残件、铜簇、铜戈、铁锤、铁镢等文物。2020 年，楚长城叶县段被国家文物局认定为第一批国家级长城重要点段，为河南省唯一的国家级长城重要点段。

一、坚持高位推动，加强组织领导

叶县县委、县政府高度重视长城国家文化公园建设任务，成立了以县委书记任政委、县长任指挥长、相关单位任成员的长城国家文化公园建设工作指挥部，并多次召开专题会议，统筹推进长城国家文化公园建设各项工作。长城国家文化公园建设覆盖部门广、牵涉事项多，叶县文化广电和旅游局已经向上级编制部门申请组建更高规格的长城国家文化公园管理委员会。

二、坚持高标引领，强化顶层设计

围绕楚长城国家文化公园建设，叶县编制完成了《长城国家文化公园（叶县段）建设保护利用总体规划》，并于 2021 年 9 月通过了省文旅厅组织的专家评审。规划以“中国长城 · 河南开端”为主题形象，以楚长城为主线，搭建“核心展示带、形象标志点、文旅融合区”的空间架构，对区域内各类长城文物和文化旅游资源进行串联，整体按照“一廊”“五个一”“六景”进行布局，构建叶县开放式大 5A 级旅游景区。

“一廊”是指叶县南部乡村 94 公里醉美休闲长城风情廊道，即楚长城旅游观光风景道。

“五个一”包括一墙即楚长城本体保护修缮和展示工程。一道即楚长城旅游观光风景道提升工程。一镇即杨令庄楚文化特色小镇。一馆即楚长城数字化展示体验馆。一中心即楚长城国家文化公园游客服务中心。

“六景”是指桐树庄井岗紫竹林景区、鹞山长城田园风情区、燕山湖景区、马头山长城楚文化体验区、歪头山长城游猎区和孤石滩水库景区。

三、坚持高效落实，突出项目支撑

为推动工作落实，叶县文化广电和旅游局先期实施了楚长城观光风景道项目和楚长城本体修缮工程。截至目前，总投资 11.08 亿元，全长 94 公里的叶县楚长城旅游观光风景道已实现全线通车；完成了保安镇闯王寨东南约 600 米的长城本体实验性修复，得到了相关专家的肯定；《战国楚长城（叶县段）文物保护规划》《战国楚长城——叶县段修缮工程设计方案》已经省文物局批准通过，正在申请 2023 年国家专项资金。

叶县根据总体规划，还申报了叶县楚长城数字化展示体验馆项目、叶县楚长城国家文化公园游客服务中心及风景道提升项目和河南省平顶山市楚长城（叶县段）保护利用项目，估算总投资 4.597 亿元。其中河南省平顶山市楚长城（叶县段）保护利用项目和叶县楚长城数字化展示体验馆项目已列入国家发改委“十四五”文化保护和传承利用项目库，国家发改委将支持资金 1 亿元。

1. 叶县楚长城数字化展示体验馆建设项目。项目估算总投资 0.6 亿元，主要建设长城数字化展示体验馆及长城国家文化公园展示体验中心。

2. 叶县楚长城国家文化公园游客服务中心及风景道提升项目。项目估算总投资 2.2 亿元，主要建设游客服务中心，进行 94 公里景观道沿途的旅游标识、景观提升等。

3. 河南省平顶山市楚长城（叶县段）保护利用项目。项目估算总投资 1.797 亿元，主要建设鹞山长城风景区、马头山长城风景区、歪头山长城风景区。

目前，三个项目均已完成立项。

四、下一步工作重点

叶县下一步工作重点是完成楚长城国家文化公园建设项目土地使用手续办理和施工设计工作。争取 2023 年上半年项目开工建设，到 2025 年底叶县楚长城国家文化公园基本建成。

后记

我关注长城研究，从1982年准备徒步考察长城算起，已经40年了。2017年陪同中宣部宣教局领导去山海关调研之后，我就开始了长城国家文化公园建设的研究。2019年7月，中共中央公布《长城、大运河、长征国家文化公园建设方案》之后，我一直参与这项工作，并且做了更深入的思考。中国出版集团研究出版社向我约这部《长城国家文化公园建设研究》书稿，我便将这几年的积累整理了出来。

写作这本书主要利用两块集中的时间。第一块时间是春节假期，第二段时间是春节过后去甘肃出差回来被集中隔离的日子。这次出差原计划2月15日飞呼和浩特，22日从呼和浩特飞兰州，24日从兰州坐高铁到太原参加山西省文旅厅的“全省长城国家文化公园推进会”。15日临时有一个重要的活动要参加，飞机改签为16日上午飞呼和浩特市。没想到16日凌晨4点，呼和浩特发布了新冠患者的疫情信息。

15日这天是元宵节，朋友们开玩笑说我是故意找借口在家过元宵节。其实还真不是找借口，已经如期去了的专家学者被困在了呼和浩特。接着当天上午接到山西省文旅厅的电话，告知因为防疫，外地专家不用去太原参加活动了。一连串的活动相继取消，只剩下22日经兰州去武威了，本来想推辞掉，可是经不住人家再三劝说，我最终还是决定去。

人们都说“躲了初一，没躲过十五”，我是躲了十五，没躲过二十二。正月十五那天躲过了呼和浩特的新冠疫情，但终究还是于七天之后与新冠疫情不期而遇。从兰州回到北京后，当天夜里凌晨3点，疫情防控部门敲门通知需要集中隔离。原来我22日乘坐的那一个航班上，有一位新冠密接者。全飞机乘客都被确定为一般接触者，需要居家隔离。这位密接者的前五排和后五排被确认为次密接者必须集中隔离，我坐在他前面第三排。

集中隔离期间，住在北京东四环边上的希尔顿酒店，一个意外的收获是在隔离期间写作非常“出活”。还好，我的那位“上线”密接者，经过“14+7”的集中隔离和居家隔离，被确认一切正常。他没事了，与他接触的人，也就全都解除了监控。尝到了隔离期间写作效率高的甜头，从隔离点回来之后便一头扎到怀柔杨宋镇的翰高文创园，继续过起与外界隔离的写作生活。

在翰高文创园写作期间，由房振策划的“本土菁英”中国岩彩绘画邀请展正在展出。岩彩艺术馆是中国第一家专注于岩彩艺术的主题性美术馆，2018年由翰高集团·北京翰高文创园创建。房振是翰高集团总经理，董事长是他的哥哥房庸，这哥俩儿都是很有文化情怀的人。美术馆于2019年4月29日正式开馆，致力于推动中国当代岩彩艺术的前进和发展。

除岩彩艺术馆之外，著名作家刘庆邦的工作室，著名军旅纪录片影视家王全忠的工作室也落户在翰高文创园。几年前，翰高文创园还设立了董耀会长城文化工作室。一般情况下，隔一段时间我就会躲到这里待些日子，或读书或写作或只是放空一下自己。这里远离了喧嚣、让时光慢下来的日子很好。岩彩艺术馆计划以岩彩艺术的形式助力长城国家文化公园建设。很多的画家开始画长城，他们也有了解长城的愿望。

在这里写作《长城国家文化公园建设研究》期间，早晚散步或写累了和这些朋友们聊天时，我就给大家介绍长城国家文化公园建设的情况，和大家交流我对长城历史文化及精神价值的认识。

在悠然亲切的氛围里，大家聊得淋漓尽致，在这本书的后记选几段交流时我讲的一些内容，权做是对这本书内容的一个补充吧。既然是在聊天的基础上整理的文稿，形式就显得比较轻松。有的时候想到哪说到哪，话题也会显得有些跳跃。

如何理解长城文化与文明互鉴?

构建人类命运共同体是中国提出的人类社会共建共享的中国方案。在古代，长城内外就是命运共同体。古代中国人修建长城是居安思危，我们这个民族是一个忧患意识极强的民族。人类自古就希望安居乐业，过安全稳定的幸福生活。老祖宗为了实现这个愿望做出了不懈的努力，文明就是在这个过程中创造并积累起来的。

人类是地球上唯一具有思想的物种，人类所创造的伟大的文化遗产都是人们曾经的精神家园。这一点，长城特别有代表性。今天通过研究、学习长城这样古老的文化遗产，可以了解中华文化是怎么走过来的，今后要向哪里去。

从文明互鉴的视角来看，我们完全可以从各国的文化遗产看世界文化如何融会贯通。毫无疑问，世界文明的发展与人类的命运是一致的。在世界文明发展的过程中，各国各民族的文化面临着什么样的命运呢？应该说这个问题与每一个人、每一个国家、每一个民族的发展息息相关。站在人类文明的视角，去看各国各民族的文化，谁都没有资格说自己的文明比别的国家和民族的文明更具有优越性。

美国人这样说不行，中国人这样说也不行。之所以这样说，是因为不同国家、不同民族的文化在其文化土壤上发展起来，是更适合这

个国家、这个民族的文化。认识长城文化，也需要从这样的视角上做出解读。

了解和认识长城，不仅要认识长城修建的历史，长城在历史上发生的那些事，还要认识长城所代表的中华文化的价值和意义，认识长城文化在中华文化体系中的位置，认识在东西方文明互鉴的历史过程中中华文化为人类文明做出的贡献。毫无疑问，中国的经济已经逐渐走向复兴。这样的经济发展形势，已经是世界瞩目的成就。相比较而言，我们的文化话语权还很弱。

中国作为世界第二大经济体，正在慢慢成为世界第一大经济体。在这个发展过程中，中国将向世界展现什么样的文化和精神呢？这是今天必须思考的问题。我到世界各国，和外国的朋友交流中国文化的时候，外国朋友会跟我谈杂技、风筝、舞狮子、扭秧歌等。过去用这些民间文化和民俗来打开走向世界的大门可以，今天依旧靠这些向世界传播中国文化就远远不够了。

长城是展示中国文化的重要载体，我们应该到世界各国去宣讲长城，传播长城所代表的中华文化。讲长城并不是简单地向世界讲长城的历史，我每次都会重点讲长城的文化价值，让世界各国的朋友们通过长城了解中华文化的核心价值。讲好长城，就是讲好中国的故事。

很多外国朋友听了长城故事之后非常感兴趣——他们也需要了解中国文化。但我们做的宣传工作还远远不够。很多长城景区，即便是八达岭这样的著名景区，每年的游人多达1000万以上，这些游人有多少是带着文化感受走的？大家到八达岭长城来，照一张照片留个纪念，然后爬一段长城出一身汗就心满意足了。这不像文化旅游，似乎更像一个户外的锻炼活动。

游人通过旅游更多了解长城了吗？并没有。我们这个国家、我们这个民族为什么持续2000多年不断地修建长城？这件事的价值和意义是什么？游人没有在旅游中感受到文化，因为旅游景区挖掘长城文化的精神内涵深度不够，没有提供给游人这样的服务。长城国家文化公园建设要传播长城文化，就是要改变这种“没文化”的状态。

今天的中国强大了吗?

有人说修建长城是弱者的表现。真的是这样吗？显然不是！赵武灵王胡服骑射，赵国成为战国中后期的强国，开始进攻林胡和楼烦，夺取其大片的土地之后修建长城。燕昭王招贤纳士强大之后，派大将秦开攻取辽东之后修建长城。秦昭襄王强大之后举兵攻灭义渠，在上郡、陇西、北地筑长城以拒胡。

这些诸侯国，哪个是弱的时候修建的长城？都不是啊！秦始皇统一全国后修建长城，秦始皇弱吗？汉武帝彻底打败匈奴后修建长城，汉武帝弱吗？都不是，这些王朝都不是弱的时候修建的长城。

长城研究者应该对当代中国问题，乃至世界问题多做思考。中国文化是反对没完没了地打仗的，所以修建长城构建和平秩序。二十多年前西方盛行“中国崩溃论”，因为他们认为中国不行。现在盛行“中国威胁论”，因为中国发展起来了，逐渐强大起来了。他们惧怕中国崛起，惧怕中国的强国战略。

中国强大了吗？中国是开始强大了！2021 年中国的 GDP 总量超过了欧盟的 27 个国家的总和。经济总量超过欧盟，过去是一件中国人不敢想象的事。二十年前中国的 GDP 还赶不上意大利一个国家，更不要说整个欧盟了。二十多年前西方人鼓吹“中国崩溃论”的时候，如果有人做出相反的预测，西方人一定会说我们不可思议。现在这一切已经成为现实，令西方人感到不可接受。中国人民创造了发展奇迹，西方人不再说“中国崩溃论”，开始喊“中国威胁论”了。

我们还要发展，还将创造一个又一个这样的奇迹。中国的经济总

量超过美国已经是可以预见的事情。前提是什么，就是我们国家不能乱。美国搅动台湾问题、香港问题、新疆问题、西藏问题的目的是什么？说到底只有一个，就是给中国添乱。

美国对中国依然是傲慢的，这种傲慢曾经给中国人心理上带来巨大的冲击。近200年来，以美国为首的西方国家，已经习惯对中国采取一种高高在上的傲慢态度。他们过去这样做，是因为他们的力量处于绝对的优势地位。

人家的经济、军事力量都碾压你的时候，看不起你是自然的事情。现在中国的实力与西方国家相比，至少属于旗鼓相当了。这给美国带来的心理冲击，比现实的冲击更大。他们不能接受中国的实力忽然间就已经接近了自己。他们更恐慌，因为有朝一日，中国的实力要超越他们。

中国不再忍气吞声地接受美国的颐指气使，这让人家真有点接受不了。不过，接受不了也得接受。有强烈的抵触情绪，最后也得接受。让美国接受中国强大起来了这个现实，需要给他们一个过程。

今天的中国，经济社会的发展只能算作刚刚开始起步，离实现中华民族伟大复兴的目标，还有很长的路要走。中国的态度很明确，我们对所有国家都是友好的。这种友好，却不能在别人继续欺负我们时被误读为软弱。这就如同我经常说的一句话：长城接受和平，长城拒绝屈服。

今天，中国与西方的实力对比发生了逆转，我们依然保持着中华文化的内敛特性。即便有一天，中国与美国的实力发生了根本的逆转，中国依然愿意与美国搞好关系。当然，前提是美国愿意友好地对待中国。

中国还没有强大，而是正在走向强大，在走向强大的过程中，需要安全的国际环境。需要改革开放，需要弘扬中华优秀传统文化，需要坚定文化自信，需要每一个中国人更热爱我们的民族和国家，需要努力奋斗，需要永不懈怠。

中国真的不能懈怠。追求安逸的民族没有希望，这一点长城可以作证。

今天如何看长城的军事价值？

长城文化至今还有什么意义和价值？这一个问题不仅国人在谈论，外国朋友也在寻求答案。时至今日这个问题还需要讨论，甚至我们有时还弄不清楚文化是一个民族安身立命之根本这个道理。我在很多大学做报告的时候，经常有人会问：长城作为军事防御工程，今天已经没有了军事价值，还有什么用？

不但中国人有这样的问题，外国朋友也提出过这样的问题。2019 年 3 月中美贸易战正打得激烈的时候，美国 CNN 记者在金山岭长城采访我，谈完长城的军事价值之后，这位记者突然问：“你说长城的防御战略是有效的，今天中美贸易战中国肯定是防御方，长城的防御战略还有效吗？”

这个问题看起来是一个很棘手的问题，实际上回答起来非常简单。我告诉他长城的军事防御思想在古代是有效的，在今天也是有效的。我对他说，这次中美贸易战，中国政府采取的对策与长城的防御思想完全一脉相承。全世界都把中美贸易争端称为中美贸易战，只有中国称中美贸易摩擦，说的重一点的话，也仅是称中美贸易冲突。

面对美国咄咄逼人的态势，中国政府的表态仅三句话：不想打、不怕打、不得不打的时候要战之必胜。第一句话“不想打”，这与长城防御的境界是完全相同的。只有不想打仗的民族，才会付出如此大的人力、物力来修建长城。想打仗还用建长城吗？中国政府、中国人民、中国企业，都不想跟美国打贸易战。“不想打”是因为我们爱好和平，

打与不打却不以我们的意志为转移。

打仗是双方的事，其中有一方执意要打这个仗，就一定能打起来。和平也是双方的事，但需要双方都有不打仗的愿望，和平才能得以实现。树欲静而风不止，中美贸易战打与不打，不是我们想不想打的事，更不是我们喜欢不喜欢的事。

第二句话“不怕打”。“不怕”表达的是意志。怕有用吗？怕是没有用的。既然没有用还怕什么？怕是解决不了问题的，人家非要打仗那就陪着打，等到他真的被打疼了，他也就不想打仗了。说到不怕打仗，我想再强调一下，中华民族是一个忧患意识极强的民族，这种忧患意识反映到行动上就是有备无患。

《孟子》曾经说过一句意味深长的话：“生于忧患而死于安乐。”忧患意识并不消极，而是充分认识到困难和风险，并为此做好准备。长城是有备无患最好的一个标志物，费这么大的劲持续2000多年不断地在修长城，就是有备无患思想的体现。一个有备无患的民族，怎么会是害怕别人打过来的民族。

第三句话就是“不得不打的时候要战之必胜”。说到要战之必胜，我要强调一下中华民族的顽强，这是我们民族的另一个特点。修建长城是一件多么困难的事，没有顽强精神根本就不可能完成。中国人的顽强，最充分的表现是明知不可为而为之。

修建长城最好地体现了这份顽强。为了构建农耕民族与游牧民族的秩序，建立一个和平的秩序，修建一道万里长城把农耕民族和游牧民族隔离开来。然后通过长城成千上万的关口，进行茶马互市贸易。建设一条万里长城，以构建这样一个秩序，这是多么困难的事啊。我们的祖先就做了，不但做了，而且一做就做了两千多年。这份顽强，这股精气神，就是我们中华民族的精神。

一个如此有准备的民族，一个如此顽强的民族怎么可能会不取得最后胜利。1972 年 2 月美国总统尼克松参观八达岭长城，他在长城上曾感叹：“只有一个伟大的民族，才能造得出这样一座伟大的长城。”修建长城的伟大民族，今天面对一切来犯之敌肯定都会给予迎头痛击。这就是我们面对问题—解决问题的态度，反映了中国人在今天这样的情况下的自信。

这种自信的基础，恰恰就是实力。不想打、不怕打、战之必胜，就是长城的逻辑。

长城不仅见证了中华民族的沧桑历史，同时也见证了我们民族走过的峥嵘岁月。长城还为我们民族生生不息的发展，提供了物质和精神的保障。每一个守卫长城的人，都是一块长城的砖石。天下兴亡，匹夫有责是一种爱国情怀。长城体现的不是消极态度，而是不回避矛盾的一种积极态度和责任担当。

一切事情都是变化的，可以变成这样也可以变成那样。不要等到灾难临头，才知道危险已经离自己非常近。不要不问世事，更不要麻木不仁。今天如何理解长城的文化内涵，如何理解传统文化的价值呢？答案是要与今天的国家命运结合在一起来看。

弘扬长城文化至关重要。若说文化是灵魂，我们如此大的一个国家，没有了文化的支撑就如同一个人没有了灵魂。一个失魂落魄的民族，怎么可能有光明的前途？长城，这样一个文化符号是中华魂的一部分。

如何理解长城的封闭性？

这些年我注意到一个现象，国家对长城的历史文化和长城的精神价值宣传得不够。大家可能都觉得很了解长城了，对于长城每个人心目当中都有自己的认识。如何看待长城历史文化的现实意义？对长城文化的认知，需达到什么程度？我们真的对长城的历史意义有清楚的认识吗？

2019年11月，我参加文旅部组织的团队，去英国参加第40届伦敦国际旅游博览会。有一位在英国工作的中国朋友，在招待酒会上和我单独聊天。他说："中国之所以能发展到今天，就是改革开放发展起来的。我们国家还要进行进一步的深化改革，在这样的一个历史阶段，我们却以长城这样一个封闭、保守的形象，作为我们国家和民族的象征，你觉得合适吗？"

他提出这个问题的时候，自己心里已经有了预设的答案。他认为不合适。这个问题，在很多人的心里可能都疑惑过。我首先对他说：你认为长城有封闭性是对的，长城的确具有封闭性。修建长城就是要把长城内外隔离开来，没有封闭性怎么隔离啊。随后，我马上问他：长城只具有封闭性吗？如果长城只是为了封闭，还修建成千上万的关口干什么？

无论是山海关、居庸关、喜峰口，还是张家口、得胜口、嘉峪关，这成千上万的关口都是沟通长城内外、联系长城内外的通道。长城内外有交流，有联系，长城内外是相通的。认为长城只是封闭的这种观点，只看到了长城封闭的一面却没有看到彼此联系的一面。

我还告诉这位朋友，封闭性也并不一定就代表不好。世界上所有的美好事物，毫无例外都具有封闭性。从精神的层面上说，爱情是封闭的容不下第三者。从物质的角度来说，房子、交通工具都是封闭的。没有封闭，房子住不了人，飞机上不了天。全世界的高速公路，也都是封闭的。这种封闭并不是出不来，更不是进不去。该出来时能出来，该进去时能进去。只是在高速公路上，不能想出来就出来，要等到有出入口的时候再出进。

这就是规矩，这就是秩序。封闭不是目的，封闭是手段，目的是保障安全。高速公路如此，长城也是这样。长城的封闭也不是目的而是手段，是为解决长城内外的安全问题而修建的。不打仗的和平环境，符合长城内外的农耕民族和游牧民族的共同利益。

我们生活的这个时代和平吗？

2022 年 2 月北京冬奥会，奥林匹克精神与东方文化再次相遇。第 76 届联大协商通过了北京奥运会期间的停战协定，乌克兰却在美国的推动下于北京冬奥会期间悍然炮击顿巴斯地区。我在怀柔翰高文创园闭关写作《长城国家文化公园建设研究》期间，正是俄乌战争打得如火如荼的时候。

我和住在翰高文创园的艺术家们在一起，除了谈长城之外，也谈俄乌战争。俄罗斯为什么要打乌克兰，道理很简单，就是要对抗以美国为首的北约。我们说长城是和平的象征，和平是需要实力来维护的。有人说过这样的一句话，我觉得说得非常好——“我们没有生活在一个和平的年代，只是我们有幸生活在一个和平的国家。”

正巧我的新书《传奇中国：长城》在这段时间出版了。出版社给了我 20 本样书，除了送给为这本书提供照片的几位长城摄影家，其余的书都送给了翰高文创园的岩彩艺术家。我在《传奇中国：长城》开篇就讲了长城与和平，很多话还真的和现在的俄乌形势很相像。乌克兰政府如果热爱和平的话，本来可以成为俄罗斯和欧洲和平的桥梁。结果投入以美国为首的北约的怀抱，成了俄罗斯安全的威胁。乌克兰人民为此付出了惨重的代价。下面引用《传奇中国：长城》一段文字，结束《长城国家文化公园建设研究》的后记：

对世界来说，长城是人类文化遗产。对中华民族来说，长城是中华民族融合的纽带。还有一个说法：长城是和平的象征。为什么会这样说？因为长城虽然是军事防御体系，但不是为了打仗而修建的，长城是为了不打仗而修建的。

长城是冠绝全球的军事防御建筑。古今中外所有的战争中最悲惨的是老百姓，打起仗来，对立的双方基本上没有哪个决策者真正考虑老百姓的利益，他们需求的是赢得战争。这一点长城内外的战争也不例外，特别是发生了规模较大的战争之后更是如此。战争一旦爆发就会有成千上万的人流离失所，老百姓或是丢掉性命或是失去亲人。大战是生与死的拼杀，战后的惨状令人不忍直视。

兵无常势，水无常形。能跑到一个相对安全的地方待着的人算是万幸，活下来似乎成了最奢侈的事。侥幸没有死于战火的人，即使战争结束之后，也不是就可以返回家乡，重新开始正常生活了。

战争虽然结束了，家园却很可能已经是回不去了的地方。我们可以想象一下，这些无家可归的人，他们的生活将发生多大的变化。这些人可能成为流民，没有地方愿意接受这些悲惨的人们。生活的意义，还有活着的价值，一切都无从谈起。他们一无所有，若说有也只有绝望，彻底的绝望。不打仗便成为大家的共同愿望，这就是和平的愿望。追求和平的人手里常拿着橄榄枝，只有橄榄枝这有用吗?

谁都知道举起双手求来的和平是靠不住的，和平需要拿起武器来保卫。否则只有和平的愿望，橄榄枝会成为覆盖在死于战争的尸体上的装饰物。拿起枪来保卫和平还是要打仗。古代在农耕民族与游牧民族交错地带，有没有什么方法可以真的减少战争，大规模地减少彼此之间的冲突？办法是有的，这就是修建长城。

有备才能无患，能在战争中立于不败之地靠什么？要靠实力，靠充分的准备。这就是古代修建长城的目的，而且这一干就持续了两千多年。长城产生并发展起来的历程，也是中华民族融合发展的历史过程。长城的发展史折射的是中华民族触合发展的历史，也是中国人追求和平的筚路蓝缕。

数千年的坚持，才有今天的中国、今天的中华民族、今天的中华文化。长城的历史告诉今天的人，同时也告诉未来的人，一个国家从古到今面临无数问题要面对、要解决。有一句大家耳熟能详的歌词——“没有人可以随随便便成功”，一个民族一个国家更不会随随便便成功。

长城为平衡农耕民族与游牧民族利益，缓解彼此之间的各种矛盾而构筑。经过了两千多年的历史，回头看，沿长城一线在长城内外又出现了民族多元与文化多元现象。长城已经成为民族融合的纽带。随着时代的进步与中华民族的发展，守望长城文化是中华民族的共同意志。

这就是长城，这就是了不起的长城。两千多年的斗转星移，长城在文明传承中的作用不但没有消退，反而愈加重要了。长城作为中国的国家符号，长城文化作为中华文化的重要代表，已经越来越呈现其瑰丽的一面。长城是中国伟大的军事建筑，规模浩大、工程艰巨，被誉为古代人类建筑史上的一大奇迹。

我们今天强调文明互鉴，长城既是文明互鉴的象征也是文明互鉴的结果。我们今天强调构建人类命运共同体，文明互鉴是构建人类命运共同体的人文基础。在古代，长城是维护和平的纽带，是增进长城内外各民族交流的桥梁；在今天，长城依然是推动人类社会和平发展的标志。长城所代表的和平共存的文化，为人类的和平发展提供了中国智慧和中国方案。